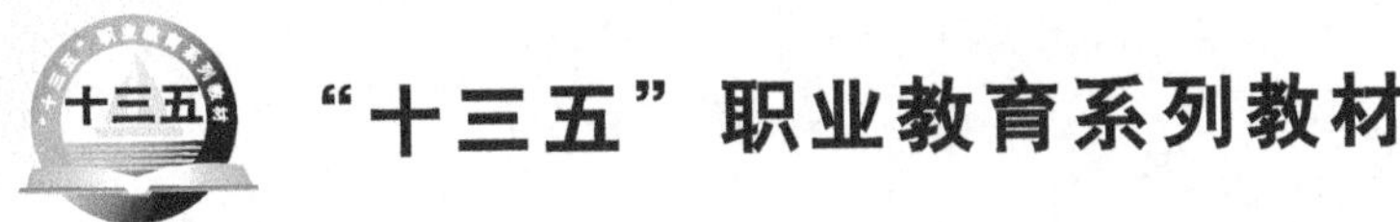

"十三五"职业教育系列教材

公差配合与测量技术基础

GONGCHA PEIHE YU CELIANG JISHU JICHU

主　编　程　玉　汤　萍
副主编　何　伟　柳吉庆
编　写　杜　皓　赵华新　陈　阳
主　审　孙敬华

中国电力出版社
CHINA ELECTRIC POWER PRESS

内 容 提 要

本书共分十章，主要内容包括测量技术基础，光滑圆柱的公差配合与检测，表面粗糙度与检测，几何公差与检测，光滑极限量规，键、花键的公差与检测，滚动轴承的公差与检测，普通螺纹的公差与检测，圆柱齿轮的公差与检测，尺寸链。本书以贯彻互换性国家标准为主线，以讲清楚互换性与测量基本概念为前提，以学会运用为目的，结合我国高职高专教育的特点和教学要求，将各知识点进行了有机整合，注重实用性，重点突出，易读易懂。

本书可作为高职高专机械类、自动化类等各专业的教材，也可供相关技术人员参考。

图书在版编目（CIP）数据

公差配合与测量技术基础/程玉，汤萍主编. —北京：中国电力出版社，2015.8（2022.9 重印）

“十三五”职业教育规划教材

ISBN 978-7-5123-6778-4

Ⅰ.①公… Ⅱ.①程… ②汤… Ⅲ.①公差-配合-高等职业教育-教材②技术测量-高等职业教育-教材 Ⅳ.①TG801

中国版本图书馆 CIP 数据核字（2014）第 270501 号

中国电力出版社出版、发行

（北京市东城区北京站西街 19 号 100005 http://www.cepp.sgcc.com.cn）

北京天泽润科贸有限公司印刷

各地新华书店经售

*

2015 年 8 月第一版 2022 年 9 月北京第二次印刷

787 毫米×1092 毫米 16 开本 11.75 印张 280 千字

定价 38.00 元

前　言

公差配合与测量技术基础是机械类专业的一门实践性很强的专业基础课，它的任务是使学生获得机械零件的几何精度及其相互配合的基础知识，掌握几何参数检测的基本技术，是机械制造类专业技术人才必须具备的基础知识与基本能力。本书在编写方面具有以下特点：

1. 体现高职高专教育的特色

(1) 实用为主，管用为度，必需够用。

(2) 加强理论联系实际，充实应用实例的内容，“以例释理”，将基础理论融入大量的实例之中。

(3) 把基本技能的培养贯穿于教材内容的始终，对岗位所需知识和能力结构进行恰当的设计安排。

2. 符合行业和职业发展的实际，具有时代特征

全书采用新的国家标准，教材内容以介绍成熟稳定的、在实践中广泛应用的技术为主，同时适当介绍新知识、新技术、新设备等，反映科技发展的趋势，使学生能够适应未来技术进步的需要，毕业后具备直接从事生产第一线技术工作和管理工作的能力。

3. 具有很强的课堂操作性

教材语言流畅，通俗易懂，图表丰富，编排醒目；突出机械专业的特色，内容具有广泛的应用性和实用价值，易于学生掌握。

本书共十章，由安徽水利水电职业技术学院、河北师范大学职业技术学院、中国电子科技集团第三十八研究所等单位的教师和工程技术人员联合编写。编写分工如下：汤萍（第一、六、八章），何伟（第二章），柳吉庆（第三章），程玉（第四、七章），杜皓（第五章），赵华新（第九章），陈阳（第十章）。本书由程玉、汤萍任主编，何伟、柳吉庆任副主编。

本书由安徽水利水电职业技术学院孙敬华教授主审。孙敬华教授在审阅中对本书提出了很多宝贵的意见和建议，谨在此表示衷心的感谢。

由于编者水平有限，书中难免存在不足之处，敬请广大读者批评指正。

编　者

2015 年 3 月

目　录

第一章　测 量 技 术 基 础

在机械制造中，加工后的零件，其几何参数（尺寸、几何公差、表面粗糙度等）需要测量，以确定它们是否符合技术要求，并实现其互换性。

测量是指为确定被测量的量值而进行的实验过程，其实质是将被测几何量 L 与复现计量单位 E 的标准量进行比较，从而确定比值 q 的过程，即 $L/E=q$，或 $L=qE$。

一个完整的测量过程应包括 4 个要素。

(1) 测量对象：本课程涉及的测量对象是几何量，包括长度、角度、表面粗糙度轮廓、形状和位置误差等。

(2) 计量单位：在机械制造中常用的单位为毫米（mm）。

(3) 测量方法：是指测量时所采用的测量原理、计量器具及测量条件的总和。

(4) 测量精确度：是指测量结果与真值的一致程度。

第一节　测 量 的 基 本 概 念

学习目标

1. 了解尺寸量值传递系统。
2. 掌握量块的使用方法。

一、长度单位与量值传递系统

1. 长度单位及长度基准

为了进行长度计量，必须规定一个统一的标准，即长度计量单位。1984 年国务院发布了《关于在我国统一实行法定计量单位的命令》，决定在采用先进的国际单位制的基础上，进一步统一我国的计量单位，并颁布了《中华人民共和国法定计量单位》，其中规定长度的基本单位为米（m）。机械制造中常用的长度单位为毫米（mm），$1mm=10^{-3}m$。

米的最初定义始于 1791 年的法国。随着科学技术的发展，对米的定义不断进行完善。1983 年，第十七届国际计量大会正式通过米的新定义如下：“米是光在真空中 1/299 792 458s 时间间隔内所经过的距离”。由于频率（或波长）稳定的激光光源的频率（或波长）具有极高的稳定度和复现性，完全能够满足复现米定义的要求，因此，在现行米定义的复现过程中，作为波长基准装置的稳频激光系统扮演了十分重要的角色。目前，在世界范围内，现行有效的激光波长基准共有 12 个。其中，碘吸收稳定的 0.633μm 氦氖激光波长标准是我国和国际上最重要的也是使用频度最高的波长标准。

2. 尺寸量值的传递

在实际生产和科研中，不便于用光波作为长度基准进行测量，而是采用各种计量器具进行测量。因此，必须建立长度量值传递系统，将复现的长度基准量值逐级准确地传递到计量器具和被测工件上去。长度量值分为两个平行的系统向下传递（见图 1-1）：一个是端面量具（量块）系统；另一个是刻线量具（线纹尺）系统。量块和线纹尺都是量值传递的媒介，其中量块的应用更为广泛。

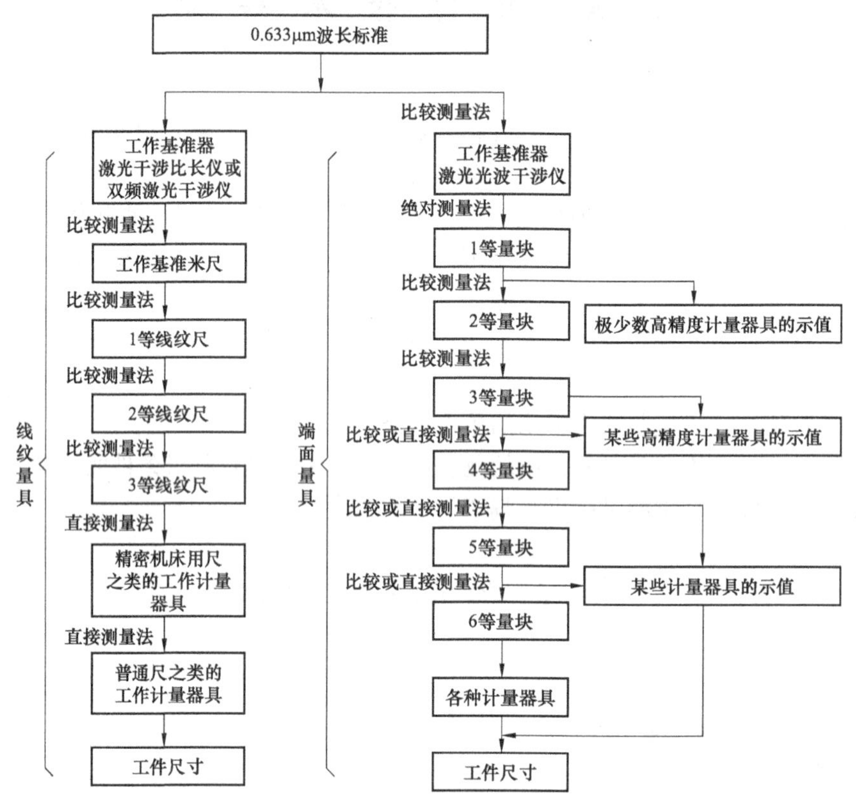

图 1－1　长度量值传递系统

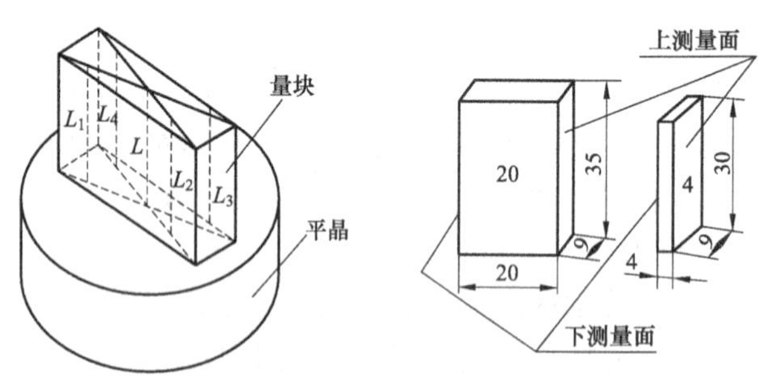

图 1－2　量块的形状和尺寸

二、量块

在实际生产和科研中，量块是没有刻度的、截面为矩形的平面平行的端面量具。如图 1－2 所示，量块上有两个平行的测量面，其表面光滑平整，两个测量面间具有精确的尺寸，另外还有四个非测量面。

量块长度 L_i：从量块一个测量面上任意一点（距边缘 0.5mm 区域除外）到与此量块另一个测量面相研合的面的垂直距离。

量块的中心长度 L：从量块一个测量面上中心点到与此量块另一个测量面相研合的面的垂直距离。

量块的标称长度：量块上标出的尺寸。

为了能用较少的块数组合成所需要的尺寸，量块应按一定的尺寸系列成套生产供应。GB/T 6093—2001《几何量技术规范（GPS）　长度标准　量块》共规定了 17 种系列的成套量块。表 1－1 列出了其中四套量块的尺寸系列。

表 1-1　　成套量块尺寸表（摘自 GB/T 6093—2001）

套别	总块数	精度级别	尺寸系列（mm）	间隔（mm）	块数
1	91	00，0，1	0.5，1 1.001，1.002，…，1.009 1.01，1.02，…，1.49 1.5，1.6，…，1.9 2.0，2.5，…，9.5 10，20，…，100	— 0.001 0.01 0.1 0.5 10	2 9 49 5 16 10
2	83	00，0，1 2，(3)	0.5，1，1.005 1.01，1.02，…，1.49 1.5，1.6，…，1.9 2.0，2.5，…，9.5 10，20，…，100	— 0.01 0.1 0.5 10	3 49 5 16 10
3	46	0，1，2	1 1.001，1.002，…，1.009 1.01，1.02，…，1.09 1.1，1.2，…，1.9 2，3，…，9 10，20，…，100	— 0.001 0.01 0.1 1 10	1 9 9 9 8 10
4	38	0，1，2 (3)	1，1.005 1.01，1.02，…，1.09 1.1，1.2，…，1.9 2，3，…，9 10，20，…，100	— 0.01 0.1 1 10	2 9 9 8 10

根据不同的使用要求，量块做成不同的精度等级。划分量块精度有两种规定：按“级”划分和按“等”划分。

GB/T 6093—2001 按制造精度将量块分为 00、0、1、2、3 级，共五级，精度依次降低。此外，还规定了一个标准级，即 K 级。量块按“级”使用时，是以量块的标称长度为工作尺寸，该尺寸包含了量块的制造误差，它们将被引入到测量结果中。

JJG 146—2003《量块检定规程》按检定精度将量块分为 1～6 等，精度依次降低。量块按“等”使用时，不再以标称长度作为工作尺寸，而是用量块经检定后所给出的实测中心长度作为工作尺寸，该尺寸排除了量块的制造误差，仅包含检定时较小的测量误差。

量块按“等”使用的测量精度比按“级”使用的测量精度要高。量块的精度指标见表 1-2 和表 1-3。

表 1-2　　各级量块的精度指标（摘自 GB/T 6093—2001）　　(μm)

标称长度（mm）	00 级		0 级		1 级		2 级		3 级		标准级 K	
	①	②	①	②	①	②	①	②	①	②	①	②
～10	0.06	0.05	0.12	0.10	0.20	0.16	0.45	0.30	1.0	0.50	0.20	0.05
＞10～25	0.07	0.05	0.14	0.10	0.30	0.16	0.60	0.30	1.2	0.50	0.30	0.05
＞25～50	0.10	0.06	0.20	0.10	0.40	0.18	0.80	0.30	1.6	0.55	0.40	0.06
＞50～75	0.12	0.06	0.25	0.12	0.50	0.18	0.00	0.35	2.0	0.55	0.50	0.06
＞75～100	0.14	0.07	0.30	0.12	0.60	0.20	0.20	0.35	2.5	0.60	0.60	0.07
＞100～150	0.20	0.08	0.40	0.14	0.80	0.20	0.60	0.40	3.0	0.65	0.80	0.08

① 量块的标称长度偏差（极限偏差±）。

② 长度变动量的允许值。

表 1-3 各等量块的精度指标（摘自 JJG 146—2003） (μm)

标称长度（mm）	1 等		2 等		3 等		4 等		5 等		6 等	
	①	②	①	②	①	②	①	②	①	②	①	②
～10	0.022	0.05	0.06	0.10	0.11	0.16	0.22	0.30	0.6	0.50	2.1	0.50
>10～25	0.025	0.05	0.07	0.10	0.12	0.16	0.25	0.30	0.6	0.50	2.3	0.50
>25～50	0.030	0.06	0.08	0.10	0.15	0.18	0.30	0.30	0.8	0.55	2.6	0.55
>50～75	0.035	0.06	0.09	0.12	0.18	0.18	0.35	0.35	0.9	0.55	2.9	0.55
>75～100	0.040	0.07	0.10	0.12	0.20	0.20	0.40	0.35	1.0	0.60	3.2	0.60
>100～150	0.050	0.08	0.12	0.14	0.25	0.20	0.50	0.40	1.2	0.65	3.8	0.65

① 测量不确定度的允许值（±）。

② 长度变动量的允许值。

量块在使用时，常常用几个量块组合成所需要的尺寸。组合量块时，为减小量块组合的累积误差，应力求使用最少的块数获得所需要的尺寸，一般不超过 4 块。

例如，使用 83 块一套的量块组，从中选取量块组成 33.625mm，查表 1-1，可按以下步骤选择量块尺寸：

33.625 ………………………… 量块组合尺寸
—）1.005 ………………………… 第一块量块尺寸
32.620
—）1.02 ………………………… 第二块量块尺寸
31.6
—）1.6 ………………………… 第三块量块尺寸
30.000 ………………………… 第四块量块尺寸

三、角度量值传递系统

角度也是机械制造中重要的几何参数之一。

我国法定计量单位规定平面角的角度单位为弧度（rad）及度（°）、分（′）、秒（″）。1rad 是指在一个圆的圆周上截取弧长与该圆的半径相等时所对应的中心平面角。1°=(π/180)rad。度、分、秒的关系采用 60 进位制，即 1°=60′，1′=60″。由于任何一个圆周均可形成封闭的 360°（2πrad）中心平面角，因此，角度不需要和长度一样再建立一个自然基准。但在计量部门，为了工作方便，在高精度的分度中，仍常以多面棱体（见图 1-3）作为角度基准来建立角度传递系统。

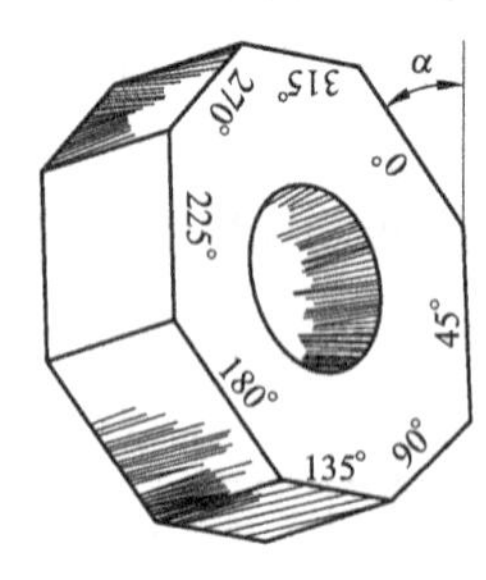

图 1-3 多面棱体

多面棱体是用特殊合金钢或石英玻璃精细加工而成。常见多面棱体的工作面数有 4、6、8、12、24、36、72 等几种。图 1-3 所示为正八面棱体，在任意轴切面上，相邻两面法线间的夹角为 45°。它可作为 $n\times45°$ 角度的测量基准，其中 $n=1, 2, 3, \cdots$。以多面棱体为基准的角度传递系统如图 1-4 所示。

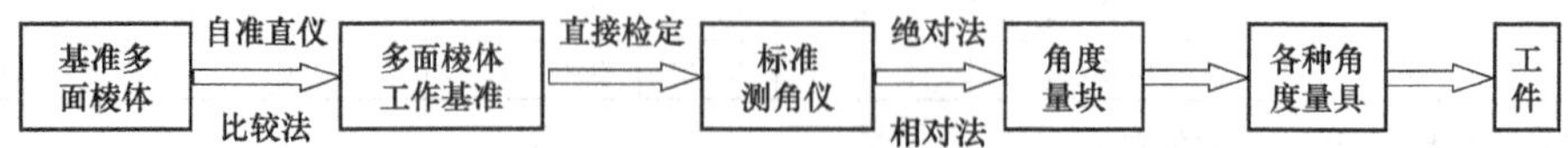

图 1-4 以多面棱体为角度基准的量值传递系统

四、角度量块

在角度量值传递系统中，角度量块是量值检定和调整普通精度的测角仪器，校正角度样板，也可直接用于检验工件。

角度量块有三角形和四边形两种，如图 1-5 所示。三角形角度量块只有一个工作角，角度值为 10°～79°。四边形角度量块有 4 个工作角，角度值为 80°～100°，并且在短边相邻的两个工作角之和为 180°，即 $\alpha+\delta=\beta+\gamma$。

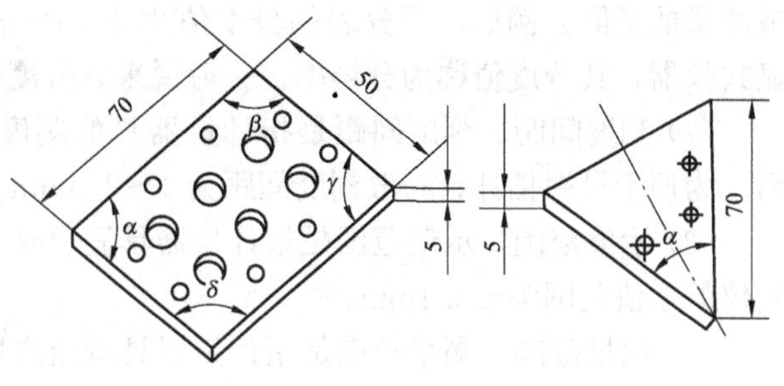

图 1-5 角度量块

第二节 常用的计量器具的使用和测量方法的选择

学习目标

1. 熟悉常用的计量器具。
2. 了解常用的测量方法。

一、计量器具的分类

1. 按用途分类

(1) 标准计量器具：是指测量时体现标准量的测量器具，通常用来校对和调整其他计量器具，或作为标准量与被测几何量进行比较，如线纹尺、量块、多面棱体等。

(2) 通用计量器具：指通用性大、可用来测量某一范围内各种尺寸（或其他几何量），并能获得具体读数值的计量器具，如千分尺、百分表、测长仪等。

(3) 专用计量器具：是指用于专门测量某种或某个特定几何量的计量器具，如量规、圆度仪等。

2. 按结构和工作原理分类

(1) 机械式计量器具：是指通过机械方法实现对被测量的转换和放大的计量器具，如机械式比较仪、百分表等。

(2) 光学式计量器具：是指通过光学方法实现对被测量的转换和放大的计量器具，如光学比较仪、投影仪、工具显微镜等。

(3) 气动式计量器具：是指以压缩空气为介质，通过气动系统的状态（流量或压力）变化来实现对被测量的转换的计量器具，如水柱式和浮标式气动量仪等。

(4) 电动式计量器具：是指将被测量通过传感器转变为电量，再经变换而获得读数的计量器具，如电动轮廓仪、电感测微仪等。

(5) 光电式计量器具：是指利用光学方法放大或瞄准，通过光电元件再转换为电量进行检测，以实现几何量测量的计量器具，如光电显微镜、光电测长仪等。

二、计量器具的基本度量指标

度量指标是用来说明计量器具的性能和功用的，它是选择和使用计量器具，研究和判断测量方法正确性的依据。基本度量指标如下：

(1) 分度值（刻度值）。分度值是指在测量器具的标尺或度盘上，相邻两刻线间所代表被测量的量值。例如，千分表的分度值为 0.001mm，百分表的分度值为 0.01mm。对于数显式仪器，其分度值称为分辨率。一般说来，分度值越小，计量器具的测量精度越高。

(2) 刻度间距。刻度间距是指计量器具的刻度尺或刻度盘上相邻两刻线中心之间的距离。为便于目视估计，一般刻度间距为 1～2.5mm。

(3) 示值范围。示值范围是指计量器具显示或指示的最小值到最大值的范围，如光学比较仪的示值范围为±0.1mm。

(4) 测量范围。测量范围是指计量器具所能测量零件的最小值到最大值的范围，如某一千分尺的测量范围为 75～100mm。

(5) 灵敏度。灵敏度是指计量器具对被测量变化的反应能力。若被测量变化为 ΔL，计量器具上相应变化为 Δx，则灵敏度 S 为

$$S = \Delta x/\Delta L \tag{1-1}$$

当 Δx 和 ΔL 为同一类量时，灵敏度又称放大比，其值为常数。放大比 K 为

$$K = c/i \tag{1-2}$$

式中 c——计量器具的刻度间距；

i——计量器具的分度值。

(6) 测量力。测量力是指计量器具的测头与被测表面之间的接触力。在接触测量中，要求要有一定的恒定的测量力。测量力太大会使零件或测头产生变形，测量力不恒定会使示值不稳定。

(7) 示值误差。示值误差是指计量器具上的示值与被测量真值的代数差。

(8) 示值变动。示值变动是指在测量条件不变的情况下，用计量器具对被测量测量多次（一般 5～10 次）所得示值中的最大差值。

(9) 回程误差（滞后误差）。回程误差是指在相同条件下，对同一被测量进行往返两个方向测量时，计量器具示值的最大变动量。

(10) 不确定度。不确定度是指由于测量误差的存在而对被测量值不能肯定的程度。不确定度用极限误差表示，它是一个综合指标，包括示值误差、回程误差等。例如分度值为 0.01mm 的千分尺，在车间条件下测量一个尺寸小于 50mm 的零件时，其不确定度为±0.004mm。

三、测量方法的分类

按照不同的出发点，测量方法有不同的分类。

1. 直接测量和间接测量

直接测量是指直接从计量器具获得被测量的量值的测量方法。例如用游标卡尺、千分尺测量外圆直径，用比较仪测量长度尺寸等 。

间接测量是指测量与被测量有一定函数关系的量，然后通过函数关系算出被测量的测量方法。例如测量大尺寸圆柱形零件直径 D 时，先测出其周长 L，然后再按公式 $D=L/\pi$ 求得零件的直径 D。

为减小测量误差，一般采用直接测量，必要时才采用间接测量。

2. 绝对测量和相对测量

绝对测量是指被测量的数值从计量器具的读数装置直接读出。例如用测长仪测量零件，

其尺寸由刻度尺上直接读出。

相对测量是指计量器具的示值仅表示被测量对已知标准量的偏差，而被测量的量值为计量器具的示值与标准量的代数和。例如用比较仪测量时，先用量块调整仪器零位，然后测量被测量，所获得的示值就是被测量相对于量块尺寸的偏差。

一般说来，相对测量的测量精度比绝对测量的测量精度高，尤其在量块出现后，为相对测量提供了有利条件，在生产中得到广泛应用。

3. 示值单项测量和综合测量

单项测量是指单独地、彼此没有联系地测量零件的单项参数。例如分别测量齿轮的齿厚、齿形、齿距等。这种方法一般用于量规的检定、工序间的测量，或用于工艺分析、调整机床等。

综合测量是指同时测量工件上某些相关的几何量的综合结果，以判断综合结果是否合格。例如用螺纹通规检验螺纹的单一中径、螺距和牙型半角实际值的综合结果，即作用中径。综合测量一般用于终结检验，其测量效率高，能有效保证互换性，在大批量生产中应用广泛。

单项测量的效率比综合测量低，但单项测量结果便于进行工艺分析。

4. 接触测量和非接触测量

接触测量是指计量器具在测量时，其测头与被测表面直接接触的测量，例如用卡尺、千分尺测量工件。为了保证接触的可靠性，测量力是必要的，但它可能使测量器具及被测件发生变形而产生测量误差，还可能破坏对零件被测表面质量。

非接触测量是指计量器具的测头与被测表面不接触的测量。属于非接触测量的仪器主要是利用光、气、电、磁等作为感应元件与被测件表面联系，例如干涉显微镜、磁力测厚仪、气动量仪等。

非接触测量较接触测量而言，不会产生因测头与被测表面接触引起的弹性形变，没有测量力引起的测量误差，因此特别适用于薄壁易变形工件或软质表面的测量。但此种测量方法对工件形状有一定要求，且要求工件定位可靠，没有颤动，表面清洁。

5. 主动测量和被动测量

主动测量又称在线测量或积极测量，是指在加工过程中对工件的测量。其测量结果用来控制工件的加工过程，决定是否需要继续加工或调整机床，可及时防止废品的产生。

被动测量又称离线测量或消极测量，是指在加工后对工件进行的测量，主要用来发现并剔除废品。

主动测量使检测与加工过程紧密结合，从而保证产品质量，是检测技术的发展方向。

6. 等精度测量和不等精度测量

等精度测量是指决定测量精度的全部因素或条件都不变的测量。例如由同一人员，使用同一台仪器，在同样的条件下，以同样的方法和测量次数，同样仔细地测量同一个量。实际上，绝对的等精度测量是不可实现的。

不等精度测量是指在测量过程中，决定测量精度的全部因素或条件可能完全改变或部分改变的测量。例如上述的测量，当改变其中之一或几个甚至全部条件或因素的测量，则为不等精度测量。

在一般情况下，为了简化测量结果的处理，大都采用等精度测量。不等精度测量的数据处理比较麻烦，只运用于重要的科研实验中的高精度测量。

7. 静态测量和动态测量

静态测量是指测量时被测件表面与测量器具测头处于静止状态。例如用外径千分尺测量轴径、用齿距仪测量齿轮齿距等。

动态测量是指测量时被测零件表面与测量器具测头处于相对运动状态，或测量过程是模拟零件在工作或加工时的运动状态，它能反映生产过程中被测参数的变化过程。例如用激光比长仪测量精密线纹尺，用电动轮廓仪测量表面粗糙度等。

在动态测量中，往往有振动现象的发生，故而对测量仪器有特殊要求。因此，在静态测量中使用情况良好的仪器，在动态测量中不一定能得到满意的结果。

以上测量方法的分类是从不同的角度考虑的。一个具体的测量过程往往具有几种不同的测量方法特征。例如，用外径千分尺测量轴径，属于直接测量、绝对测量、接触测量、被动测量等。

确定一个完善的测量方法是一个综合性的问题，具体应考虑被测零件的结构特征、精度要求、生产批量、检测效率、经济效果等。

第三节　测量误差和测量结果的数据处理

学习目标

1. 掌握测量误差的种类和特性。
2. 掌握随机误差的分布及特性。
3. 掌握对测量结果进行数据处理的方法。

一、测量误差的概念

任何测量过程，由于受到计量器具和测量条件的影响，不可避免地会产生测量误差。测量误差可用绝对误差和相对误差来表示。

1. 绝对误差

绝对误差 δ 是指测得值 x 与其真值 x_0 之差，即

$$\delta = x - x_0 \tag{1-3}$$

由于测得值 x 可能大于或小于真值 x_0，所以绝对误差 δ 可能是正值也可能是负值。因此，真值可表示为

$$x_0 = x \pm |\delta| \tag{1-4}$$

式（1-4）说明，可用测得值 x 和绝对误差 δ 来估算真值 x_0 所在的范围。绝对误差的绝对值越小，说明测得值越接近真值，因此测量精度就高；反之，测量精度就低。

用绝对误差表示测量精度，适用于评定或比较大小相同的被测量的测量精度。对于大小不同的被测量，则需要用相对误差来评定或比较它们的测量精度。

2. 相对误差

测量的绝对误差与被测量的真值之比的绝对值称为相对误差，用 f 表示。由于真值是未知的，实践中常用测量结果代替。相对误差是一个无量纲的数据，常用百分数表示，即

$$f=\frac{|x-x_0|}{x_0}\times\%=\frac{|\delta|}{x_0}\times\%\approx\frac{|\delta|}{x}\times 100\% \tag{1-5}$$

例如，测量某两个轴颈尺寸分别为30mm和300mm，它们的相对误差分别为$f_1=0.03/30=0.1\%$，$f_2=0.03/300=0.01\%$，由此可看出后者的测量精度要比前者高。

二、测量误差的来源

1. 计量器具误差

计量器具的误差是指计量器具本身所具有的误差，包括计量器具的设计、制造和使用过程中的各项误差，这些误差的综合反映可用计量器具的示值精度或精确度来表示。

此外，相对测量时使用的标准量，如量块、线纹尺等制造误差，也将直接被反映到测量结果中。

2. 测量方法误差

测量方法误差是指测量方法不完善所引起的误差。包括计算公式不准确、测量方法选择不当，测量基准不统一，工件安装不合理以及测量力等引起的误差。例如测量圆柱的直径D，先测量周长L，再按$D=L/\pi$计算直径，若取$\pi=3.14$，则计算结果会带入π取近似值的误差。

3. 测量环境误差

测量环境误差是指测量时的环境条件不符合标准条件所引起的误差。环境条件是指湿度、温度、振动、气压、灰尘等。其中，温度对测量结果的影响最大。在长度计量中，规定标准温度为20℃。若不能保证在标准温度20℃条件下进行测量而引起的测量误差可按下式进行计算：

$$\Delta L=L[a_2(t_2-20)-a_1(t_1-20)] \tag{1-6}$$

式中 ΔL——测量误差；

L——被测尺寸；

t_1、t_2——计量器具和被测工件的温度，℃；

a_1、a_2——计量器具和被测工件的线胀膨系数。

为了减小温度引起的测量误差，一般高准确度测量均在恒温条件下进行，并要求被测工件与计量器具温度一致。

4. 人员误差

人员误差是指测量人员的主观因素所引起的误差。例如，测量人员技术不熟练、视觉偏差、估读判断错误等引起的误差。

总之，造成测量误差的因素很多，测量时应采取相应的措施，设法减小或消除它们对测量结果的影响，以保证测量精度。

三、测量误差的种类和特征

测量误差按其性质分为随机误差、系统误差和粗大误差。

(一) 随机误差

随机误差是指在一定测量条件下，多次测量同一量值时，其数值大小和符号以不可预定的方式变化的误差。它是由于测量中的不稳定因素综合形成的，是不可避免的。

1. 随机误差的分布规律

随机误差可用试验方法来确定。实践表明，大多数情况下，随机误差符合正态分布。

例如，对一轴，用同样的方法在同样条件下重复测量轴的同一部位尺寸 200 次，得到 200 个数据，其中最大值为 20.012mm，最小值为 19.990mm，然后按测得值大小分别归入 11 组，分组间隔为 0.002mm，有关数据见表 1-4。

表 1-4 测量数据统计表

组号	尺寸分组区间（mm）	区间中心值（mm）	频数 n_i（mm）	频率 n_i/n（mm）
1	19.990～19.992	19.991	2	0.010
2	19.992～19.994	19.993	4	0.020
3	19.994～19.996	19.995	10	0.050
4	19.996～19.998	19.997	24	0.120
5	19.998～20.000	19.999	37	0.185
6	20.000～20.002	20.001	45	0.225
7	20.002～20.004	20.003	39	0.195
8	20.004～20.006	20.005	23	0.115
9	20.006～20.008	20.007	12	0.060
10	20.008～20.010	20.009	3	0.015
11	20.010～20.012	20.011	1	0.005

根据表 1-4 所统计的数据，以尺寸为横坐标，以频数或频率为纵坐标，画出频率直方图，如图 1-6（a）所示。连接直方图各顶线中点，得到一条折线，称为实际分布曲线。如果将上述测量次数无限增大（$n \to \infty$），再将分组间隔无限缩小（$\Delta x \to 0$），则实际分布曲线就会变成一条光滑的曲线，如图 1-6（b）所示。该曲线称为正态分布曲线，也称为高斯（Gauss）曲线。

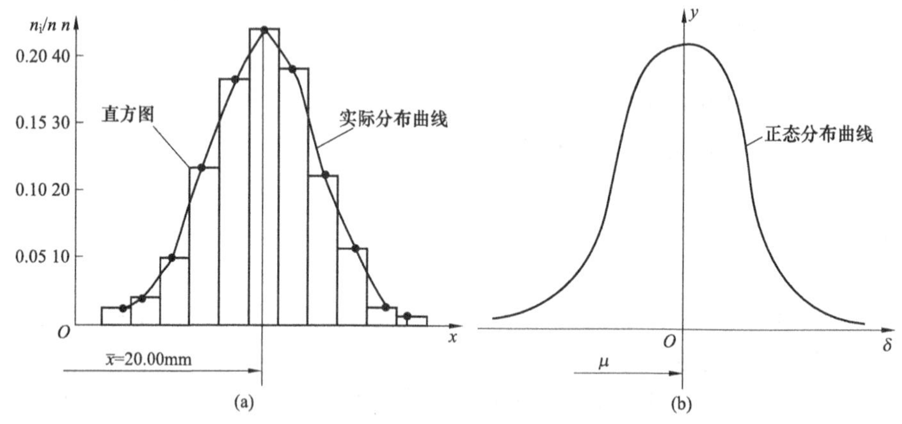

图 1-6 频率直方图和正太分布曲线

（a）频率直方图；（b）正态分布曲线

这时横坐标表示随机误差 δ，纵坐标表示对应各随机误差的概率密度函数 y，中心坐标为均值 μ。正态分布曲线的数学表达式为

$$y=\frac{1}{\sigma\sqrt{2\pi}}e^{-\frac{(x-x_0)^2}{2\sigma^2}}=\frac{1}{\sigma\sqrt{2\pi}}e^{-\frac{\delta^2}{2\sigma^2}} \tag{1-7}$$

式中 y——随机误差的概率分布密度；

x——随机变量；

x_0——数学期望（作为真值）；

δ——随机误差；

σ——标准偏差；

e——自然对数的底，e=2.718 28。

可以看出：当$\delta=0$时，y最大，$y_{max}=\frac{1}{\sigma\sqrt{2\pi}}$。不同的$\sigma$对应不同形状的正态分布曲线，$\sigma$越小，$y_{max}$值越大，曲线越陡，随机误差越集中，即测得值分布越集中，测量精度就越高；σ越大，y_{max}值越小，曲线越平坦，随机误差越分散，即测得值分布越分散，测量精度就越低。图1-7所示为$\sigma_1<\sigma_2<\sigma_3$时三种正态分布曲线。因此，$\sigma$可作为表征各测得值的精度指标。正态分布中心位置的均值μ代表被测量的真值，标准偏差σ代表测得值的集中与分散程度。根据误差理论，标准偏差σ是各随机误差δ平方和的平均值的正平方根，即为

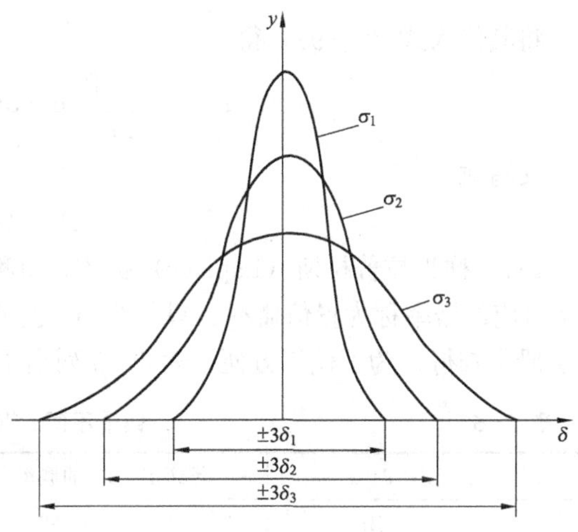

图1-7 三种不同σ的正态分布曲线

$$\sigma=\sqrt{\frac{\delta_1^2+\delta_2^2+\cdots+\delta_n^2}{n}}=\sqrt{\frac{\sum_{i=1}^{n}\delta_i^2}{n}} \tag{1-8}$$

式中 n——测量次数；

δ_i——随机误差，即各次测得值与其真值之差。

2. 随机误差的特性

从正态分布曲线可以看出，随机误差具有以下特性：

(1) 对称性：绝对值相等、符号相反的随机误差出现的概率相等。

(2) 单峰性：绝对值小的随机误差出现的概率比绝对值大的随机误差出现的概率大。随机误差为零时，概率最大，存在一个最高点。

(3) 抵偿性：在一定的测量条件下，多次重复进行测量，各次随机误差的代数和趋近于零。

(4) 有界性：在一定的测量条件下，随机误差的绝对值不会超出一定的界限。

3. 随机误差的极限值

由随机误差的有界性可知，随机误差不会超出某一范围。随机误差的极限值是指测量极限误差，也就是测量误差可能出现的极限值。

若把整个误差曲线下包围的面积看作是所有随机误差出现的概率之和P，便可得到

$$P=\int_{-\infty}^{+\infty}y\mathrm{d}\delta=\int_{-\infty}^{+\infty}\frac{1}{\sigma\sqrt{2\pi}}\mathrm{e}^{-\frac{\delta^2}{2\sigma^2}}\mathrm{d}\delta=1$$

研究随机误差出现在正、负无穷大区间的概率是没有实际意义的。在计量工作实践中，要研究的是随机误差出现在$\pm\delta$范围内的概率P，于是便有

$$P=\frac{1}{\sigma\sqrt{2\pi}}\int_{-\infty}^{+\infty}e^{-\frac{\delta^2}{2\sigma^2}}d\delta \tag{1-9}$$

将式（1－9）进行变量置换，设 $t=\delta/\sigma$，则有

$$dt=\frac{d\delta}{\sigma}$$

将其代入式（1－9），得

$$P=\frac{1}{\sqrt{2\omega}}\int_{-t}^{+t}e^{-\frac{t^2}{2}}dt=\frac{2}{\sqrt{2\pi}}\int_{0}^{t}e^{-\frac{t^2}{2}}dt$$

又写成

$$P=2\Phi(t)$$

$\Phi(t)$ 称为拉普拉斯（Laplace）函数，也称概率函数积分。t 称为误差估计的置信系数，把 t 对应的概率称为置信概率。只要给出 t 值便可算出概率。不同的 t 值对应的概率可从有关手册中查得，为了使用方便，表 1－5 列出了四个不同 t 值对应的概率。

表 1－5　　四个不同 t 值对应的概率

t	$\delta=t\sigma$	不超出 $\lvert\delta\rvert$ 的概率 $P=2\Phi(t)$	超出 $\lvert\delta\rvert$ 的概率 $P'=1-P$
1	1σ	0.6826	0.3174
2	2σ	0.9544	0.0656
3	3σ	0.9973	0.0027
4	4σ	0.999 36	0.000 64

从表 1－5 中 t 与概率的数值关系上可以发现，随着 t 的增大，概率并没有明显的增大。当 t=3 时，随机误差 δ 在 $\pm3\sigma$ 范围内的概率为 99.73%，超出 $\pm3\sigma$ 的概率只有 0.27%。可以近似地认为超出 $\pm3\sigma$ 的可能性为零。因此，在估计测量结果的随机误差时，往往把 $\pm3\sigma$ 作为随机误差的极限值，即测量极限误差为

$$\delta_{\lim}=\pm3\sigma \tag{1-10}$$

按式（1－10）估计随机误差的意义是：测量结果中包含的随机误差不超出 $\delta_{lim}=\pm3\sigma$ 的可信赖程度达到 99.73%。

（二）系统误差

系统误差是指在一定测量条件下，多次测量同一量时，误差的大小和符号均不变或按一定规律变化的误差。前者称为定值（或常值）系统误差，如千分尺的零位不正确而引起的测量误差；后者称为变值系统误差，如指示表的刻度盘与指针回转轴偏心所引起的按正弦规律周期变化的测量误差。按其变化规律的不同，变值系统误差又分为以下三种类型：

（1）线性变化的系统误差：是指在整个测量过程中，随着测量时间或量程的增减，误差值成比例增大或减小的误差。

（2）周期性变化的系统误差：是指随着测得值或时间的变化呈周期性变化的误差。

（3）复杂变化的系统误差：按复杂函数变化或按实验得到的曲线图变化的误差。

（三）粗大误差

粗大误差指明显超出规定条件下预期的误差，它明显地歪曲了测量结果。粗大误差是由主观和客观原因造成的，主观原因如测量人员疏忽造成读数误差和记录误差等，客观原因如

外界突然振动引起的误差等。

四、测量精度

测量精度是指测得值与其真值的接近程度。测量精度和测量误差从两个不同的角度说明了同一个概念。测量精度越高，则测量误差就小；反之，测量误差就越大。

由于在测量过程中存在系统误差和随机误差，从而有以下概念：

(1) 正确度：在规定的条件下测量结果与真值的符合程度。它表示测量结果中系统误差对测量结果的影响程度。若系统误差小，则正确度高。

(2) 精密度：在一定条件下进行多次测量时，各测得值彼此之间的一致性程度。它表示随机误差对测量结果的影响程度。若随机误差小，则精密度高。

(3) 准确度（精确度）：表示测量结果与真值的一致程度。它是系统误差和随机误差综合影响的程度。若系统误差和随机误差都小，则准确度高。

一般说来，精密度高而正确度不一定高，正确度高而精密度也不一定高，但精确度高时，精密度和正确度必定都高。

下面以射击打靶为例加以说明。如图 1－8（*a*）所示，表示打靶精密度高而正确度低，即随机误差小而系统误差大；如图 1－8（*b*）所示，表示打靶正确度高而精密度低，即系统误差小而随机误差大；如图 1－8（*c*）所示，表示打靶准确度高，即系统误差和随机误差都小；如图 1－8（*d*）所示，表示打靶准确度低，即系统误差和随机误差都大。

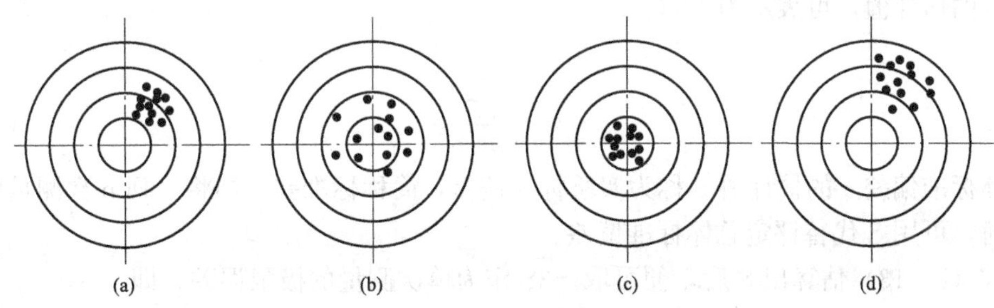

图 1－8　精密度、正确度和准确度

（*a*）精密度高；（*b*）正确度高；（*c*）准确度高；（*d*）准确度低

五、测量误差的处理及评定

通过对某一被测几何量进行连续多次的重复测量，得到的一系列测量数据称为测量列。由于测量误差的客观存在，测量结果不可能绝对精确，因此，应对测量列进行数据处理，从而提高测量精度。

（一）测量列中随机误差的处理

1. 测量列的算术平均值$\bar{x}$

在评定有限测量次数测量列的随机误差时，必须获得真值，但真值是不知道的，因此，只能从测量列中找到一个接近真值的数加以代替，这就是测量列的算术平均值。

在同一条件下，对同一个量进行多次（n）重复测量，由于测量误差的影响，将得到一系列不同的测得值 x_1、x_2、…、x_n，这些量的算术平均值为

$$\bar{x}=\frac{x_1+x_2+\cdots+x_n}{n}=\frac{\sum_{i=1}^{n}x_i}{n} \tag{1-11}$$

如果在消除了系统误差的前提下，对某一量进行无数次等精度测量，所有测得值的算术平均值就等于真值。

事实上，进行无数次测量是不可能的，而进行有限次测量，仍可证明各次测得值的算术平均值$\bar{x}$最接近真值 x_0。所以，当测量列中没有系统误差和粗大误差时，一般取全部测得值的算术平均值$\bar{x}$作为测量结果。

2. 计算残差

残差是指测量列中的一个测得值 x_i和该测量列的算术平均值$\bar{x}$之差，记作 v_i

$$v_i = x_i - \bar{x} \tag{1-12}$$

由符合正态分布规律的随机误差的分布特性可知，残差具有以下两个特性：

(1) 残差的代数和等于零，即 $\sum_{i-1}^{n} v_i = 0$ 。

(2) 残差的平方和为最小，即 $\sum_{i-1}^{n} v_i^2 = \min$ 。

实际应用中，常用 $\sum_{i-1}^{n} v_i = 0$ 来验证数据处理中求得的$\bar{x}$与 v_i是否正确。

对于有限测量次数的测量列，由于真值未知，所以其随机误差 δ_i也是未知的，为了方便评定随机误差，在实际应用中，常用残差 v_i代替 δ_i计算总体标准偏差，此时所得之值称为总体标准 σ 的估计值，可表示为

$$S = \sqrt{\frac{\sum_{i=1}^{n} v_i^2}{n-1}} \tag{1-13}$$

总体标准偏差 σ 的估计值 S 称为实验标准偏差，简称标准差。当将一列 n 次测量作为总体取样时，可用 S 代替评定总体标准偏差。

由式（1-13）估算出 S 后，便可取±3S 作为单次测量的极限误差，即

$$\delta_{\lim} = \pm 3S \tag{1-14}$$

3. 计算测量列算术平均值的标准偏差 $\sigma_{\bar{x}}$

标准偏差代表一组测得值中任一测得值的精密程度。

如前所述，当重复测量次数 $n \to \infty$时，测得值的算术平均值$\bar{x}$比任何一个测得值 x_i都接近真值 x_0。但实际测量的次数总是有限的，算术平均值本身也是一个随机变量，且都围绕着真值变动。然而重复测量的算术平均值的变动范围比单次测得值的变动范围小，有理由认为重复测量的算术平均值精度比单次测量的精度高。因此，其精度指标也要用相应的算术平均值的标准偏差 $\sigma_{\bar{x}}$来表示。σ 表示测量列中单次测得值 x_i对真值 x_0的分散程度；$\sigma_{\bar{x}}$表示平均值$\bar{x}$对真值 x_0的分散程度。

根据误差理论，算术平均值的标准偏差 $\sigma_{\bar{x}}$ 与测量列中单次测量的标准偏差 σ 有如下关系：

$$\sigma_{\bar{x}} = \frac{\sigma}{\sqrt{n}} \tag{1-15}$$

式中 n——每组的测量次数。

由式（1-15）可知，增加测量次数，算术平均值的标准偏差 $\sigma_{\bar{x}}$将减小，即测量精度可

提高。但当 S 一定时，n>10 以后，$\sigma_{\bar{x}}$ 减小缓慢，故在实际生产中，一般情况下取 n≤10。

测量列算术平均值的测量极限误差可表示为

$$\delta_{\lim(\bar{x})} = \pm 3\sigma_{\bar{x}} \tag{1-16}$$

测量列的测量结果可表示为

$$x_0 = \bar{x} \pm \delta_{\lim(\bar{x})} = \bar{x} \pm 3\sigma_{\bar{x}} = \bar{x} \pm 3\frac{\sigma}{\sqrt{n}} \tag{1-17}$$

这时的置信概率 P=99.73%。

(二) 测量列中系统误差的处理

1. 系统误差的发现

(1) 定值系统误差的发现。定值系统误差可以用实验对比的方法发现，即通过改变测量条件进行不等精度的测量来揭示系统误差。例如量块按标称尺寸使用时，由于量块的尺寸偏差，使测量结果中存在着定值系统误差。这时可用高精度仪器对量块的实际尺寸进行鉴定来发现，或用高一级精度的量块进行对比测量来发现。

(2) 变值系统误差的发现。变值系统误差可以从测得值的处理和观察分析中揭示。常用的方法是残差观察法，即将测量列按测量顺序排列（或作图）观察各残差的变化规律，若各残差大体上正负相间，无明显的变化规律，如图 1-9 (*a*) 所示，则不存在变值系统误差；若各残差有规律地递增或递减，且在测量开始与结束时符号相反，如图 1-9 (*b*) 所示，则存在线性系统误差；若各残差的符号有规律地周期变化，如图 1-9 (*c*) 所示，则存在周期性系统误差；若各残差按某种特定的规律变化，如图 1-9 (*d*) 所示，则存在复杂变化的系统误差。

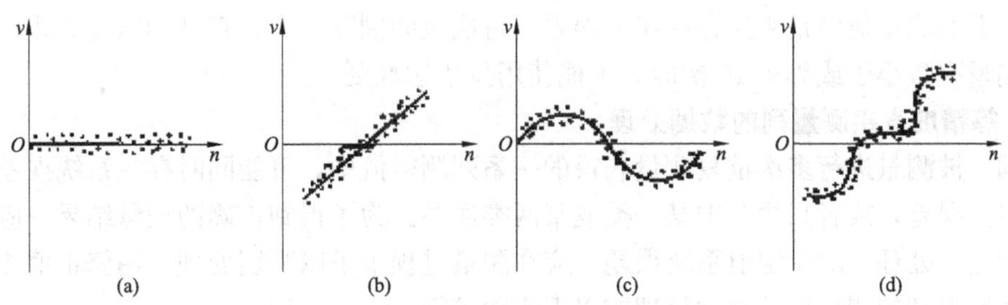

图 1-9 用残差观察法分析变值系统误差

2. 系统误差的消除

系统误差常用以下方法消除或减小：

(1) 从产生误差的根源上消除。例如，在测量前仔细调整仪器工作台，调准零位，测量器具和被测工件应处于标准温度状态，测量人员要正对仪器指针读数和正确估读等。

(2) 用加修正值的方法消除。这种方法是预先检定出测量器具的系统误差，将其数值反号后作为修正值，用代数法加到实际测得值上，即可得到不包含该系统误差的测量结果。例如，量块的实际尺寸不等于标称尺寸，若按标称尺寸使用，就要产生系统误差，而按经过检定的实际尺寸使用，就可避免此项误差的产生。

(3) 用两次读数的方法消除。若两次测量所产生的系统误差大小相等（或相近）、符号相反，则取两次测量的平均值作为测量结果，就可消除系统误差。例如，在工具显微镜上测量螺纹的螺距时，由于零件安装时其轴心线与仪器工作台纵向移动的方向不重合，使测量产

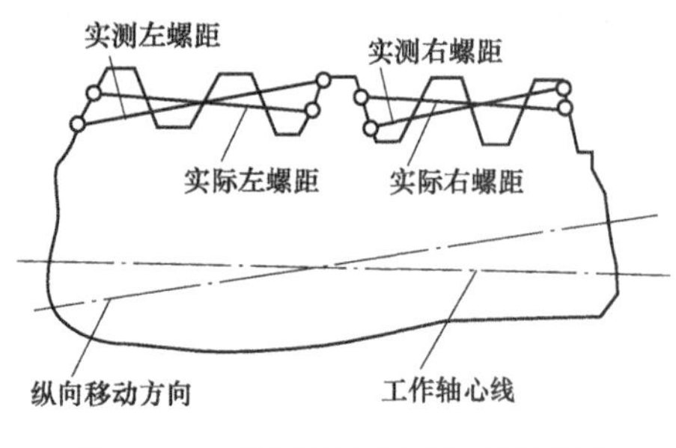

图 1-10 用两次读数消除系统误差

生误差。从图 1-10 可以看出，实测左螺距比实际左螺距大，实测右螺距比实际右螺距小。可用两次读数方法，分别测出左右牙面螺距，然后取平均值，则可减小安装不正确引起的系统误差。

(4) 用对称法消除。对于线性系统误差，可采用对称测量法消除。例如，用比较测量时，温度均匀变化，存在随时间呈线性变化的系统误差，可安排等时间间隔的测量步骤：①测工件；②测标准件；③测标准件；④测工件。取①、④读数的平均值与②、③读数的平均值之差作为实测偏差。

(5) 用半波法消除。对于周期变化的系统误差，可采用半波法消除，即取相隔半个周期的两测值的平均值作为测量结果。

(三) 测量列中粗大误差的处理

粗大误差的特点是数值比较大，对测量结果产生明显的歪曲，对它的处理原则是：按一定规则从测量数据中将其剔除。判断粗大误差常用拉依达（*PaŭTa*）准则，又称 3σ 准则。该准则的依据主要来自随机误差的正态分布规律。从随机误差的特性中可知，测量误差越大，出现的概率越小，误差的绝对值超过 ±3σ 的概率仅为 0.27%，可近似认为是不可能出现的。因此，凡绝对值大于 3σ 的剩余误差，就看作粗大误差而予以剔除。其判断式为

$$|v_i| > 3\sigma \tag{1-18}$$

剔除具有粗大误差的测量值后，应根据剩下的测量值重新计算 σ，然后再根据 3σ 准则去判断剩下的测量值中是否还存在粗大误差。每次只能剔除一个，直到剔除完为止。

当测量次数小于或等于 10 次时，不能使用拉依达准则。

六、等精度直接测量列的数据处理

对同一被测量进行多次重复测量获得的一系列测得值中，可能同时存在系统误差、随机误差和粗大误差，或者只含其中某一类或某两类误差。为了得到正确的测量结果，应对各类误差分别进行处理。对于定值系统误差，应在测量过程中予以判别处理，用修正值法消除或减小，而后得到的测量列的数据处理按以下步骤进行：

(1) 判断定值系统误差。

(2) 计算测量列的算术平均值 $x=\sum x_i/n$。

(3) 计算测量列剩余误差 $v_i=x_i-x$。

(4) 计算任一测得值的标准偏差 $\sigma=\sqrt{\dfrac{\sum\limits_{i=1}^{n}v_i^2}{n-1}}$。

(5) 判断有无粗大误差，若有则应予剔除，并重新组成测量列。重复上述计算，直到剔除完为止，判断式为 $|v_i|>3\sigma$。

(6) 计算测量列算术平均值的标准偏差 $\sigma_x=\dfrac{\sigma}{\sqrt{n}}$和极限误差 $\delta_{lim}=\pm3\sigma$，$\delta_{lim\,x}=\pm3\sigma_x$。

(7) 确定测量结果 $d=x\pm3\sigma_x$。

【例 1-1】 对某一轴径为 $\phi25_{-0.006}^{\ 0}$ 的轴等精度测量 10 次，测得值列于表 1-6，假设系

统误差已消除，粗大误差已剔除，试确定测量结果。

表 1-6　　数据处理计算表

序号	系列测得值 x_i（mm）	残余误差 v_i（μm） $v_i=x_i-\bar{x}$	残余误差的平方 v_i^2（μm^2）
1	24.9994	−0.3	0.09
2	24.9999	+0.2	0.04
3	24.9999	+0.2	0.04
4	24.9994	−0.3	0.09
5	24.9999	+0.2	0.04
6	24.9998	+0.1	0.01
7	24.9996	−0.1	0.01
8	24.9998	+0.1	0.01
9	24.9998	+0.1	0.01
10	24.9995	−0.2	0.04
	算术平均值 $\bar{x}$=24.9997mm	$\sum_{i=1}^{n} v_i=0$（无系统误差）	$\sum_{i=1}^{n} v_i^2=0.38\mu m^2$

解　(1) 计算测量列的算术平均值 $\bar{x}$。

$$\bar{x}=\frac{\sum_{i=1}^{n} x_i}{n}=\frac{249.997}{10}=24.9997\ (\mathrm{mm})$$

所以轴的直径可靠值为 ϕ24.9997mm。

(2) 列表计算残差 v。

$$v_i=x_i-\bar{x}$$

(3) 计算测量列单次测量的标准偏差 σ。

$$\sigma\approx S=\sqrt{\frac{\sum_{i=1}^{n} v_i^2}{n-1}}=\sqrt{\frac{0.38}{9}}=0.21(\mu\mathrm{m})$$

(4) 计算算术平均值的标准偏差 $\sigma_{\bar{x}}$。

$$\sigma_{\bar{x}}=\frac{\sigma}{\sqrt{n}}=\frac{0.21}{\sqrt{10}}=0.0664(\mu\mathrm{m})$$

(5) 测量列单次测量的极限误差 $\delta_{\lim}$。

$$\delta_{\lim}=\pm 3\sigma=\pm 3S=\pm 3\times 0.21=\pm 0.63(\mu\mathrm{m})\approx\pm 0.0006(\mathrm{mm})$$

(6) 测量列算术平均值的极限误差 $\delta_{\lim(\bar{x})}$。

$$\delta_{\lim(\bar{x})}=\pm 3\sigma_{\bar{x}}=\pm 3\times 0.0664=\pm 0.199(\mu\mathrm{m})\approx\pm 0.002(\mathrm{mm})$$

(7) 测量结果。

1) 用平均值表示：$x=\bar{x}\pm 3\sigma_{\bar{x}}=(24.9997\pm 0.002)\mathrm{mm}$。

2) 还可用单次测得值表示（如第 7 次测得值）：$x_7'=(24.9996\pm 0.0006)\mathrm{mm}$。

24.9997（24.9996）是测量结果，±0.002（±0.0006）是随机误差可能存在的范围。比较两式可以看出，单次测量结果的误差大，测量可靠性差。因此，精密测量中常用重复测量的测得值的算术平均值作为测量结果，用算术平均值的标准偏差或算术平均值的极限误差评定算术平均值的精密度。

七、光滑工件尺寸的检测

（一）概述

工件尺寸的检测是使用普通计量器具来测量尺寸，并按规定的验收极限判断工件尺寸是否合格，是兼有测量和检验两种特性的一个综合鉴别过程。

由于存在测量误差，测量孔和轴所得的实际尺寸并非真实尺寸，即

真实尺寸＝测得的实际尺寸±测量误差

在生产中，特别是在批量生产时，一般不可能采用多次测量取平均值的办法来减小随机误差以提高测量精度，也不会对温度、湿度等环境因素引起的测量误差进行修正，通常只进行一次测量来判断工件尺寸是否合格。因此，若根据实际尺寸是否超出极限尺寸来判断其合格性，即以孔、轴的极限尺寸作为孔、轴尺寸的验收极限，则当测得值在工件最大、最小极限尺寸附近时，就有可能将真实尺寸处于公差带之内的合格品判为废品，称为误废；或将真实尺寸处于公差带之外的废品判为合格品，称为误收。误废会造成经济损失，误收会影响产品质量。因此，在测量工件尺寸时，必须正确确定验收极限。

为了保证产品质量，GB/T 3177—2009《产品几何技术规范（GPS） 光滑工件尺寸的检验》对验收原则、验收极限、检验尺寸用的计量器具的选择及仲裁等做出了规定，以保证验收合格的尺寸位于根据零件功能要求而确定的尺寸极限内。该标准适用于车间使用的普通计量器具（如各种千分尺、游标卡尺、比较仪、指示计等）、公差等级 IT6～IT18 及一般公差（未注公差）尺寸的检验。

（二）验收极限和安全裕度 A

GB/T 3177—2009 规定的验收原则是：所有验收方法应只接收位于规定的尺寸极限之内的工件，即允许有误废而不允许有误收。为了保证零件既满足互换性要求，又将误废减至最少，国家标准规定了验收极限。

验收极限是指检验工件尺寸时判断其尺寸合格与否的尺寸界限。国家标准规定了两种验收极限方式，并明确了相应的计算公式。

方式一：内缩的验收极限

内缩的验收极限是从规定的上极限尺寸和下极限尺寸分别向工件公差带内移动一个安全裕度（A）来确定，如图 1－11 所示。

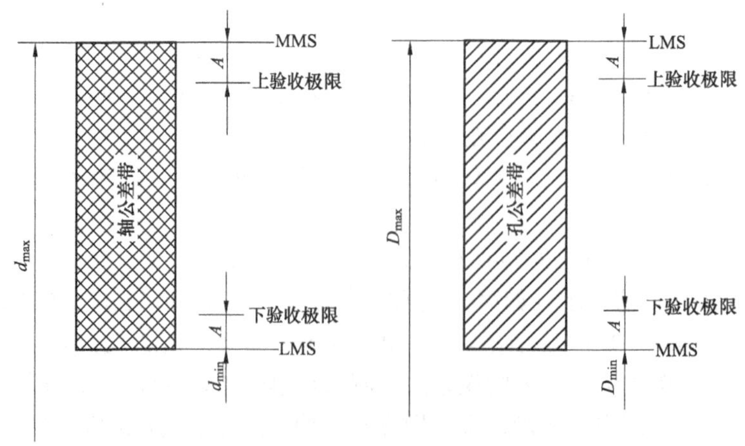

图 1－11 验收极限的配置

安全裕度 A，即测量不确定度（由于测量误差的存在而使被测量值不能肯定的程度）的允许值。测量不确定度，由测量器具的不确定度 u_1（$u_1=0.9A$）和温度、工件几何误差与压陷效应、测量方法误差等因素所引起的不确定度 u_2（$u_2=0.45A$）两部分组成，其误差合成为 $\sqrt{u_1^2+u_2^2}=\sqrt{(0.9A)^2+(0.45A)^2}\approx 1A$。$A$ 值选择得大，易于保证产品质量，但生产公差减小过多，误废率相应增大，加工的经济性差。A 值选择得小，加工经济性好，但为了保证较小的误收率，就要提高对计量器具精度的要求，带来计量器具选择的困难。因此，国家标准规定 A 值按工件公差的 1/10 确定，其数值见表 1-7。

表 1-7　安全裕度 A 及测量器具不确定度允许值 u_1　(mm)

工件公差		安全裕度 A	测量器具不确定度允许值 u_1	工件公差		安全裕度 A	测量器具不确定度允许值 u_1
大于	小于			大于	小于		
0.009	0.018	0.001	0.0009	0.180	0.320	0.018	0.016
0.018	0.032	0.002	0.0018	0.320	0.580	0.032	0.029
0.032	0.058	0.003	0.0027	0.580	1.000	0.060	0.054
0.058	0.100	0.006	0.0054	1.000	1.800	0.100	0.090
0.100	0.180	0.0101	0.009	1.800	3.200	0.180	0.160

$$工件上验收极限=最大极限尺寸-A$$

$$工件下验收极限=最小极限尺寸+A$$

由于验收极限向工件的公差带内移动，为了保证验收合格，在生产时工件不能按原来的极限尺寸加工，应按由验收极限所确定的范围生产，这个范围称为生产公差。

$$生产公差=上验收极限-下验收极限$$

方式二：不内缩的验收极限

不内缩的验收极限是以图样上规定的最大、最小极限尺寸分别作为上、下验收极限，即 A 值等于零。

验收极限方式的选择要结合尺寸功能要求及其重要程度、尺寸公差等级、测量不确定度、工艺能力等因素综合考虑。具体原则如下：

(1) 对遵守包容要求的尺寸、公差等级小的尺寸，其验收极限按方式一确定。

(2) 当工艺能力指数 $Cp\geqslant 1$ 时，其验收极限可以按方式二确定。但对遵守包容要求的尺寸，最大实体极限一边的验收极限仍应按方式一确定。

工艺能力指数 Cp 是工件公差值 T 与加工工序工艺能力 $c\sigma$ 之比值。c 是常数，工件尺寸遵循正态分布时 $c=6$；σ 是加工工序的标准偏差，$Cp=T/(6\sigma)$。

(3) 对偏态分布的尺寸，其验收极限可以仅对尺寸偏向的一边按方式一确定。

(4) 对非配合和一般公差的尺寸，其验收极限按方式二确定。

(三) 计量器具的选择

1. 检验条件的要求

(1) 工件尺寸是否合格一般只按一次测量结果来判断。

(2) 考虑到普通计量器具的特点（即两点法测量），一般只用来测量尺寸，不用来测量工件上可能存在的几何误差。

(3) 对偏离测量的标准条件（温度 20℃，测量力为零）所引起的误差，以及测量器具和标准器具不显著的系统误差等一般不进行修正。

2. 计量器具的选择原则

(1) 选择计量器具应与被测工件的外形、位置、尺寸的大小及被测参数特性相适应，使所选计量器具的测量范围能满足工件的要求。

(2) 选择计量器具应考虑工件的尺寸公差，使所选计量器具的测量不确定度值既能保证测量精度要求，又能符合经济性要求。

检验国家标准规定：按照计量器具的测量不确定度允许值 u_1 选择计量器具。应使所选用的计量器具的测量不确定度 u_i' 等于或小于标准规定的 u_1，即 $u_i' \leqslant u_1$。

表 1-8、表 1-9 给出了车间常用的千分尺、游标卡尺、比较仪的测量不确定度。

表 1-8　千分尺和游标卡尺的不确定度 u_i'　(mm)

<table>
<tr><th colspan="2" rowspan="2">尺寸范围</th><th colspan="4">计量器具类型</th></tr>
<tr><th>分度值 0.01
外径千分尺</th><th>分度值 0.01
内径千分尺</th><th>分度值 0.02
游标千分尺</th><th>分度值 0.01
游标千分尺</th></tr>
<tr><th>大于</th><th>至</th><th colspan="4">测 量 不 确 定</th></tr>
<tr><td>—</td><td>50</td><td>0.004</td><td rowspan="3">0.008</td><td rowspan="6">0.020</td><td rowspan="3">0.050</td></tr>
<tr><td>50</td><td>100</td><td>0.005</td></tr>
<tr><td>100</td><td>150</td><td>0.006</td></tr>
<tr><td>150</td><td>200</td><td>0.007</td><td rowspan="3">0.013</td><td rowspan="7">0.100</td></tr>
<tr><td>200</td><td>250</td><td>0.008</td></tr>
<tr><td>250</td><td>300</td><td>0.009</td></tr>
<tr><td>300</td><td>350</td><td>0.010</td><td rowspan="3">0.020</td><td rowspan="4"></td></tr>
<tr><td>350</td><td>400</td><td>0.010</td></tr>
<tr><td>400</td><td>450</td><td>0.012</td></tr>
<tr><td>450</td><td>500</td><td>0.013</td><td>0.025</td></tr>
</table>

表 1-9　比较仪的不确定度 u_i'　(mm)

<table>
<tr><th colspan="2" rowspan="2">工件尺寸范围</th><th colspan="4">所使用的测量器具</th></tr>
<tr><th>分度值 0.0005
(相当于放大倍数
2000 倍) 的比较仪</th><th>分度值 0.001
(相当于放大倍数
1000 倍) 的比较仪</th><th>分度值 0.002
(相当于放大倍数
400 倍) 的比较仪</th><th>分度值 0.005
(相当于放大倍数
250 倍) 的比较仪</th></tr>
<tr><th>大于</th><th>至</th><th colspan="4">测 量 不 确 定</th></tr>
<tr><td>—</td><td>25</td><td>0.0006</td><td rowspan="2">0.0010</td><td>0.0017</td><td rowspan="6">0.0030</td></tr>
<tr><td>25</td><td>40</td><td>0.0007</td><td rowspan="3">0.0018</td></tr>
<tr><td>40</td><td>65</td><td>0.0008</td><td rowspan="2">0.0011</td></tr>
<tr><td>65</td><td>90</td><td>0.0008</td></tr>
<tr><td>90</td><td>115</td><td>0.0009</td><td>0.0012</td><td rowspan="2">0.0019</td></tr>
<tr><td>115</td><td>165</td><td>0.0010</td><td>0.0013</td></tr>
<tr><td>165</td><td>215</td><td>0.0012</td><td>0.0014</td><td>0.0020</td><td rowspan="3">0.0035</td></tr>
<tr><td>215</td><td>265</td><td>0.0014</td><td>0.0016</td><td>0.0021</td></tr>
<tr><td>265</td><td>315</td><td>0.0016</td><td>0.0017</td><td>0.0022</td></tr>
</table>

（四）计量器具选择示例

【例 1-2】 被测工件尺寸为 ϕ40h8（$^{0}_{-0.039}$），试选择测量器具并确定验收极限。

解 （1）确定安全裕度 A 和测量器具不确定度允许值 u_1。

已知工件公差 IT＝0.039，由表 1-7 中查得：安全裕度 A＝0.003，测量器具不确定度允许值 u_1＝0.0027。

（2）选择测量器具。

工件尺寸为 ϕ40mm，分度值 i＝0.002mm，放大倍数为 400 倍的比较仪的不确定度 u_i'＝0.0018mm＜u_1＝0.0027mm，满足使用要求，并且经济合理。

（3）确定验收极限。

上验收极限＝MMS－A＝d_{max}－A＝[$(d+es)-A$]＝(40＋0)－0.003＝39.997（mm）

下验收极限＝LMS＋A＝d_{min}＋A＝[$(d+ei)+A$]＝(40－0.039)＋0.003＝39.964（mm）

思考与练习

1-1 何谓尺寸传递系统？目前长度的最高基准是什么？

1-2 举例说明什么是绝对测量和相对测量。

1-3 测量误差按性质可分为哪几类？各有什么特征？

1-4 量块是如何分级、分等的？使用时有什么区别？

1-5 试用 83 块一套的量块组合出尺寸 34.685mm 和 47.675mm。

第二章　光滑圆柱的公差配合与检测

在进行机械设计时，首先要进行原理设计和零件设计。前者通过运动分析，以确定正确的运动机构，而后者要通过强度、刚度的计算，确定零件的尺寸大小。在此基础上，还要进行几何精度的设计，以满足产品使用性能的要求。

精度设计包括零件的精度、零件与零件之间、部件与部件之间的相互位置精度。零件的精度分为尺寸精度、形状（宏观和微观）精度及同一零件上各要素之间的位置精度，这两者往往又是相互关联的。

本章主要介绍孔、轴的公差与配合。为了保证零件的互换性和便于设计、制造、检测与维修，需要对零件的精度与它们之间的配合实行标准化。

第一节　基本术语及定义

学习目标

1. 理解和掌握公差配合中的基本术语及定义。
2. 掌握孔和轴的公称尺寸、极限尺寸、极限偏差与公差的相互关系。
3. 理解和掌握尺寸公差带图的绘制。
4. 理解和掌握配合公差带图的绘制。

为了保证互换性，统一设计、制造、检验和使用者的认识，在公差与配合标准中，首先对与组织互换性生产密切相关、带有共同性的常用术语和定义，做出明确的规定。

一、尺寸的术语及定义

1. 尺寸

尺寸是指以特定单位表示线性尺寸值的数值。线性尺寸值包括直径、半径、宽度、高度、深度、厚度、中心距等。技术图样上尺寸数值的特定单位为 mm，一般可省略不写。

2. 公称尺寸

公称尺寸是设计零件时，根据使用要求，通过零件的强度、刚度计算及工艺、结构等方面因素的考虑，并按标准直径或标准长度圆整后所给定的尺寸。通过它应用上、下极限偏差可算出极限尺寸。公称尺寸可以是一个整数或一个小数值。孔和轴的公称尺寸分别以字母 D 和 d 表示。

3. 极限尺寸

极限尺寸是指一个孔或轴允许的尺寸的两个极端。极限尺寸是允许变动范围的两个界限尺寸，即上极限尺寸和下极限尺寸。孔或轴允许的最大尺寸称为上极限尺寸，孔或轴允许的最小尺寸称为下极限尺寸。孔的上极限尺寸和下极限尺寸分别以 D_{max} 和 D_{min} 表示，轴的上极限尺寸和下极限尺寸分别以 d_{max} 和 d_{min} 表示。设计中规定极限尺寸是为了限制工件尺寸的变动，以满足预定的使用要求。

4. 实际（组成）要素

实际（组成）要素是指通过测量获得的某一孔、轴的尺寸。由于零件存在测量误差和形状误差，所以不同部位的实际（组成）要素不尽相同，其并非被测零件尺寸的真实尺寸，它只是接近真实尺寸的一个随机尺寸，故往往把它称为提取组成要素的局部尺寸。孔和轴的实际（组成）要素分别以 D_a 和 d_a 表示。实际（组成）要素的大小由加工所决定，而极限尺寸是设计时给定的确定尺寸，不随加工而变化。完工工件尺寸的合格条件是任一提取组成要素的局部尺寸均不超出上极限尺寸和下极限尺寸，即

对于孔　$D_{max} \geqslant D_a \geqslant D_{min}$

对于轴　$d_{max} \geqslant d_a \geqslant d_{min}$

二、孔与轴的术语及定义

1. 孔

通常指工件的圆柱形内表面，也包括非圆柱形内表面（由二平行平面或切面形成的包容面），如图 2-1（a）所示。

2. 轴

通常指工件的圆柱形外表面，也包括非圆柱形外表面（由二平行平面或切面形成的被包容面），如图 2-1（b）所示。

有时由单一尺寸确定的既不是孔又不是轴的那部分，则称为长度，如图 2-1（c）所示。

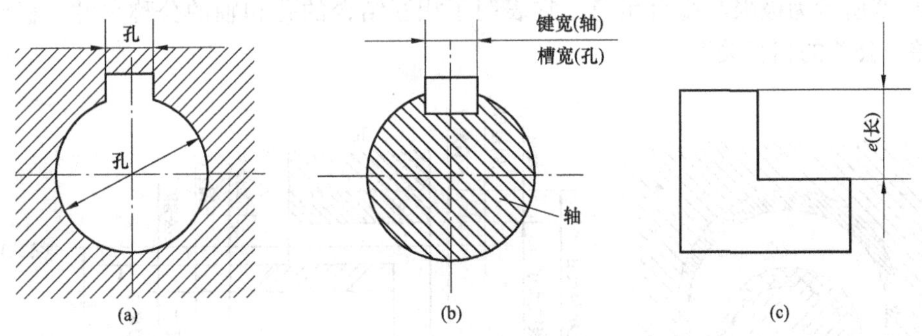

图 2-1　孔、轴和长度示意

三、偏差与公差的术语及定义

1. 偏差

偏差是指某一尺寸［实际（组成）要素、极限尺寸等］减其公称尺寸所得的代数差。偏差分为极限偏差和实际偏差。

(1) 极限偏差。极限偏差是指极限尺寸减其公称尺寸所得的代数差。上极限尺寸减其公称尺寸所得的代数差称为上极限偏差，孔、轴的上极限偏差分别以 ES 和 es 表示。下极限尺寸减其公称尺寸所得的代数差称为下极限偏差，孔、轴的下极限偏差分别以 EI 和 ei 表示。上极限偏差和下极限偏差统称为极限偏差。

$$ES = D_{max} - D$$

$$es = d_{max} - d$$

$$EI = D_{min} - D$$

$$ei = d_{min} - d$$

(2) 实际偏差。实际偏差是指实际（组成）要素减其公称尺寸所得的代数差。孔、轴的实际偏差分别以 E_a 和 e_a 表示。

$$E_a = D_a - D$$
$$e_a = d_a - d$$

工件尺寸合格的条件也可以用偏差表示如下：

对于孔 $ES \geqslant E_a \geqslant EI$

对于轴 $es \geqslant e_a \geqslant ei$

应该注意，各种偏差可以为正、负或零值。偏差值除零外，前面必须冠以正、负号。尺寸的实际偏差必须介于上极限偏差与下极限偏差之间，该尺寸才算合格。极限偏差用于控制实际偏差。

2. 尺寸公差（公差）

尺寸公差是上极限尺寸减下极限尺寸之差，或上极限偏差减下极限偏差之差，简称公差。由定义可以看出，它是允许尺寸的变动量。孔、轴的公差分别以 T_h 和 T_s 表示，即

$$T_h = D_{max} - D_{min} = |ES - EI|$$
$$T_s = d_{max} - d_{min} = |es - ei|$$

值得注意的是，公差与偏差是有区别的。偏差是代数值，有正、负号，而公差等于上极限偏差与下极限偏差的代数差的绝对值，而且不能为零。

图 2-2 所示为极限与配合示意，它表明了相互结合的孔和轴的公称尺寸、极限尺寸、极限偏差与公差的相互关系。

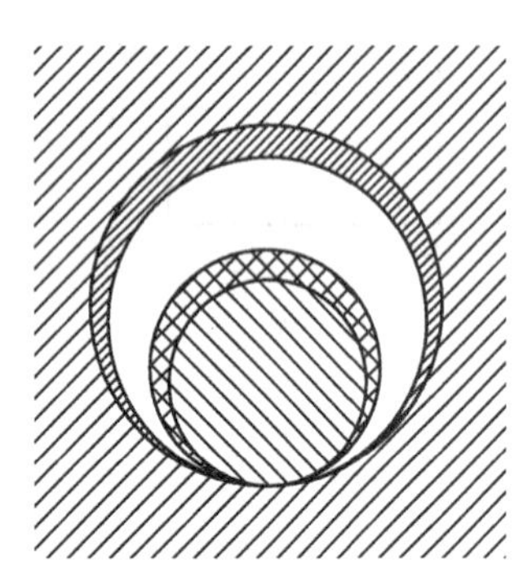

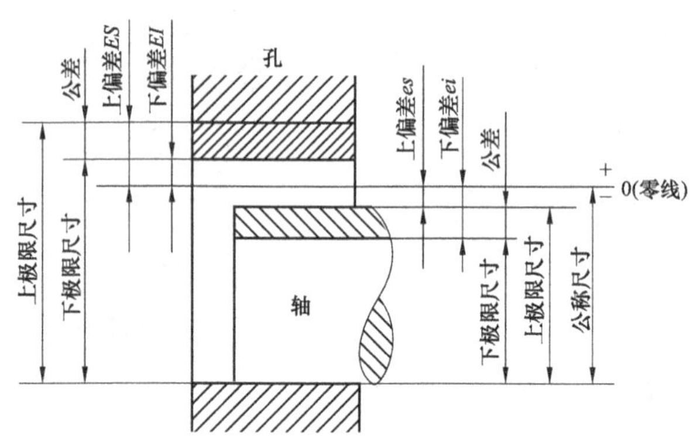

图 2-2 极限与配合示意

3. 尺寸公差带图

由于公差及偏差的数值与尺寸数值相比差别甚大，不便用同一比例表示，故采用孔、轴的极限与配合图解，简称公差带图，如图 2-3 所示。公差带图由零线和公差带组成。

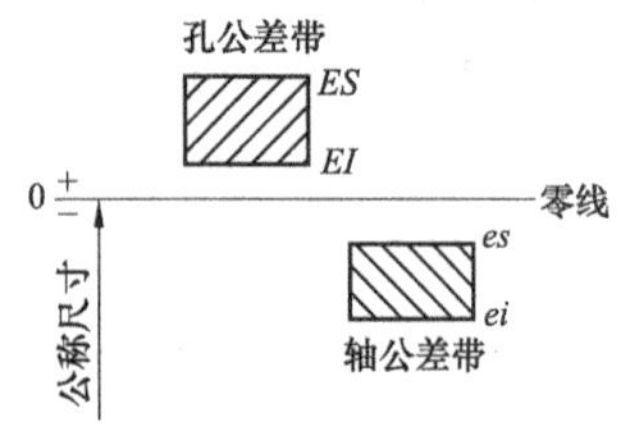

图 2-3 公差带图

零线是指在极限与配合图解中，表示公称尺寸的一条直线，以其为基准确定偏差和公差。通常，公差带图的零线水平放置，零线以上为正偏差，零线以下为负偏差。偏差数值以 mm 为单位时，单位可省略标注，而以 μm 为单位时，则必须注明。

公差带是指在极限与配合图解中，由代表上极限偏差和下极限偏差或上极限尺寸和下极限尺寸的两条直线所限定的一个区域。公差带有两个要素：一是公差带的大小，它取决于公差数值的大小；二是公差带的位置，它取决于极限偏差的大小。

【例 2-1】 已知孔、轴的公称尺寸为 $\phi25$mm，$D_{max}=\phi25.021$mm，$D_{min}=\phi25.000$mm，$d_{max}=\phi24.980$mm，$d_{min}=\phi24.967$mm。求孔、轴的极限偏差和公差，并在图样上标注，画出它们的尺寸公差带图。

解 (1) 孔、轴的极限偏差、公差。

$ES=D_{max}-D=25.021-25=0.021$ (mm)

$EI=D_{min}-D=25-25=0$

$es=d_{max}-d=24.980-25=-0.020$ (mm)

$ei=d_{min}-d=24.967-25=-0.033$ (mm)

$T_h=ES-EI=0.021-0=0.021$ (mm)

$T_s=es-ei=-0.020-(-0.033)=0.013$ (mm)

(2) 在图样上的标注方法：

孔　$\phi25^{+0.021}_{0}$

轴　$\phi25^{-0.020}_{-0.033}$

(3) 孔、轴的尺寸公差带图，如图 2-4 所示。

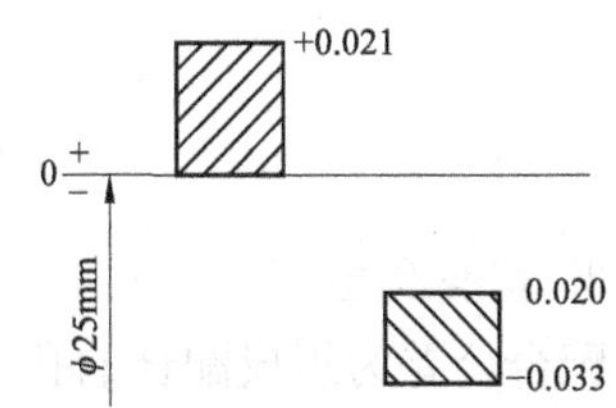

图 2-4　例 2-1 的尺寸公差带图

四、配合的术语及定义

1. 间隙与过盈

孔的尺寸减去相配合的轴的尺寸为正时，是间隙；孔的尺寸减去相配合的轴的尺寸为负时，是过盈。因此，间隙就是负过盈，过盈也就是负间隙。间隙以 X 表示，过盈以 Y 表示。

当设计给定了相互配合的孔、轴极限尺寸（或极限偏差）以后，也就相应地确定了间隙或过盈允许变动的界限，也称为极限间隙（最大间隙 X_{max} 与最小间隙 X_{min}）或极限过盈（最大过盈 Y_{max} 与最小过盈 Y_{min}）。它们与相配孔、轴的极限尺寸或极限偏差的关系为

$$X_{max}(-Y_{min})=D_{max}-d_{min}=ES-ei$$

$$X_{min}(-Y_{max})=D_{min}-d_{max}=EI-es$$

2. 配合

配合是指公称尺寸相同的，相互结合的孔和轴公差带之间的关系。相配合的孔和轴的公称尺寸必须相同。由于配合是指一批孔和轴的装配关系，而不是指单个孔和轴的装配关系，按同一种配合生产的一批孔和轴装配后，其配合松紧各不相同，所以用公差带关系来反映配合比较确切。根据孔、轴公差带相对位置关系不同，可以把配合分成三类。

(1) 间隙配合。间隙配合是指具有间隙（包括最小间隙等于零）的配合。对于这类配合，孔的公差带在轴的公差带之上，如图 2-5 (a) 所示。表示对间隙配合松紧程度要求的特征值是最大间隙 X_{max} 和最小间隙 X_{min}。有时也用平均间隙 X_{av}，它是最大间隙与最小间隙的平均值，即

$$X_{av}=(X_{max}+X_{min})/2$$

(2) 过盈配合。过盈配合是指具有过盈（包括最小过盈等于零）的配合。对于这类配合，孔的公差带在轴的公差带之下，如图 2-5 (b) 所示。表示过盈配合松紧程度要求的特征值是最大过盈 Y_{max} 与最小过盈 Y_{min}。有时也用平均过盈 Y_{av}，它是最大过盈与最小过盈的

平均值，即

$$Y_{av} = (Y_{max} + Y_{min})/2$$

(3) 过渡配合。过渡配合是指可能具有间隙或过盈的配合。对于这类配合，孔的公差带与轴的公差带相互交叠，如图 2-5 (c) 所示。表示过渡配合松紧程度要求的特征值是最大间隙 X_{max} 与最大过盈 Y_{max}。

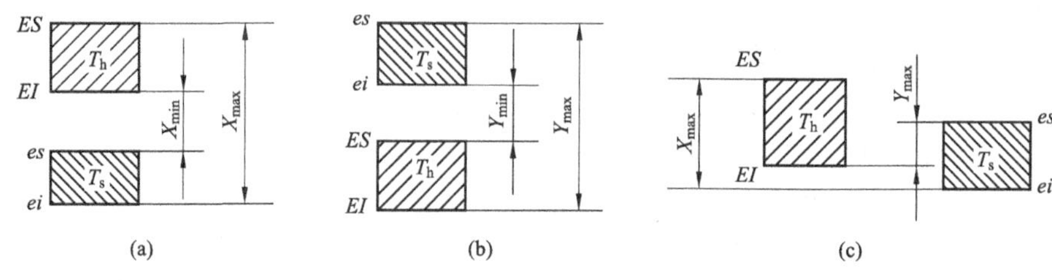

图 2-5 配合的种类

(a) 间隙配合；(b) 过盈配合；(c) 过渡配合

3. 配合公差

配合公差为组成配合的孔、轴公差之和，它是允许间隙或过盈的变动量。配合公差是反映配合松紧程度一致性要求的特征值，以 T_f 表示，其公式如下：

间隙配合 $T_f = X_{max} - X_{min} = T_h + T_s$

过盈配合 $T_f = Y_{min} - Y_{max} = T_h + T_s$

过渡配合 $T_f = X_{max} - Y_{max} = T_h + T_s$

由上述可知，无论哪一类配合，配合公差都等于孔、轴公差之和，即

$$T_f = T_h + T_s$$

等式左边是设计要求，从性能角度看，T_f 越小，则配合松紧程度的一致性越好。等式右边是工艺要求，从加工角度看，T_h、T_s 越大，则加工越容易，两者是矛盾的。几何精度的设计实质上就是经济、合理地处理好这一设计与工艺之间的矛盾。

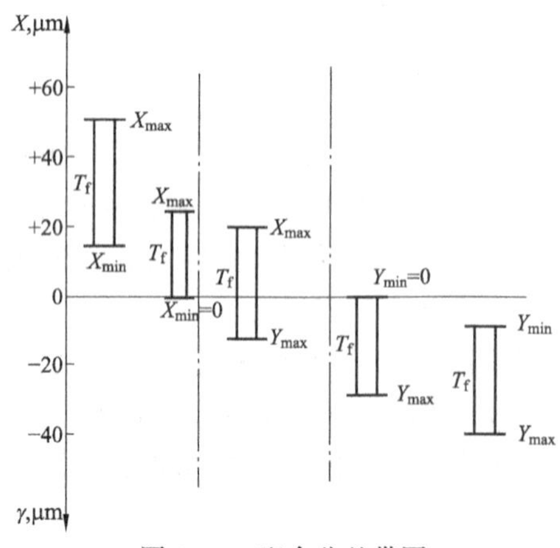

图 2-6 配合公差带图

4. 配合公差带

配合公差带是指在配合公差带图中，由代表极限间隙或极限过盈的两条直线所限定的区域。配合公差带图就是以零间隙（零过盈）为零线，用适当比例画出极限间隙或极限过盈，以表示间隙或过盈允许变动范围的图形，如图 2-6 所示。通常，零线水平放置，零线以上表示间隙，零线以下表示过盈。

配合公差带的大小取决于配合公差的大小，配合公差带相对于零线的位置取决于极限间隙或极限过盈的大小。前者表示配合的精度，后者表示配合的松紧。

【例 2-2】 若已知某配合的公称尺寸为 ϕ60mm，配合公差 T_f=49μm，最大间隙 X_{max}=+19μm，孔的公差 T_h=30μm，轴的下极限偏差 ei=+11μm。试画出该配合的尺寸公差带图和配合

公差带图。

解　(1) 求孔和轴的极限偏差。

由 $T_f=T_h+T_s$，得

$$T_s = T_f - T_h = 49 - 30 = 19(\mu m)$$

由 $T_s=es-ei$，得

$$es = T_s + ei = 19 + 11 = 30(\mu m)$$

由 $X_{max}=ES-ei$，得

$$ES = X_{max} + ei = +19 + 11 = 30(\mu m)$$

$$EI = ES - T_h = +30 - 30 = 0$$

(2) 求最大过盈。

由 $ES>ei$，且 $EI<es$ 可知，此配合为过渡配合。则由 $T_f=X_{max}-Y_{max}$，得

$$Y_{max} = X_{max} - T_f = +19 - 49 = -30(\mu m)$$

(3) 画出尺寸公差带图和配合公差带图，如图 2-7 所示。

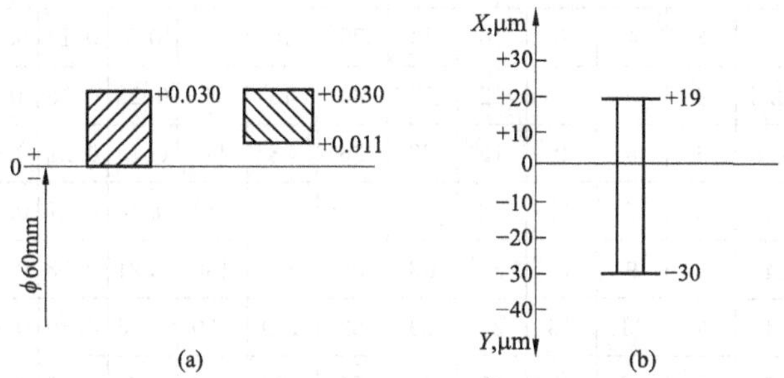

图 2-7　例 2-2 的尺寸公差带图和配合公差带图

第二节　公差带的标准化

学习目标

1. 掌握标准公差数值表的查表方法并能计算标准公差数值。
2. 掌握基本偏差数值表的查表方法并能计算基本偏差数值。
3. 了解基孔制配合和基轴制配合的特点及相互区别。

公差带的标准化是指公差带大小和位置的标准化，这是公差与配合标准的核心内容。

经标准化的公差与偏差制度称为极限制，它是一系列标准的孔、轴公差数值和极限偏差数值。配合制则是同一极限制的孔和轴组成配合的一种制度。

配合是孔、轴公差带的组合，而孔、轴公差带是由它的大小和位置决定的，标准公差决定公差带的大小，基本偏差决定公差带的位置。为了使公差与配合实现标准化，GB/T 1800.1—2009《产品几何技术规范（GPS）极限与配合 第 1 部分：公差、偏差和配合的基础》规定了两个基本系列，即标准公差系列和基本偏差系列。

一、标准公差系列

1. 标准公差等级

标准公差用 IT 表示。公称尺寸小于或等于 500mm 的零件，在产品中应用最广，因此这一尺寸段称为常用尺寸段。标准公差在常用尺寸段规定了 IT01、IT0、IT1、…、IT18，共 20 个标准等级。在公称尺寸大于 500～3150mm 内规定了 IT1～IT18，共 18 个标准等级。其中，IT01 为最高级，依次降低，IT18 为最低级。标准公差等级 IT01 和 IT0 在工业中很少用到。标准公差的大小，即公差等级的高低，决定了孔、轴的尺寸精度和配合精度。在确定孔、轴公差时，应按标准公差等级取值，以满足标准化和互换性的要求。

由若干标准公差所组成的系列称为标准公差系列，它以表格的形式列出，称为标准公差数值，见表 2-1。标准公差等级 IT01 和 IT0 见表 2-2。

表 2-1　　标 准 公 差 数 值

公称尺寸 (mm)		标准公差等级																	
		IT1	IT2	IT3	IT4	IT5	IT6	IT7	IT8	IT9	IT10	IT11	IT12	IT13	IT14	IT15	IT16	IT17	IT18
大于	至	μm											mm						
—	3	0.8	1.2	2	3	4	6	10	14	25	40	60	0.1	0.14	0.25	0.4	0.6	1	1.4
3	6	1	1.5	2.5	4	5	8	12	18	30	48	75	0.12	0.18	0.3	0.48	0.75	1.2	1.8
6	10	1	1.5	2.5	4	6	9	15	22	36	58	90	0.15	0.22	0.36	0.58	0.9	1.5	2.2
10	18	1.2	2	3	5	8	11	18	27	43	70	110	0.18	0.27	0.43	0.7	1.1	1.8	2.7
18	30	1.5	2.5	4	6	9	13	21	33	52	84	130	0.21	0.33	0.52	0.84	1.3	2.1	3.3
30	50	1.5	2.5	4	7	11	16	25	39	62	100	160	0.25	0.39	0.62	1	1.6	2.5	3.9
50	80	2	3	5	8	13	19	30	46	74	120	190	0.3	0.46	0.74	1.2	1.9	3	4.6
80	120	2.5	4	6	10	15	22	35	54	87	140	220	0.35	0.54	0.87	1.4	2.2	3.5	5.4
120	180	3.5	5	8	12	18	25	40	63	100	160	250	0.4	0.63	1	1.6	2.5	4	6.3
180	250	4.5	7	10	14	20	29	46	72	115	185	290	0.46	0.72	1.15	1.85	2.9	4.6	7.2
250	315	6	8	12	16	23	32	52	81	130	210	320	0.52	0.81	1.3	2.1	3.2	5.2	8.1
315	400	7	9	13	18	25	36	57	89	140	230	360	0.57	0.89	1.4	2.3	3.6	5.7	8.9
400	500	8	10	15	20	27	40	63	97	155	250	400	0.63	0.97	1.55	2.5	4	6.3	9.7
500	630	9	11	16	22	32	44	70	110	175	280	440	0.7	1.1	1.75	2.8	4.4	7	11
630	800	10	13	18	25	36	50	80	125	200	320	500	0.8	1.25	2	3.2	5	8	12.5
800	1000	11	15	21	28	40	56	90	140	230	360	560	0.9	1.4	2.3	3.6	5.6	9	14
1000	1250	13	18	24	33	47	66	105	165	260	420	660	1.05	1.65	2.6	4.2	6.6	10.5	16.5
1250	1600	15	21	29	39	55	78	125	195	310	500	780	1.25	1.95	3.1	5	7.8	12.5	19.5
1600	2000	18	25	35	46	65	92	150	230	370	600	920	1.5	2.3	3.7	6	9.2	15	23
2000	2500	22	30	41	55	78	110	175	280	440	700	1100	1.75	2.8	4.4	7	11	17.5	28
2500	3150	26	36	50	68	96	135	210	330	540	860	1350	2.1	3.3	5.4	8.6	13.5	21	33

注　1. 公称尺寸大于 500mm 的 IT1～IT5 的标准公差数值为试行。

2. 公称尺寸小于或等于 1mm 时，无 IT14～IT18。

表 2-2　　IT01 和 IT0 的标准公差数值

公称尺寸（mm）		标准公差等级	
		IT0	IT01
大于	至	公差（μm）	
—	3	0.3	0.5
3	6	0.4	0.6
6	10	0.4	0.6
10	18	0.5	0.8
18	30	0.6	1
30	50	0.6	1
50	80	0.8	1.2
80	120	1	1.5
120	180	1.2	2
180	250	2	3
250	315	2.5	4
315	400	3	5
400	500	4	6

等级 IT01、IT0 和 IT1 的标准公差数值按表 2-3 给出的公式计算。等级 IT2、IT3 和 IT4 没有给出计算公式，其标准公差数值在 IT1 和 IT0 的数值之间按几何级数递增。

表 2-3　　IT01、IT0 和 IT1 的标准公差计算公式　　（μm）

标准公差等级	计算公式
IT01	$0.3+0.008D$
IT0	$0.5+0.012D$
IT1	$0.8+0.02D$

注　D 为公称尺寸段的几何平均值，mm。

等级 IT5～1T18 的标准公差数值作为标准公差因子 i 的函数，按表 2-4 所列计算公式求得。

表 2-4　　标准公差计算公式

公称尺寸（mm）		标准公差等级																	
		IT1	IT2	IT3	IT4	IT5	IT6	IT7	IT8	IT9	IT10	IT11	IT12	IT13	IT14	IT15	IT16	IT17	IT18
大于	至	标准公差计算公式（μm）																	
—	500	—	—	—	—	$7i$	$10i$	$16i$	$25i$	$40i$	$64i$	$100i$	$160i$	$250i$	$400i$	$640i$	$1000i$	$1600i$	$2500i$
500	3150	$2I$	$2.7I$	$3.7I$	$5I$	$7I$	$10I$	$16I$	$25I$	$40I$	$64I$	$100I$	$160I$	$250I$	$400I$	$640I$	$1000I$	$1600I$	$2500I$

注　1. 公称尺寸至 500 的 IT1～IT4 的标准公差和基本偏差公式为 $D=\sqrt{D_1\times D_2}$（D_1、D_2 为每一尺寸段中首尾两个尺寸）；小于或等于 3mm 的尺寸段，$D=1.732$mm。

2. 从 IT6 起，其规律为每增 5 个等级，标准公差增加至 10 倍，也可用于延伸超过 IT18 的 IT 等级。

标准公差因子 i 计算公式为

$$i = 0.45\sqrt[3]{D} + 0.001D\ (\mu m)$$

式中　D——公称尺寸段的几何平均值，mm。

标准公差因子 I 计算公式为

$$I = 0.004D + 2.1\ (\mu m)$$

对于大尺寸，测量误差是主要矛盾，特别是温度变化的影响较大。这些因素引起的误差基本与 D 呈线性关系。

从表 2-4 中可知，对 IT6～IT18 各级中，标准公差因子前的系数为 $R5$ 的优先数系，即公比 $q=1.6$ 的几何级数。因此，每隔 5 个等级，标准公差增至 10 倍。

2. 公称尺寸分段

根据标准公差计算公式，每有一个公称尺寸都应有一个相应的公差值。但在生产实践中，公称尺寸是很多的，这样就会形成一个极为庞大的公差数值表，它既不实用，也没必要，反而给生产带来困难。为了简化公差表格，便于应用，国家标准对公称尺寸进行了分段。尺寸分段后，对同一尺寸分段内的所有公称尺寸，在相同公差等级的情况下，规定相同的标准公差，见表 2-1 所列。尺寸段内的标准公差是按段内首、尾两项的几何平均值 D 来计算的。按上述规定计算出的公差数值，再经尾数化整，即得出标准公差数值（但对于≤3mm 时的尺寸段，$D=\sqrt{1\times3}$）。

【例 2-3】 计算公称尺寸 ϕ30mm 的 IT6、IT7 和 IT8 的标准公差数值。

解　ϕ30mm 在>18～30mm 的尺寸段内，几何平均值

$$D = \sqrt{18\times30} = 23.24\ (mm)$$

$$i = 0.45\sqrt[3]{D} + 0.001D = 0.45\sqrt[3]{23.24} + 0.001\times23.24 \approx 1.31\ (\mu m)$$

由表 2-4 可知

$$IT6 = 10i = 10\times1.31 = 13.10 \approx 13\ (\mu m)$$

$$IT7 = 16i = 16\times1.31 = 20.96 \approx 21\ (\mu m)$$

$$IT8 = 25i = 25\times1.31 = 32.75 \approx 33(\mu m)$$

二、基本偏差系列

基本偏差是指在极限与配合制中，确定公差带相对零线位置的那个极限偏差（一般为靠近零线的那个偏差），如图 2-8 所示。基本偏差是决定孔、轴公差带相对于零线位置的参数。为了改变配合性质，只要改变孔或轴当中一个零件的公差带位置即可。采用基孔制时，则改变轴的公差带位置。采用基轴制时，则改变孔的公差带位置。

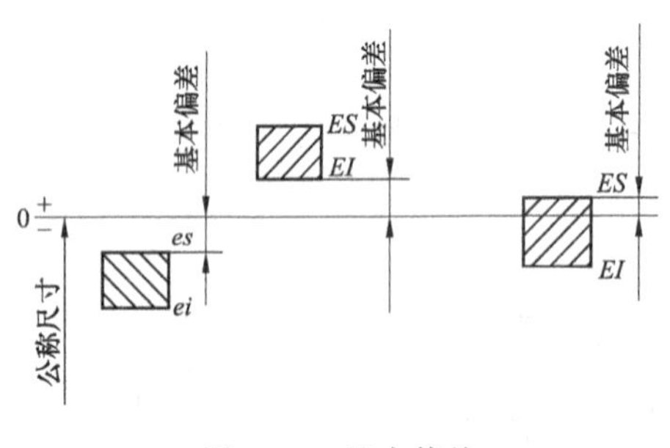

图 2-8　基本偏差

为了公差带位置的标准化，满足孔和轴配合松紧程度的不同要求，国家标准规定了孔和轴的基本偏差系列。

(一) 基本偏差代号及特点

在标准基本偏差系列中，国际对孔和轴各设定了 28 个基本偏差。它们的代号用拉丁字

母表示，大写表示孔的基本偏差，小写表示轴的基本偏差，如图 2－9 所示。

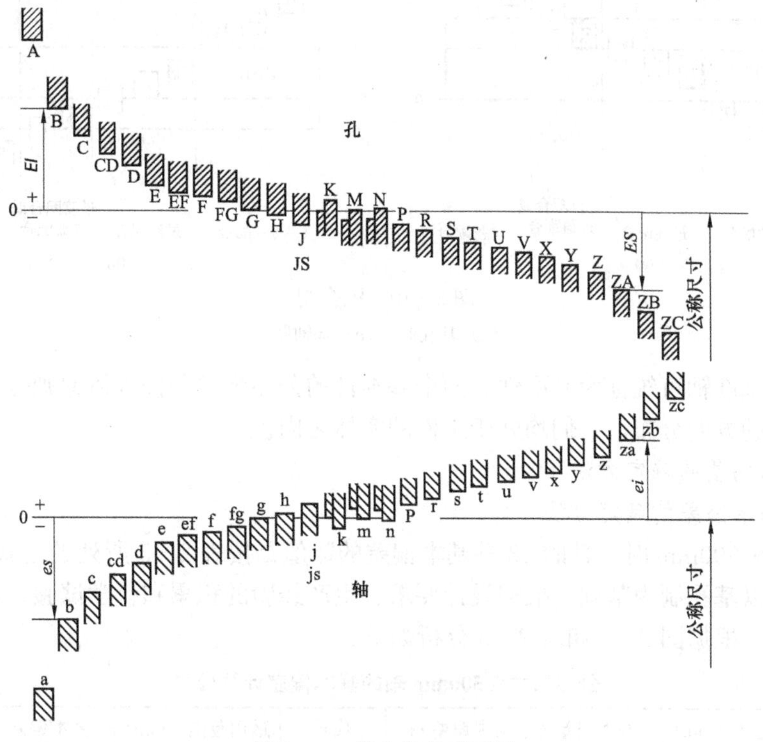

图 2－9　基本偏差系列图

由图 2－9 可见，基本偏差有如下特点：

(1) 孔与轴同字母的基本偏差相对零线基本呈对称分布。对于轴，a～h 的基本偏差为上极限偏差 *es*，j～zc（js 除外）以下极限偏差 *ei* 为基本偏差；对于孔，A～H 的基本偏差为下极限偏差 *EI*，J～ZC（JS 除外）的基本偏差为上极限偏差 *ES*。

(2) 由于 js 和 JS 所形成的公差带相对于零线对称分布，因此其基本偏差可以是上极限偏差（＋IT/2）或下极限偏差（－IT/2）。

(3) h 和 H 的基本偏差均为零，即 h 的上极限偏差 $es=0$，H 的下极限偏差 $EI=0$。

(4) 代号 K、M、N 随公差等级不同而有两种基本偏差，k 在 IT4～IT7 时，基本偏差 *ei* 为正值，其他公差等级时，*ei* 为零。

(二) 配合制

配合制是确定基本偏差系列的基础，同时又是为了以尽可能少的标准公差带形成最多种类的配合。为此国家标准规定了以下两种配合制：基孔制配合和基轴制配合，如图 2－10 所示。

基孔制配合是指基本偏差为一定的孔的公差带，与不同基本偏差的轴的公差带形成各种配合的一种制度，如图 2－10（a）所示。基孔制配合的孔称为基准孔，代号为 H，并规定基本偏差 $EI=0$。

基轴制配合是指基本偏差为一定的轴的公差带，与不同基本偏差的孔的公差带形成各种配合的一种制度，如图 2－10（b）所示。基轴制配合的轴称为基准轴，代号为 h，并规定基本偏差 $es=0$。

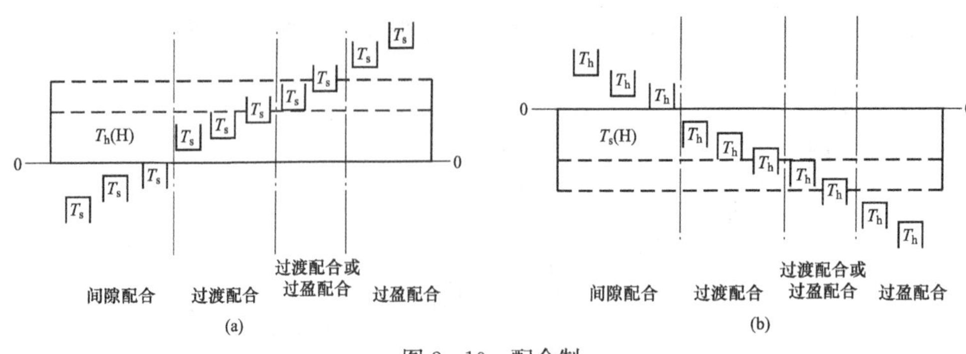

图 2-10 配合制

(a) 基孔制；(b) 基轴制

基准孔和基准轴可统称为基准件。两个基准件的公差带都是按入体原则分布的，即按加工时尺寸变化的方向分布，它们均处于工件的实体之内。

（三）基本偏差的确定方法

1. 轴的基本偏差的确定方法

公称尺寸≤500mm 时，轴的 28 种基本偏差的数值是按表 2-5 所列的公式计算确定的。表中的公式是以基孔制为基础，根据设计要求、生产经验的积累和科学试验，经数理统计分析整理出来的。根据图 2-9 和表 2-5 分析如下：

表 2-5　　公称尺寸≤500mm 轴的基本偏差计算公式　　(μm)

代号	适用范围（mm）	基本偏差为上极限偏差 *es*
a	$D\leqslant 120$	$-(265+1.3D)$
	$D>120$	$-3.5D$
b	$D\leqslant 160$	$-(140+0.85D)$
	$D>160$	$-1.8D$
c	$D\leqslant 40$	$-52D^{0.2}$
	$D>40$	$-(95+0.8D)$
cd		$-\sqrt{cd}$
d		$-16D^{0.44}$
e		$-11D^{0.41}$
ef		$-\sqrt{ef}$
f		$-5.5D^{0.41}$
fg		$-\sqrt{fg}$
g		$-2.5D^{0.34}$
h		0
js：±IT/2		

代号	适用范围（mm）	基本偏差为下极限偏差 *ei*
j	IT5～IT8	经验数据
k	≤IT3	0
	IT4～IT7	$+0.6\sqrt[3]{D}$
	≥IT8	0
m		+（IT7−IT6）
n		$+5D^{0.34}$
p		+IT7+（0～5）
r		$+\sqrt{ps}$
s	$D\leqslant 50$	+IT8+（1～4）
	$D>50$	$+IT7+0.4D$
t		$+IT7+0.63D$
u		$+IT7+D$
v		$+IT7+1.25D$
x		$+IT7+1.6D$
y		$+IT7+2D$
z		$+IT7+2.5D$
za		$+IT8+3.15D$
zb		$+IT9+4D$
zc		$+IT10+5D$
js：±IT/2		

注 1. D 为公称尺寸的分段计算值，单位为 mm。

2. 除 j 和 js 外，表中所列公式与公差等级无关。

a～h 时，用于间隙配合，基本偏差的绝对值等于最小间隙。其中，a、b、c 用于大间隙配合，考虑到热膨胀的影响，采用与直径成正比关系的公式计算；d、e、f 主要用于旋转运动的配合，为了保证良好的液体摩擦，最小间隙应按直径的平方根关系计算，但考虑到表面粗糙度的影响，间隙应适当减小；g 主要用于滑动和半液体摩擦的场合，或用于定位配合，间隙要小。

j～n 时，多用于过渡配合，所得间隙和过盈均不很大，以保证孔与轴配合时能够对中和定心，装拆也不困难，其计算公式以经验为主。

p～zc 时，主要用于过盈配合，其计算公式应按最小过盈来考虑。表中计算公式由两项组成，第一项为基准孔的标准公差，第二项为最小过盈量，它与直径成线性关系，以保证孔与轴结合时具有足够的连接强度，并正常地传递转矩。

按计算公式计算并经圆整后轴的基本偏差值列于表 2－6 中，使用时应按表中的数值选用。

有了轴的基本偏差和标准公差，就不难求出另一极限偏差（上极限偏差或下极限偏差），计算公式如下：

$$es = ei + \mathrm{IT} \text{ 或 } ei = es - \mathrm{IT}$$

2. 孔的基本偏差的确定方法

公称尺寸≤500mm 时，孔的基本偏差数值都是由相应代号的轴的基本偏差的数值按照一定的规则换算得到的。换算的前提是：在孔、轴的同一公差等级或孔比轴低一级的配合条件下，当基轴制配合中孔的基本偏差代号与基孔制配合中轴的基本偏差代号相当（例如孔的 F 对应轴的 f）时，使基轴制形成的配合（例如 F6/h5）与基孔制形成的配合（例如 H6/f5）相同。据此孔的基本偏差按以下两种换算规则计算：

通用规则：同一字母表示的孔、轴基本偏差的绝对值相等，而符号相反，即对于所有公差等级的 A～H，$EI=-es$。

对于标准公差＞IT8 的 K、M、N，以及＞IT7 的 P～ZC，$ES=-ei$。其中也有例外的，对于标准公差＞IT8、公称尺寸＞3mm 的 N 孔，其基本偏差 $ES=0$。

特殊规则：对于标准公差＞IT8 的 K、M、N，以及＞IT7 的 P～ZC，孔的基本偏差 ES 与同字母的轴的基本偏差 ei 的符号相反，而绝对值相差一个 Δ 值，即

$$ES = -ei + \Delta$$

$$\Delta = \mathrm{IT}_n - \mathrm{IT}_{(n-1)}$$

式中　IT_n——孔的标准公差；

$\mathrm{IT}_{(n-1)}$——比孔高一级的轴的标准公差。

按照两个规则换算得到的孔的基本偏差数值列于表 2－7 中。表中凡有 Δ 值的是按特殊规则，而其余的是按通用规则换算得到的。

孔的另一极限偏差（上极限偏差或下极限偏差）可根据孔的基本偏差和标准公差计算，即

$$ES=EI+IT \text{ 或 } EI=ES-IT$$

表 2-6 **轴的基本**

公称尺寸(mm)		基本偏差数值(上极限偏差 *es*)											
		所有标准公差等级											
大于	至	a	b	c	cd	d	e	ef	f	fg	g	h	js
—	3	−270	−140	−60	−34	−20	−14	−10	−6	−4	−2	0	
3	6	−270	−140	−70	−46	−30	−20	−14	−10	−6	−4	0	
6	10	−280	−150	−80	−56	−40	−25	−18	−13	−8	−5	0	
10	14	−290	−150	−95		−50	−32		−16		−6	0	
14	18												
18	24	−300	−160	−110		−65	−40		−20		−7	0	
24	30												
30	40	−310	−170	−120		−80	−50		−25		−9	0	
40	50	−320	−180	−130									
50	65	−340	−190	−140		−100	−60		−30		−10	0	
65	80	−360	−200	−150									
80	100	−380	−220	−170		−120	−72		−36		−12	0	
100	120	−410	−240	−180									
120	140	−460	−260	−200		−145	−85		−43		−14	0	
140	160	−520	−280	−210									
160	180	−580	−310	−230									
180	200	−660	−340	−240		−170	−100		−50		−15	0	
200	225	−740	−380	−260									
225	250	−820	−420	−280									
250	280	−920	−480	−300		−190	−110		−56		−17	0	偏差 $=\pm\frac{IT_n}{2}$,式中 IT_n 是 IT 值数
280	315	−1050	−540	−330									
315	355	−1200	−600	−360		−210	−125		−62		−18	0	
355	400	−1350	−680	−400									
400	450	−1500	−760	−440		−230	−135		−68		−20	0	
450	500	−1650	−840	−480									
500	560					−260	−145		−76		−22	0	
560	630												
630	710					−290	−160		−80		−24	0	
710	800												
800	900					−320	−170		−86		−26	0	
900	1000												
1000	1120					−350	−195		−98		−28	0	
1120	1250												
1250	1400					−390	−220		−110		−30	0	
1400	1600												
1600	1800					−430	−240		−120		−32	0	
1800	2000												
2000	2240					−480	−260		−130		−34	0	
2240	2500												
2500	2800					−520	−290		−145		−38	0	
2800	3150												

注 公称尺寸小于或等于 1mm 时,基本偏差 a 和 b 均不采用。公差带 js7~js11,若 IT_n 值数是奇数,则取偏差 $=\pm\frac{IT_n-1}{2}$。

偏 差 数 值　　（μm）

公称尺寸（mm）		基本偏差数值（上极限偏差 *ei*）																			
		IT5和IT6	IT7	IT8	IT4～IT7	≤IT3 >IT7	所有标准公差等级														
大于	至	l			k		m	n	p	r	s	t	u	v	x	y	z	za	zb	zc
—	3	−2	−4	−6	0	0	+2	+4	+6	+10	+14		+18		+20		+26	+32	+40	+60
3	6	−2	−4		+1	0	+4	+8	+12	+15	+19		+23		+28		+35	+42	+50	+80
6	10	−2	−5		+1	0	+6	+10	+15	+19	+23		+28		+34		+42	+52	+67	+97
10	14	−3	−6		+1	0	+7	+12	+18	+23	+28		+33		+40		+50	+64	+90	+130
14	18													+39	+45		+60	+77	+108	+150
18	24	−4	−8		+2	0	+8	+15	+22	+28	+35		+41	+47	+54	+63	+73	+98	+136	+188
24	30											+41	+48	+55	+64	+75	+88	+118	+160	+218
30	40	−5	−10		+2	0	+9	+17	+26	+34	+43	+48	+60	+68	+80	+94	+112	+148	+200	+274
40	50											+54	+70	+81	+97	+114	+136	+180	+242	+325
50	65	−7	−12		+2	0	+11	+20	+32	+41	+53	+66	+87	+102	+122	+144	+172	+226	+300	+405
65	80									+43	+59	+75	+102	+120	+146	+174	+210	+274	+360	+480
80	100	−9	−15		+3	0	+13	+23	+37	+51	+71	+91	+124	+146	+178	+214	+258	+335	+445	+585
100	120									+54	+79	+104	+144	+172	+210	+254	+310	+400	+525	+590
120	140	−11	−18		+3	0	+15	+27	+43	+63	+92	+122	+170	+202	+248	+300	+365	+470	+620	+800
140	160									+65	+100	+134	+190	+228	+280	+340	+415	+535	+700	+900
160	180									+68	+108	+146	+210	+252	+310	+380	+465	+600	+780	+1000
180	200	−13	−21		+4	0	+17	+31	+50	+77	+122	+166	+235	+284	+350	+425	+520	+670	+880	+1150
200	225									+80	+130	+180	+258	+310	+385	+470	+575	+740	+960	+1250
225	250									+84	+140	+196	+284	+340	+425	+520	+640	+820	+1050	+1350
250	280	−16	−26		+4	0	+20	+34	+56	+94	+158	+218	+315	+385	+475	+580	+710	+920	+1200	+1550
280	315									+98	+170	+240	+350	+425	+525	+650	+790	+1000	+1300	+1700
315	355	−18	−28		+4	0	+21	+37	+62	+108	+190	+268	+390	+475	+590	+730	+900	+1150	+1500	+1900
355	400									+114	+208	+294	+435	+530	+660	+820	+1000	+1300	+1650	+2100
400	450	−20	−32		+5	0	+23	+40	+68	+126	+232	+330	+490	+595	+740	+920	+1100	+1450	+1850	+2400
450	500									+132	+252	+360	+540	+660	+820	+100	+1250	+1600	+2100	+2600
500	560				0	0	+26	+44	+78	+150	+280	+400	+600							
560	630									+155	+310	+450	+660							
630	710				0	0	+30	+50	+88	+175	+340	+500	+740							
710	800									+185	+380	+560	+840							
800	900				0	0	+34	+56	+100	+210	+430	+620	+940							
900	1000									+220	+470	+680	+1050							
1000	1120				0	0	+40	+66	+120	+250	+520	+780	+1150							
1120	1250									+260	+580	+840	+1300							
1250	1400				0	0	+48	+78	+140	+300	+640	+960	+1450							
1400	1600									+330	+720	+1050	+1600							
1600	1800				0	0	+58	+92	+170	+370	+820	+1200	+1850							
1800	2000									+400	+920	+1350	+2000							
2000	2240				0	0	+68	+110	+195	+440	+1000	+1500	+2300							
2240	2500									+460	+1100	+1650	+2500							
2500	2800				0	0	+76	+135	+240	+550	+1250	+1900	+2900							
2800	3150									+580	+1400	+2100	+3200							

表 2-7 **孔的基本**

公称尺寸（mm）		基本偏											
		下极限偏差 EI											
大于	至	所有标准公差等级											
		A	B	C	CD	D	E	EF	F	FG	G	H	JS
—	3	+270	+140	+60	+34	+20	+14	+10	+6	+4	+2	0	偏差＝$\pm\frac{IT_n}{2}$，式中IT_n是IT值数
3	6	+270	+140	+70	+46	+30	+20	+14	+10	+6	+4	0	
6	10	+280	+150	+80	+56	+40	+25	+18	+13	+8	+5	0	
10	14	+290	+150	+95		+50	+32		+16		+6	0	
14	18												
18	24	+300	+160	+110		+65	+40		+20		+7	0	
24	30												
30	40	+310	+170	+120		+80	+50		+25		+9	0	
40	50	+320	+180	+130									
50	65	+340	+190	+140		+100	+60		+30		+10	0	
65	80	+360	+200	+150									
80	100	+380	+220	+170		+120	+72		+36		+12	0	
100	120	+410	+240	+180									
120	140	+460	+260	+200		+145	+85		+43		+14	0	
140	160	+520	+280	+210									
160	180	+580	+310	+230									
180	200	+660	+340	+240		+170	+100		+50		+15	0	
200	225	+740	+380	+260									
225	250	+820	+420	+280									
250	280	+920	+480	+300		+190	+110		+56		+17	0	
280	315	+1050	+540	+330									
315	355	+1200	+600	+360		+210	+125		+62		+18	0	
355	400	+1350	+680	+400									
400	450	+1500	+760	+440		+230	+135		+68		+20	0	
450	500	+1650	+840	+480									
500	560					+260	+145		+76		+22	0	
560	630												
630	710					+290	+160		+80		+24	0	
710	800												
800	900					+320	+170		+86		+26	0	
900	1000												
1000	1120					+350	+195		+98		+28	0	
1120	1250												
1250	1400					+390	+220		+110		+30	0	
1400	1600												
1600	1800					+430	+240		+120		+32	0	
1800	2000												
2000	2240					+480	+260		+130		+34	0	
2240	2500												
2500	2800					+520	+290		+145		+38	0	
2800	3150												

注 1. 公称尺寸小于或等于1mm时，基本偏差A和B及大于IT8的N均不采用。公差带JS7～JS11，若IT_n值数是

2. 对小于或等于IT8的K、M、N和小于或等于IT7的P至ZC，所需Δ值从表内右侧选取。例如：18mm～
特殊情况：250mm～315mm段的M6，ES＝－9μm（代替－11μm）。

偏差数值　　(μm)

差数值									
上极限偏差 *ES*									
IT6	IT7	IT8	≤IT8	>IT8	≤IT8	>IT8	≤IT8	>IT8	≤IT7
J			K		M		N		P至ZC
+2	+4	+6	0	0	−2	−2	−4	−4	在大于IT7的相应数值上增加一个Δ值
+5	+6	+10	−1+Δ		−4+Δ	−4	−8+Δ	0	
+5	+8	+12	−1+Δ		−6+Δ	−6	−10+Δ	0	
+6	+10	+15	−1+Δ		−7+Δ	−7	−12+Δ	0	
+8	+12	+20	−2+Δ		−8+Δ	−8	−15+Δ	0	
+10	+14	+24	−2+Δ		−9+Δ	−9	−17+Δ	0	
+13	+18	+28	−2+Δ		−11+Δ	−11	−20+Δ	0	
+16	+22	+34	−3+Δ		−13+Δ	−13	−23+Δ	0	
+18	+26	+41	−3+Δ		−15+Δ	−15	−27+Δ	0	
+22	+30	+47	−4+Δ		−17+Δ	−17	−31+Δ	0	
+25	+36	+55	−4+Δ		−20+Δ	−20	−34+Δ	0	
+29	+39	+60	−4+Δ		−21+Δ	−21	−37+Δ	0	
+33	+43	+66	−5+Δ		−23+Δ	−23	−40+Δ	0	
			0		−26		−44		
			0		−30		−50		
			0		−34		−56		
			0		−40		−66		
			0		−48		−78		
			0		−58		−92		
			0		−68		−110		
			0		−76		−135		

奇数，则取偏差$=\pm\frac{IT_n-1}{2}$。

30mm 段的 K7，Δ=8μm，所以 ES=−2+8=+6μm；18mm～30mm 段的 S6，Δ=4μm，所以 ES=−35+4=−31μm。

续表

公称尺寸(mm)		基本偏差数值												Δ值					
		上极限偏差 *ES*																	
大于	至	标准公差等级大于 IT7												标准公差等级					
		P	R	S	T	U	V	X	Y	Z	ZA	ZB	ZC	IT3	IT4	IT5	IT6	IT7	IT8
—	3	−6	−10	−14		−18		−20		−26	−32	−40	−60	0	0	0	0	0	0
3	6	−12	−15	−19		−23		−28		−35	−42	−50	−80	1	1.5	1	3	4	6
6	10	−15	−19	−23		−28		−34		−42	−52	−67	−97	1	1.5	2	3	6	7
10	14	−18	−23	−28		−33		−40		−50	−64	−90	−130	1	2	3	3	7	9
14	18						−39	−45		−60	−77	−108	−150						
18	24	−22	−28	−35		−41	−47	−54	−63	−73	−98	−136	−188	1.5	2	3	4	8	12
24	30				−41	−48	−55	−64	−75	−88	−118	−160	−218						
30	40	−26	−34	−43	−48	−60	−68	−80	−94	−112	−148	−200	−274	1.5	3	4	5	9	14
40	50				−54	−70	−81	−97	−114	−136	−180	−242	−325						
50	65	−32	−41	−53	−66	−87	−102	−122	−144	−172	−226	−300	−405	2	3	5	6	11	16
65	80		−43	−59	−75	−102	−120	−146	−174	−210	−274	−360	−480						
80	100	−37	−51	−71	−91	−124	−146	−178	−214	−258	−335	−445	−585	2	4	5	7	13	19
100	120		−54	−79	−104	−144	−172	−210	−254	−310	−400	−525	−690						
120	140	−43	−63	−92	−122	−170	−202	−248	−300	−365	−470	−620	−800	3	4	6	7	15	23
140	160		−65	−100	−134	−190	−228	−280	−340	−415	−535	−700	−900						
160	180		−68	−108	−146	−210	−252	−310	−380	−465	−600	−780	−1000						
180	200	−50	−77	−122	−166	−236	−284	−350	−425	−520	−670	−880	−1150	3	4	6	9	17	26
200	225		−80	−130	−180	−258	−310	−385	−470	−575	−740	−960	−1250						
225	250		−84	−140	−196	−284	−340	−425	−520	−640	−820	−1050	−1350						
250	280	−56	−94	−158	−218	−315	−385	−475	−580	−710	−920	−1200	−1550	4	4	7	9	20	29
280	315		−98	−170	−240	−350	−425	−525	−650	−790	−1000	−1300	−1700						
315	355	−62	−108	−190	−268	−390	−475	−590	−730	−900	−1150	−1500	−1900	4	5	7	11	21	32
355	400		−114	−208	−294	−435	−530	−660	−820	−1000	−1300	−1650	−2100						
400	450	−68	−126	−232	−330	−490	−595	−740	−920	−1100	−1450	−1850	−2400	5	5	7	13	23	34
450	500		−132	−252	−360	−540	−660	−820	−1000	−1250	−1600	−2100	−2600						
500	560	−78	−150	−280	−400	−600													
560	630		−155	−310	−450	−660													
630	710	−88	−175	−340	−500	−740													
710	800		−185	−380	−560	−840													
800	900	−100	−210	−430	−620	−940													
900	1000		−220	−470	−680	−1050													
1000	1120	−120	−250	−520	−780	−1150													
1120	1250		−260	−580	−840	−1300													
1250	1400	−140	−300	−640	−960	−1450													
1400	1600		−330	−720	−1050	−1600													
1600	1800	−170	−370	−820	−1200	−1850													
1800	2000		−400	−920	−1350	−2000													
2000	2240	−195	−440	−1000	−1500	−2300													
2240	2500		−460	−1100	−1650	−2500													
2500	2800	−240	−550	−1250	−1900	−2900													
2800	3150		−580	−1400	−2100	−3200													

三、公差带代号与配合代号

1. 公差带代号

对于公称尺寸一定的孔和轴，若给定了基本偏差代号和公差等级，则其公差带的位置和大小即已完全确定。标准规定，在基本偏差代号之后加注公差等级的代号（数字），就称为公差带代号。例如，H8、F8、D9 等为孔的公差带代号，h7、f7、k6 等为轴的公差带代号。

2. 配合代号

将相配合的孔、轴的公差带代号写成分数形式，分子为孔的公差带代号，分母为轴的公差带代号，就称为配合代号，如 H8/f7、K7/h6、H9/h9 等。

四、公差带与配合的优化

由标准公差系列（20 个等级）和基本偏差系列（28 种）可以组成许多公差带。对于基本偏差代号为 j 和 J 的极限偏差取自经验数据，轴只有 j5～j8 四种，孔只有 J6～J8 三种，所以可组成轴公差带 544 种，孔公差带 543 种。而这些孔、轴公差带又可组成数量很多的配合。如果这些孔、轴公差带和配合都投入使用，将造成公差表格庞大，定值刀具、量具的规格众多，生产管理麻烦，显然是不经济的，也没必要。因此，GB/T 1801—2009《产品几何技术规范（GPS）极限与配合 公差带和配合的选择》根据实际需要对公称尺寸至 500mm 的孔、轴公差带与配合进行了规定。

1. 优先、常用和一般用途公差带

如图 2-11 所示，轴的一般公差带为 116 种，常用公差带（方框内的）59 种，优先公差带（圆圈中）13 种。

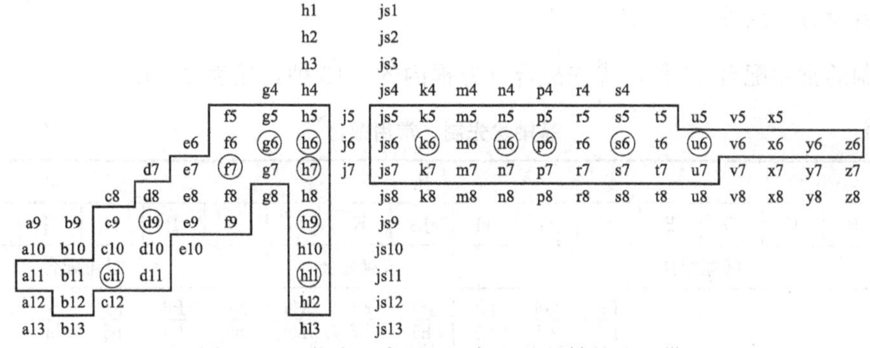

图 2-11　优先、常用和一般用途的轴的公差带

如图 2-12 所示，孔的一般公差带 105 种，常用公差带（方框内的）44 种，优先公差带（圆圈中）13 种。

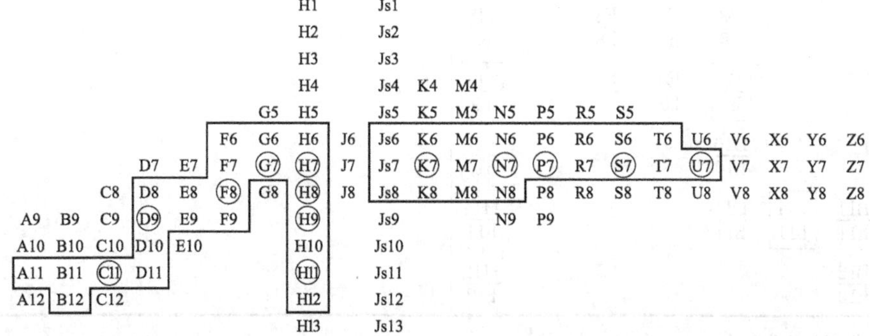

图 2-12　优先、常用和一般用途的孔的公差带

2. 优先和常用配合

基孔制的常用配合 59 种，优先配合（方框内的）13 种，见表 2-8。

表 2-8　　基孔制优先、常用配合

基准孔	轴																				
	a	b	c	d	e	f	g	h	js	k	m	n	p	r	s	t	u	v	x	y	z
	间隙配合								过渡配合			过盈配合									
H6						$\frac{H6}{f5}$	$\frac{H6}{g5}$	$\frac{H6}{h5}$	$\frac{H6}{js5}$	$\frac{H6}{k5}$	$\frac{H6}{m5}$	$\frac{H6}{n5}$	$\frac{H6}{p5}$	$\frac{H6}{r5}$	$\frac{H6}{s5}$	$\frac{H6}{t5}$					
H7						$\frac{H7}{f6}$	$\boxed{\frac{H7}{g6}}$	$\boxed{\frac{H7}{h6}}$	$\frac{H7}{js6}$	$\boxed{\frac{H7}{k6}}$	$\frac{H7}{m6}$	$\boxed{\frac{H7}{n6}}$	$\boxed{\frac{H7}{p6}}$	$\frac{H7}{r6}$	$\boxed{\frac{H7}{s6}}$	$\frac{H7}{t6}$	$\boxed{\frac{H7}{u6}}$	$\frac{H7}{v6}$	$\frac{H7}{x6}$	$\frac{H7}{y6}$	$\frac{H7}{z6}$
H8					$\frac{H8}{e7}$	$\boxed{\frac{H8}{f7}}$	$\frac{H8}{g7}$	$\boxed{\frac{H8}{h7}}$	$\frac{H8}{js7}$	$\frac{H8}{k7}$	$\frac{H8}{m7}$	$\frac{H8}{n7}$	$\frac{H8}{p7}$	$\frac{H8}{r7}$	$\frac{H8}{s7}$	$\frac{H8}{t7}$	$\frac{H8}{u7}$				
				$\frac{H8}{d8}$	$\frac{H8}{e8}$	$\frac{H8}{f8}$		$\frac{H8}{h8}$													
H9			$\frac{H9}{c9}$	$\boxed{\frac{H9}{d9}}$	$\frac{H9}{e9}$	$\frac{H9}{f9}$		$\boxed{\frac{H9}{h9}}$													
H10			$\frac{H10}{c10}$	$\frac{H10}{d10}$				$\frac{H10}{h10}$													
H11	$\frac{H11}{a11}$	$\frac{H11}{b11}$	$\boxed{\frac{H11}{c11}}$	$\frac{H11}{d11}$				$\boxed{\frac{H11}{h11}}$													
H12		$\frac{H12}{b12}$						$\frac{H12}{h12}$													

注　带方框者为优先配合。

基轴制的常用配合 47 种，优先配合（方框内的）13 种，见表 2-9。

表 2-9　　基轴优先制、常用配合

基准孔	孔																
	A	B	C	D	E	F	G	H	JS	K	M	N	P	R	S	T	U
	间隙配合								过渡配合			过盈配合					
h5						$\frac{F6}{h5}$	$\frac{G6}{h5}$	$\frac{H6}{h5}$	$\frac{JS6}{h5}$	$\frac{K6}{h5}$	$\frac{M6}{h5}$	$\frac{N6}{h5}$	$\frac{P6}{h5}$	$\frac{R6}{h5}$	$\frac{S6}{h5}$	$\frac{T6}{h5}$	
h6						$\frac{F7}{h6}$	$\boxed{\frac{G7}{g6}}$	$\boxed{\frac{H7}{h6}}$	$\frac{JS7}{h6}$	$\boxed{\frac{K7}{h6}}$	$\frac{M7}{h6}$	$\boxed{\frac{N7}{h6}}$	$\boxed{\frac{P7}{h6}}$	$\frac{R7}{h6}$	$\boxed{\frac{S7}{h6}}$	$\frac{T7}{h6}$	$\boxed{\frac{U7}{h6}}$
h7					$\frac{E8}{h7}$	$\boxed{\frac{F8}{h7}}$		$\boxed{\frac{H8}{h7}}$	$\frac{JS8}{h7}$	$\frac{K8}{h7}$	$\frac{M8}{h7}$	$\frac{N8}{h7}$					
h8				$\frac{D8}{h8}$	$\frac{E8}{h8}$	$\frac{F8}{h8}$		$\frac{H8}{h8}$									
h9				$\boxed{\frac{D9}{h9}}$	$\frac{E9}{h9}$	$\frac{F9}{h9}$		$\boxed{\frac{H9}{h9}}$									
h10				$\frac{D10}{h10}$				$\frac{H10}{h10}$									
h11	$\frac{A11}{h11}$	$\frac{B11}{h11}$	$\boxed{\frac{C11}{h11}}$	$\frac{D11}{h11}$				$\boxed{\frac{H11}{h11}}$									
h12		$\frac{B12}{h12}$						$\frac{H12}{h12}$									

注　带方框者为优先配合。

第三节　公差带与配合的选择

学习目标

1. 熟悉并掌握配合制的选择方法。
2. 熟悉并掌握公差等级的选择方法。
3. 熟悉并掌握配合种类的选择方法。
4. 掌握用类比法选择配合的大致步骤。

公差与配合（极限与配合）国家标准的应用，实际上就是如何根据使用要求正确合理地选择符合标准规定的孔、轴的公差带大小和公差带位置。在公称尺寸确定以后，就是配合制、公差等级和配合种类的选择问题。

一、配合制的选择

国家标准规定的孔、轴基本偏差数值，可以保证在一定条件下基孔制的配合与相应的基轴制配合性质相同。所以，在一般情况下，无论选用基孔制配合还是基轴制配合，都可以满足同样的使用要求。可以说，配合制的选择基本上与使用要求无关，主要的考虑因素是生产的经济性和结构的合理性。

1. 一般情况下优先选用基孔制配合

从工艺上看，对较高精度的中、小尺寸孔，广泛采用定值刀具、量具（钻头、铰刀、拉刀、塞规等）加工和检验，且每把刀具只能加工一种尺寸的孔。加工轴则不然，不同尺寸的轴只需要用某种刀具通过调整其与工件的相对位置加工即可。因此，采用基孔制可减少定值刀具、量具的规格和数量，经济性较好。

2. 在某些情况下应当选用基轴制

(1) 直接采用冷拉钢材做轴，不再切削加工，宜采用基轴制。例如，农机、纺机、仪表等机械产品中，一些精度要求不高的配合，常用冷拉钢材直接做轴，而不必加工，此时可用基轴制。

(2) 有些零件由于结构或工艺上的原因，必须采用基轴制。如图 2-13 (a) 所示，活塞连杆机构，工作时活塞销与连杆小头孔有相对运动，而与活塞孔无相对运动。因此，前者应采用间隙配合，后者采用较紧的过渡配合便可。当采用基孔制配合时，如图 2-13 (b) 所示，活塞销要制成两头大、中间小的阶梯形。这样不仅不便于加工，更重要的是装配时会挤

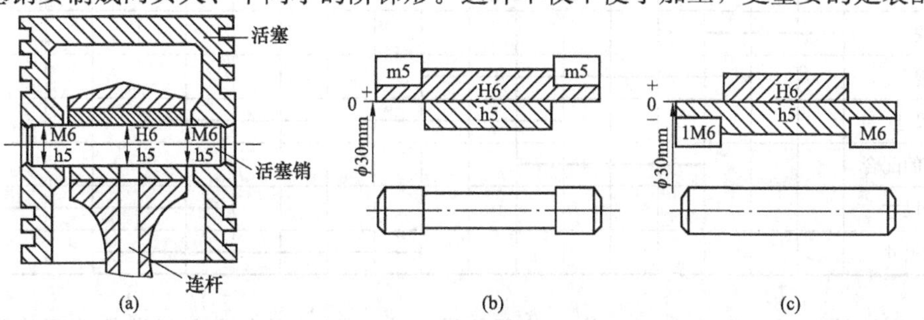

图 2-13　活塞连杆机构

(a) 活塞连杆机构；(b) 基孔制配合；(c) 基轴制配合

伤连杆小头孔表面。当采用基轴制配合时，如图 2－13（c）所示，则不存在这种情况。

3. 与标准件配合时应按标准件确定

例如，为了获得所要求的配合性质，滚动轴承内圈与轴的配合应采用基孔制配合，而滚动轴承外圈与壳体孔的配合应采用基轴制配合。

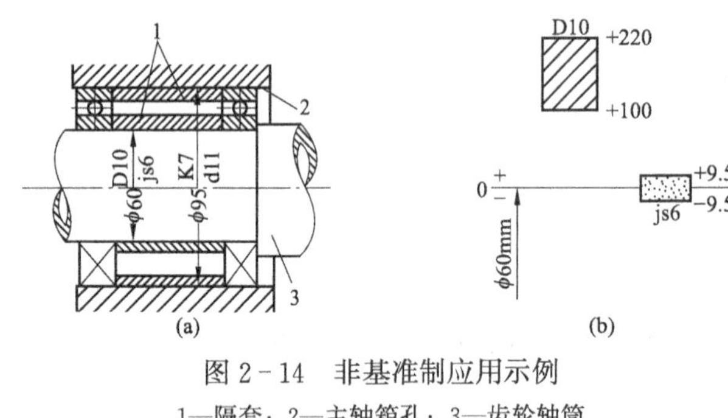

图 2－14 非基准制应用示例

1—隔套；2—主轴箱孔；3—齿轮轴筒

4. 特殊需要时采用非基准件配合

如图 2－14 所示的隔套是将两个滚动轴承隔开以提高刚性做轴向定位用的。为使安装方便，隔套与齿轮轴筒的配合应选用间隙配合。由于齿轮轴筒与滚动轴承的配合已按基孔制选定了 js6 公差带，因此隔套内孔公差带只好选用非基准孔公差带才能得到间隙配合，如图 2－14（b）所示。

二、公差等级的选择

公差等级的选择十分重要，但要准确地选定是十分困难的。公差等级过低，将不能满足使用性能的要求和保证产品质量。公差等级过高，将使生产成本成倍地增加，显然不符合经济性的要求。所以，选择时必须综合考虑这两个对立方面的要求，正确合理地确定公差等级。一般情况下可以从以下几个方面来考虑：

1. 既实用又经济

在满足使用要求的条件下，尽可能选用较低的公差等级，这样可以取得较好的综合经济效益。生产中主要采用类比法来确定公差等级，所谓类比法就是参考经过被实践证明为合理的类似产品上的相应尺寸的公差，来确定要求设计的孔、轴公差等级。只有某些特殊重要的配合，有可能根据使用要求确定其间隙或过盈的允许变动界限时，才用计算法进行精确设计，确定其公差等级。

表 2－10 列出了国家标准规定的 20 个公差等级的大致应用范围，可供类比法选择公差等级时参考。

表 2－10　　公差等级的应用

应用	公差等级（IT）																			
	01	0	1	2	3	4	5	6	7	8	9	10	11	12	13	14	15	16	17	18
量块	—	—	—																	
量规			—	—	—	—	—	—	—											
配合尺寸							—	—	—	—	—	—	—	—	—					
特别精密的配合				—	—	—	—													
非配合尺寸														—	—	—	—	—	—	—
原材料尺寸										—	—	—	—	—	—	—				

确定公差等级时，还应考虑工艺上的可能性。表 2－11 列出了在正常条件下公差等级和加工方法的大致关系，可供参考。

表 2-11　各种加工方法可能达到的公差等级

加工方法	公差等级（IT）																			
	01	0	1	2	3	4	5	6	7	8	9	10	11	12	13	14	15	16	17	18
研磨	—	—	—	—	—	—	—													
珩磨						—	—	—	—											
圆磨							—	—	—	—										
平磨							—	—	—	—										
金刚石车							—	—	—											
金刚石镗							—	—	—											
拉削							—	—	—	—										
铰孔									—	—	—	—								
车									—	—	—	—	—							
镗									—	—	—	—	—							
铣										—	—	—	—							
刨、插												—	—							
钻												—	—	—	—					
滚压、挤压												—	—							
冲压												—	—	—	—	—				
压铸													—	—	—	—				
粉末冶金成型								—	—	—										
粉末冶金烧结									—	—	—	—								
砂型铸造、气割																		—	—	—
锻造																	—	—		

2. 工艺等价

工艺等价原则是指使相配合的孔、轴加工难易程度相当。对于公称尺寸≤500mm 的较高公差等级的配合，由于孔比同级轴的加工成本高，所以，当标准公差≤IT8 时，国家标准推荐孔比轴低一级相配合。但对公称尺寸≤500mm，标准公差＞IT8 的，或公称尺寸＞500mm 的配合，孔、轴加工难易程度相当，取同级配合。

3. 与相配零件的精度相适应

例如，与齿轮孔配合的轴的公差等级要与齿轮精度相适应；与滚动轴承配合的轴颈或壳体孔的公差等级，应与滚动轴承的精度相当。

三、配合种类的选择

选择配合种类的主要依据是使用要求，应该按照工作条件要求的松紧程度（由配合的孔、轴公差带相对位置决定）来选择适当的配合。选择基本偏差代号通常有以下三种方法。

（一）计算法

计算法是根据一定的理论和公式，计算出所需间隙和过盈，然后对照国家标准选择适当配合的方法。例如，对高速旋转运动的间隙配合，可用流体润滑理论计算，保证滑动轴承处于液体摩擦状态所需的间隙。对不加辅助件（如键、销等）传递转矩的过盈配合，可用弹塑性变形理论计算出所需的最小过盈。计算法虽然麻烦，但是理论根据较充分，方法较科学。由于影响配合间隙或过盈的因素很多，所以在实际应用时还需经过试验来确定。

（二）试验法

试验法是根据多次试验的结果，寻求最合理的间隙或过盈，从而确定配合的一种方法。这种方法主要用于重要的、关键性的一些配合。例如，机车车轴与轴轮的配合，就是用试验方法来确定的。一般采用试验法的结果较为准确可靠，但试验工作量大，费用昂贵。

（三）类比法

类比法是指在同类型机器或机构中，经过生产实践验证的已用配合的实例，再考虑所设计机器的使用要求，并进行分析对比确定所需配合的方法。在生产实践中，广泛使用选择配合的方法就是类比法。要掌握这种方法，应该做到以下两点：

1. 分析零件的工作条件和使用要求

用类比法选择配合种类时，要先根据工作条件要求确定配合类别。若工作时相配孔、轴有相对运动，或虽无相对运动却要求装拆方便，则应选用间隙配合。主要靠过盈来保证相对静止或传递负荷的相配孔、轴，应该选用过盈配合。若相配孔、轴既要求对准中心（同轴），又要求装拆方便，则应选用过渡配合。

配合类别确定后，再进一步选择配合的松紧。表 2 - 12 供分析时参考。

表 2 - 12　　工作条件对配合松紧的要求

工作条件	配合要求
经常拆卸	松
工作时孔的温度比轴低	
形状和位置误差较大	
有冲击和振动	紧
表面较粗糙	
对中性要求高	

2. 了解各配合的特性与应用

基准制选定后，配合的松紧程度的选择就是选取非基准件的基本偏差代号。为此，必须了解各基本偏差代号的配合特性。表 2 - 13 列出了按基孔制配合的轴的基本偏差特性和应用，对基轴制配合的同名的孔的基本偏差也同样适用。

表 2 - 13　　轴的基本偏差选用说明

配合	基本偏差	特性及应用
间隙配合	a，b	可得到特别大的间隙，应用很少
	c	可得到很大的间隙，一般适用于缓慢、松弛的动配合。用于工作条件较差（如农业机械），受力变形，或为了便于装配，而必须保证有较大的间隙时，推荐配合为 H11/c11。其较高等级的 H8/c7 配合，适用于轴在高温工作的紧密配合，例如内燃机排气阀和导管
	d	一般用于 IT7～IT11 级，适用于松的转动配合，如密封盖、滑轮、空转皮带轮等与轴的配合，也适用于对大直径滑动轴承配合，如汽轮机、球磨机、轧滚成型和重型弯曲机，以及其他重型机械中的一些滑动轴承

续表

配合	基本偏差	特性及应用
间隙配合	e	多用于IT7～IT9级，通常用于要求有明显间隙，易于转动的轴承配合、如大跨距轴承、多支点轴承等配合。高等级的e轴适用于大的、高速、重载支撑，如涡轮发电机、大型电动机及内燃机主要轴承、凸轮轴轴承等配合
	f	多用IT6～IT8级的一般转动配合。当温度影响不大时，被广泛用于普通润滑油（或润滑脂）润滑的支撑，如齿轮箱、小电动机、泵等的转轴与滑动轴承的配合
	g	配合间隙很小，制造成本高，除负荷很轻的精密装置外，不推荐用于转动配合。多用于IT5～IT7级，最适合不回转的精密滑动配合，也用于插销等定位配合，如精密连杆轴承、活塞及滑阀、连杆销等
	h	多用于IT4～IT11级。广泛用于无相对转动的零件，作为一般的定位配合。若没有温度、变形影响，也用于精密滑动配合
过渡配合	js	偏差完全对称（±IT/2），平均间隙较小的配合，多用于IT4～IT7级、要求间隙比h轴小，并允许略有过盈的定位配合，如联轴器、齿圈与钢制轮毂，可用木锤装配
	k	平均间隙小接近于零的配合，适用于IT4～IT7级，推荐用于稍有过盈的定位配合，例如为了消除振动用的定位配合，一般用木锤装配
	m	平均过盈较小的配合，适用于IT4～IT7级，一般可用木锤装配，但在最大过盈时，要求相当的压入力
	n	平均过盈比m轴稍大，很少得到间隙，适用于IT4～IT7级，用锤或压入机装配，通常推荐用于紧密的组件配合。H6/n5配合时为过盈配合
过盈配合	p	与H6或H7孔配合时是过盈配合，与H8孔配合时则为过渡配合。对非铁类零件，为较轻的压入配合，当需要时易于拆卸。对钢、铸铁或铜、钢组件装配是标准压入配合
	r	对钢铁类零件为中等打入配合，对非铁类零件，为轻打入的配合，当需要时可以拆卸。与H8孔配合，直径在100mm以上时为过盈配合，直径小时为过渡配合
	s	用于钢铁类零件的永久性和半永久性装配，可产生相当大的结合力。当用弹性材料，如轻合金时，配合性质与钢铁类零件的p轴相当。例如套环压装在轴上、阀座等的配合。尺寸较大时，为了避免损伤配合表面，需用热胀或冷缩法装配
	t	过盈较大的配合。对钢和铸铁零件适用于作永久性结合，不用键可传递转矩，需用热胀或冷缩法装配，如联轴器与轴的配合
	u	这种配合过盈大，一般应验算在最大过盈时，工件材料是否损坏，要用热胀或冷缩法装配，如火车轮毂和轴的配合
	v，x，y，z	这些基本偏差所组成的配合过盈量更大，目前能参考的经验和资料还很少，须经试验后才应用，一般不推荐

另外，在实际工作中，应根据工作条件的要求，首先从标准规定的优先配合中选用，不能满足要求时，再从常用配合中选用。若常用配合还不能满足要求，则可依次由优先公差带、常用公差带，以及一般用途公差带中选择适当的孔、轴组成要求的配合。在个别特殊情况下，也允许根据国家标准规定的标准公差系列和基本偏差系列，组成孔、轴公差带，获得适当的配合。表2-14列出了标准规定的基孔制和基轴制各10种优先配合的选用说明，可供参考。

表 2-14 **优先配合的选用说明**

优先配合	说明
$\frac{H11}{c11}$，$\frac{C11}{h11}$	间隙极大。用于转速很高，轴、孔温差很大的滑动轴承；要求大公差、大间隙的外露部分；要求装配极方便的配合
$\frac{H9}{d9}$，$\frac{D9}{h9}$	间隙很大。用于转速较高，轴颈压力较大，精度要求不高的滑动轴承
$\frac{H8}{f7}$，$\frac{F8}{h7}$	间隙不大。用于中等转速，中等轴颈压力，有一定精度要求的一般滑动轴承；要求装配方便的中等定位精度的配合
$\frac{H7}{g6}$，$\frac{G7}{h6}$	间隙很小。用于低速转动或轴向移动的精密定位的配合；需要精确定位又经常装拆的不动配合
$\frac{H7}{h6}$，$\frac{H8}{h7}$，$\frac{H9}{h9}$，$\frac{H11}{h11}$	最小间隙为零。用于间隙定位配合，工作时一般无相对运动；也用于高精度低速轴向移动的配合。公差等级由定位精度决定
$\frac{H7}{k6}$，$\frac{K7}{h6}$	平均间隙接近于零。用于要求装拆的精密定位的配合
$\frac{H7}{n6}$，$\frac{N7}{h6}$	较紧的过渡配合。用于一般不拆卸的更精密定位的配合
$\frac{H7}{p6}$，$\frac{P7}{h6}$	过盈很小。用于要求定位精度高，配合刚性好的配合；不能只靠过盈传递载荷
$\frac{H7}{s6}$，$\frac{S7}{h6}$	过盈适中。用于靠过盈传递中等载荷的配合
$\frac{H7}{u6}$，$\frac{U7}{h6}$	过盈较大。用于靠过盈传递较大载荷的配合。装配时需加热孔或冷却轴

第四节　线性尺寸的一般公差

学习目标

了解线性尺寸一般公差的概念、作用、标准和表示方法。

在机械产品的零件上，有许多尺寸为精度较低的非配合尺寸。为了明确而统一地处理这类尺寸的公差要求问题，GB/T 1804—2000《一般公差　未注公差的线性和角度尺寸的公差》规定了线性尺寸的一般公差的等级和极限偏差。

一、一般公差的概念

一般公差是指在车间普通工艺条件下，机床设备一般加工便可以保证的公差。在正常维护和操作情况下，它代表经济加工精度。一般公差适用于功能上无特殊要求的要素。

线性尺寸一般公差主要适用于较低精度的非配合尺寸。当功能上允许的公差等于或大于一般公差时，均应采用一般公差。采用一般公差的尺寸，在该尺寸后不标注极限偏差或其他代号，故也称未注公差。只有当要素的功能允许一个比一般公差更大的公差，并采用该公差比一般公差更为经济时，例如装配时所钻的不通孔深度，其相应的极限偏差要在尺寸后注出。

当两个表面分别由不同类型的工艺，例如切削和铸造加工时，它们之间线性尺寸的一般公差，应按规定的两个一般公差数值中的较大值。

采用一般公差的线性尺寸，在正常车间加工精度保证的条件下，一般可不用检验。

二、线性尺寸的一般公差

GB/T 1804—2000《一般公差 未注公差的线性和角度尺寸的公差》规定了线性尺寸的一般公差分为 f、m、c、v 四个公差等级，见表 2-15，分别表示精密级、中等级、粗糙级和最粗级。每个公差等级都规定了相应的极限偏差。各公差等级和尺寸分段内的极限偏差数值均为对称分布，即上、下极限偏差大小相等，符号相反。规定图样上线性尺寸的未注公差时，应考虑车间的一般加工精度，选取标准规定的公差等级，由相应的技术文件或标准做出具体的规定。

表 2-15　线性尺寸一般公差的公差等级及其极限偏差数值　(mm)

公差等级	尺寸分段							
	0.5～3	>3～6	>6～30	>30～120	>120～400	>400～1000	>1000～2000	>2000～4000
f（精密级）	±0.05	±0.05	±0.1	±0.15	±0.2	±0.3	±0.5	—
m（中等级）	±0.1	±0.1	±0.2	±0.3	±0.5	±0.8	±1.2	±2
c（粗糙级）	±0.2	±0.3	±0.5	±0.8	±1.2	±2	±3	±4
v（最粗级）	—	±0.5	±1	±1.5	±2.5	±4	±6	±8

规定线性尺寸的未注公差，应该根据产品的精度要求和车间的加工条件，选取本标准规定的公差等级，并在图样上、技术文件或相应的标准中，用本标准号和公差等级符号表示。例如，选用中等级时，表示为 GB/T 1804—m。

GB/T 1804—2000 还对倒圆半径和倒角高度尺寸这两种常用的特定线性尺寸的一般公差作了规定，见表 2-16。

表 2-16　倒圆半径与倒角高度尺寸一般公差的公差等级及其极限偏差数值　(mm)

公差等级	尺寸分段			
	0.5～3	>3～6	>6～30	>30
f（精密级）	±0.2	±0.5	±1	±2
m（中等级）				
c（粗糙级）	±0.4	±1	±2	±4
v（最粗级）				

GB/T 1804—2000 规定的线性尺寸的未注公差，适用于金属切削加工的尺寸，也适用于一般的冲压加工尺寸。

思考与练习

2-1　试述尺寸、公称尺寸、极限尺寸、极限偏差和公差的含义，并用图表示它们之间的相互关系。

2-2　何谓公差带？由哪两个要素组成？

2-3　何谓配合？配合性质有哪几种？各自公差带有何特点？

2-4 计算 $\phi30^{+0.021}_{0}$ mm 孔与 $\phi30^{-0.020}_{-0.033}$ mm 轴配合的极限间隙、平均间隙和配合公差，并画出孔、轴公差带和配合公差带图。

2-5 计算 $\phi30^{+0.021}_{0}$ mm 孔与 $\phi30^{+0.061}_{+0.048}$ mm 轴配合的最大过盈、最小过盈、平均过盈和配合公差，并画出孔、轴公差带和配合公差带图。

2-6 何谓标准公差、基本偏差？

2-7 计算出表 2-17 中空格处的数值，并按规定填写在表中。

表 2-17 **题 2-7 表** (mm)

公称尺寸	上极限尺寸	下极限尺寸	上极限偏差	下极限偏差	公差	尺寸标准
孔 $\phi25$	25.250	25.034				
轴 $\phi60$			+0.027		0.019	
孔 $\phi30$		29.959			0.021	
轴 $\phi80$			-0.010	-0.056		
孔 $\phi50$				-0.034	0.039	
孔 $\phi40$						$\phi40^{+0.014}_{-0.011}$
轴 $\phi70$	$\phi69.970$				0.074	

2-8 按 IT12 查出如图 2-15 所示各轴向尺寸的未注公差尺寸的极限偏差，单位为 mm。

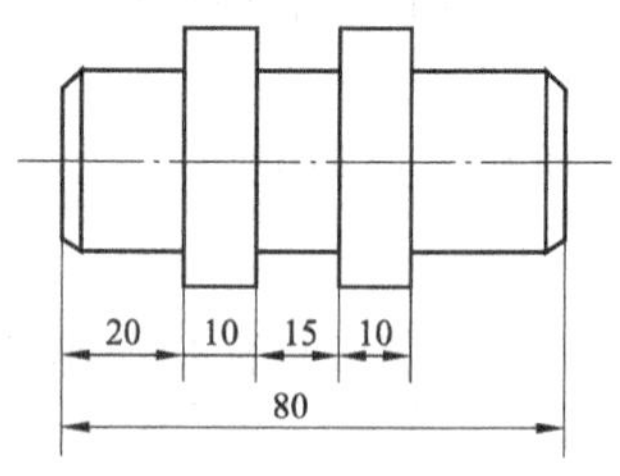

图 2-15 题 2-8 图

2-9 绘出下列三对孔、轴配合的公差带图，并分别计算出它们的极限间隙（X_{max}，X_{min}）或极限过盈（Y_{max}，Y_{min}）。

(1) 孔 $\phi20^{+0.033}_{0}$ mm，轴 $\phi20^{-0.065}_{-0.086}$ mm；

(2) 孔 $\phi35^{+0.007}_{-0.018}$ mm，轴 $\phi35^{0}_{-0.016}$ mm；

(3) 孔 $\phi55^{+0.030}_{0}$ mm，轴 $\phi55^{+0.060}_{+0.041}$ mm。

2-10 试分别求出下列各配合的极限间隙或极限过盈和配合公差，画出配合公差带图，并指出各属于哪类配合。

(1) 孔 $\phi50^{+0.025}_{0}$ mm，轴 $\phi50^{-0.025}_{-0.041}$ mm；

(2) 孔 $\phi50^{+0.025}_{0}$ mm，轴 $\phi50^{+0.025}_{+0.009}$ mm；

(3) 孔 $\phi50^{-0.061}_{-0.086}$ mm，轴 $\phi50^{0}_{-0.016}$ mm。

2-11 试通过查表和计算确定下列三对孔、轴配合的极限间隙或极限过盈，并判断它们的配合性质。

(1) $\phi50$H8/f7；

(2) ϕ30K7/h6；

(3) ϕ180H7/u6。

2-12　配合制有哪两种？各是如何定义的？怎样选择？

2-13　选择公差等级时一般考虑哪几方面？

2-14　试通过查表确定以下孔、轴的公差等级和基本偏差代号，并写出其公差带代号。

(1) 轴 $\phi 40_{+0.017}^{+0.033}$ mm；

(2) 轴 $\phi 120_{-0.123}^{-0.036}$ mm；

(3) 孔 $\phi 65_{-0.060}^{-0.030}$ mm；

(4) 孔 $\phi 240_{+0.170}^{+0.285}$ mm。

2-15　如何选用配合类别？

2-16　何谓一般公差？线性尺寸一般公差规定几级公差等级？在图样上如何表示？

第三章　表面粗糙度与检测

用各种加工方法得到的零件表面一般呈非理想状态，都会存在着由间距很小的微小峰、谷所形成的微观几何误差，我们用表面粗糙度来表示。零件的表面粗糙度对零件的功能要求、使用寿命、美观程度都有重大影响。

为了正确地测量和评定零件表面粗糙度及在零件图上正确地标注表面粗糙度的技术要求，我国发布了 GB/T 3505—2009《产品几何技术规范（GPS） 表面结构 轮廓法 术语、定义及表面结构参数》、GB/T 10610—2009《产品几何技术规范（GPS） 表面结构 轮廓法 评定表面结构的规则和方法》、GB/T 1031—2009《产品几何技术规范（GPS） 表面结构 轮廓法 表面粗糙度参数及其数值》和 GB/T 131—2006《产品几何技术规范（GPS） 技术产品文件中表面结构的表示法》等国家标准。

第一节　表面粗糙度的基本概念

学习目标

1. 理解表面粗糙度的实质。
2. 了解表面粗糙度对零件使用性能的影响。

一、表面粗糙度的界定

通常用垂直于零件实际表面的平面与该零件实际表面相交得到的表面轮廓曲线作为评估对象，如图 3-1 所示。而实际表面轮廓线总是包含着表面粗糙度、波纹度和宏观形状误差等构成的几何误差，它们叠加在同一表面上，如图 3-2 所示。间距小于 1mm 的属于粗糙度，间距在 1～10mm 的属于波纹度，间距大于 10mm 的属于表面宏观形状误差。

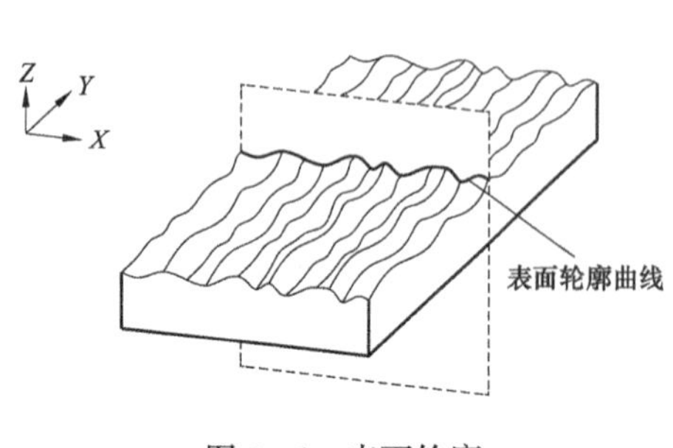

图 3-1　表面轮廓

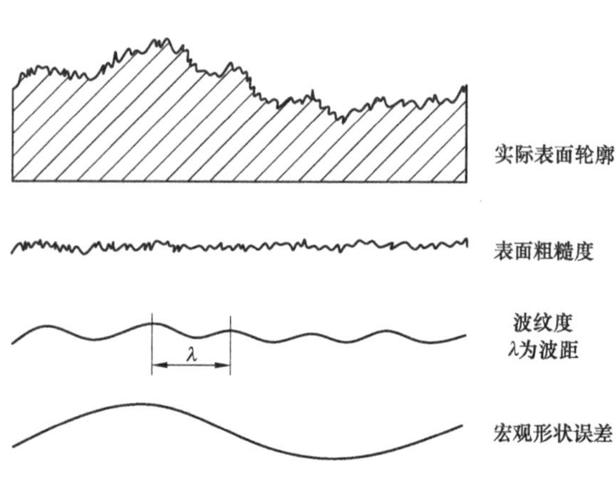

图 3-2　零件实际表面轮廓的形状和组成部分

二、表面粗糙度对零件使用性能的影响

1. 对耐磨性的影响

零件工作表面越粗糙，两配合表面间的实际有效接触面积越小，单位面积压力越大，故磨损越快，耐磨性差。但是如果表面过于光洁，磨损也快，这是由于这样的表面不利于储存润滑油，形成半干摩擦或干摩擦，反而加剧磨损。所以表面粗糙度要选择适当。

2. 对配合性质稳定性的影响

相互配合的孔、轴表面磨损后，配合性质发生变化。对过盈配合来说，表面粗糙会使有效过盈减小，降低连接强度；对间隙配合而言，表面粗糙则易于磨损，使间隙很快增大。对于过渡配合，表面粗糙也会使配合变松。

3. 对疲劳强度的影响

零件表面越粗糙，材料的疲劳强度越低，容易发生疲劳破坏，零件表面产生微细裂纹并向深处扩展。相反，减小表面粗糙度将有助于提高疲劳强度，减少疲劳破坏。

4. 对抗腐蚀性的影响

零件表面越粗糙，抗腐蚀性越差。这是因为表面越粗糙，则积聚在零件表面上的腐蚀性气体或液体也越多，而且会通过表面的微观凹谷向里层渗透，使腐蚀加剧。

此外，表面粗糙度对接触刚度、密封性、产品外观、表面反射能力等都有影响，因此，表面粗糙度是评定零件质量的重要指标。在保证零件尺寸、形状和位置精度的同时，也要对零件表面粗糙度提出合理的要求。

第二节 表面粗糙度的评定参数

学习目标

1. 理解评定表面粗糙度的基本术语和定义。
2. 掌握评定表面粗糙度的评定参数（幅度参数和间距参数）。

零件加工后的表面粗糙度是否符合要求，应由测量和评定的结果来确定。在测量和评定表面粗糙度时，应规定取样长度、评定长度、轮廓滤波器的截止波长、中线和评定参数。

一、基本术语

1. 取样长度 lr

测量表面粗糙度时，应把测量限制在一段足够短的长度上，以限制或减弱波纹度、排除形状误差对表面粗糙度测量的影响。这段长度称为取样长度，用符号 lr 表示，如图 3－3 所示。表面越粗糙，取样长度应越大。取样长度范围内至少包含五个以上的轮廓峰和谷。国家标准规定的取样长度 lr 见表 3－1。

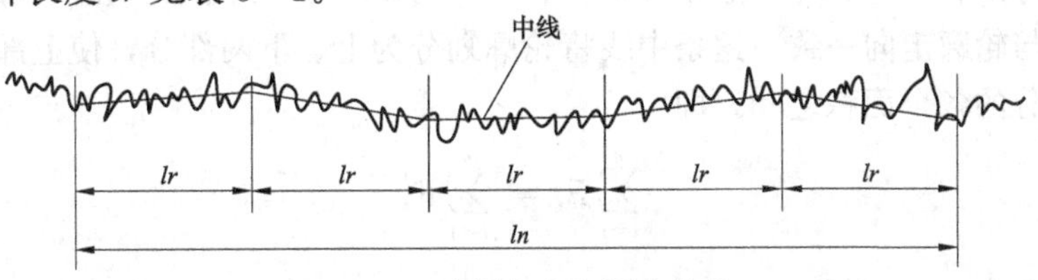

图 3－3 取样长度和评定长度

表 3-1 标准取样长度 lr 和标准评定长度 ln 的数值

Ra (μm)	Rz (μm)	标准取样长度 lr		ln (mm) ($ln=5\ lr$)
		λ_s (mm)	$lr=\lambda_c$ (mm)	
≥0.008~0.02	≥0.025~0.1	0.0025	0.08	0.4
>0.02~0.1	>0.1~0.5	0.0025	0.25	1.25
>0.1~2	>0.5~10	0.0025	0.8	4
>2~10	>10~50	0.008	2.5	12.5
>10~80	>50~200	0.025	8	40

2. 评定长度 *ln*

由于零件表面微小峰、谷的不均匀性，在一个取样长度上往往不能合理地反映被测表面的粗糙度，所以需要在几个取样长度上分别测量，取其平均值作为测量结果，国家标准推荐 $ln=5\ lr$，见表 3-1。

3. 长波和短波轮廓滤波器的截止波长

如前所述，任何加工后的表面轮廓上都包含着按相邻峰、谷间距的大小来划分的表面粗糙度、波纹度和宏观形状等构成的几何形状误差，为了评价其中某一几何形状误差，可以利用轮廓滤波器来过滤掉其他的几何形状误差，只呈现这一几何形状误差。

轮廓滤波器能将表面轮廓分离成长波成分和短波成分，它们所能抑制的波长称为截止波长。长波轮廓滤波器的截止波长为 λ_c，短波轮廓滤波器的截止波长为 λ_s。从短波截止波长 λ_s 至长波截止波长 λ_c 这两个极限值之间的波长范围称为传输带，这意味着传输带即为评定时的波长范围。

使用接触式仪器测量表面粗糙度轮廓时，为了抑制波纹度对粗糙度测量结果的影响，截止波长为 λ_c 的长波滤波器从实际表面轮廓上把波长较大的波纹度成分加以抑制或排除掉；截止波长为 λ_s 的短波滤波器从实际表面轮廓上将比粗糙度波长更短的成分抑制或排除，从而只呈现表面粗糙度轮廓，再对其进行测量和评定。长波滤波器的截止波长 λ_c 等于取样长度 *lr*，即 $lr=\lambda_c$。截止波长 λ_c 和 λ_s 的标准化值由表 3-1 查取。

4. 中线

中线是指用来评定表面粗糙度参数的基准线。以中线为基础来计算各种评定参数的数值。通常采用以下两种中线：

(1) 轮廓的最小二乘中线。轮廓的最小二乘中线如图 3-4 所示。在一个取样长度 *lr* 内，最小二乘中线使轮廓上各点至该线的距离的平方之和为最小，即 $a^2+b^2+c^2+\cdots+n^2=\min$。

(2) 轮廓的算术平均中线。轮廓的算术平均中线如图 3-5 所示。在一个取样长度 *lr* 内算术平均中线与轮廓走向一致，这条中线将轮廓划分为上、下两部分，使上部分的各个面积之和等于下部分的各个面积之和，即

$$\sum_{i=1}^{n} F_i = \sum_{i=1}^{n} F_i'$$

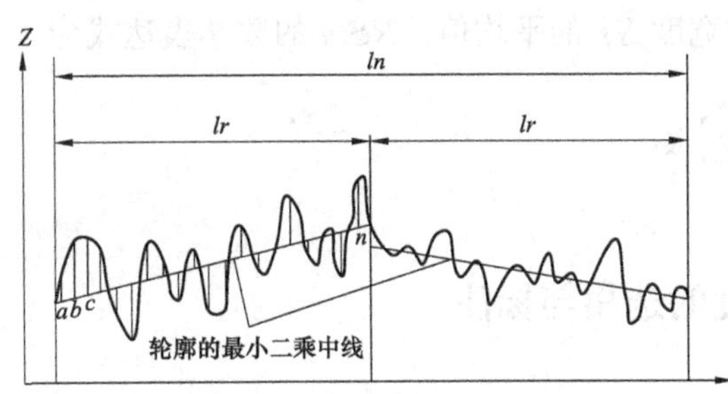

图 3-4　表面粗糙度的最小二乘中线与算术平均偏差

a、b、c、…、n—轮廓上各点至最小二乘中线的距离

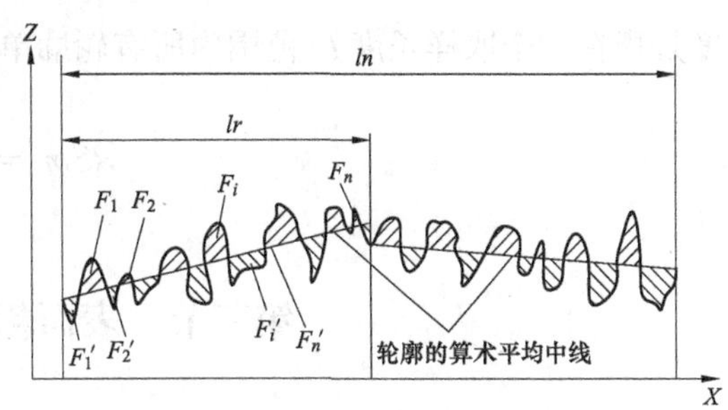

图 3-5　表面粗糙度的算术平均中线

二、评定参数

鉴于表面轮廓上的微小峰、谷的幅度和间距是构成表面粗糙度的两个独立的基本特征，因此在评定表面粗糙度时，通常采用下列的幅度参数和间距参数。

1. 轮廓算术平均偏差 Ra（幅度参数）

是指在一个取样长度 lr 范围内，被评定轮廓上各点至中线的纵坐标值 $Z(x)$ 的绝对值的算术平均值，如图 3-6（a）所示。Ra 的数学表达式为

$$Ra = \frac{1}{n}\sum_{i=1}^{n}|Z(x_i)| = \frac{1}{n}\sum_{i=1}^{n}|Z_i|$$

测得的 Ra 值越大，则表面越粗糙。Ra 值能充分反映表面微观几何形状方面的特性，因此被普遍采用。

2. 轮廓最大高度 Rz（幅度参数）

轮廓的最大高度是指在一个取样长度 lr 内，被评定轮廓的最大轮廓峰高 Z_p 与最大轮廓谷深 Z_v 之和的高度，如图 3-6（b）所示。Rz 的数学表达式为

$$Rz = Z_p + Z_v$$

在零件图上，对零件某一表面的表面粗糙度要求，按需要选择 Ra 和 Rz 标注。

3. 轮廓单元的平均宽度 RSm（间距参数）

如图 3-7 所示，一个轮廓峰与相邻的轮廓谷的组合称为轮廓单元。轮廓单元的平均宽

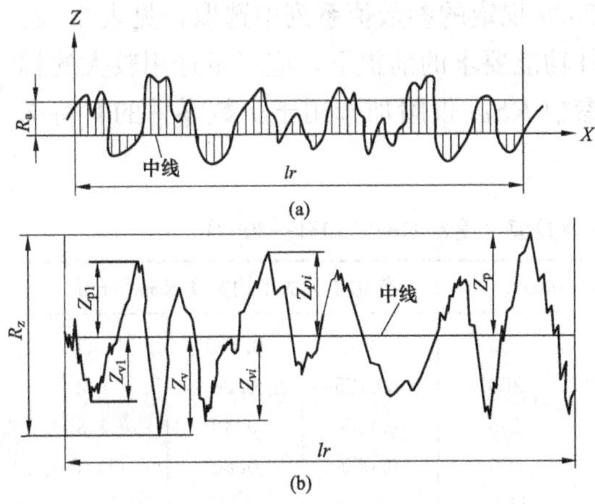

图 3-6　轮廓的幅度参数 Ra 和 Rz

（a）轮廓的算术平均偏差 Ra；（b）轮廓的最大高度 Rz；

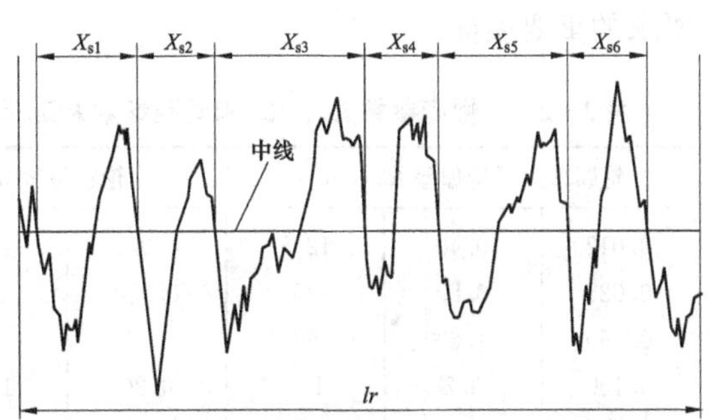

图 3-7　轮廓单元的宽度与轮廓单元的平均宽度

度是指在一个取样长度 lr 范围内所有轮廓单元的宽度 Xs_i 的平均值。RSm 的数学表达式为

$$RSm = \frac{1}{m}\sum_{i=1}^{m} Xs_i$$

第三节 表面粗糙度的选用与标注

学习目标

1. 正确选择表面粗糙度评定参数。
2. 掌握表面粗糙度幅度参数极限值的选择原则并采用类比法正确选择幅度参数极限值。
3. 学会在零件图上标注表面粗糙度技术要求。

在零件图上规定表面粗糙度要求时，必须给出表面粗糙度幅度参数符号及极限值，同时还应标注传输带、取样长度、评定长度的数值。在必要时可规定其他的评定参数、表面加工纹理方向、加工方法、加工余量等附加要求。如果采用标准化的传输带、取样长度和评定长度，则在图样上可省略标注。

表面粗糙度的评定参数及极限值的选择应依据零件的功能要求和经济性来确定。

一、表面粗糙度评定参数的选择

对于零件的表面粗糙度的技术要求，通常只给出幅度参数 Ra 或 Rz 及其极限值，而其他要求采用默认的标准化值。

在幅度参数中，Ra 最常用。因为它能较完整、全面地表达零件表面的微观几何特征，而且 Ra 值用触针式轮廓仪测量比较容易。对于光滑表面和半光滑表面，普遍采用 Ra 作为评定参数。而对于极光滑和粗糙表面，由于触针式轮廓仪功能的限制不便于测量，这时应采用 Rz 作为评定参数，Rz 值可用双管显微镜、干涉显微镜等测出。

二、表面粗糙度参数极限值的选择

表面粗糙度参数的极限值应从 GB/T 1031—2009 规定的参数值系列中选取，见表 3-2。表面粗糙度参数极限值的选择原则是：在满足零件功能要求的前提下，应尽量选用较大的幅度参数值。这样使加工容易，生产成本低。间距参数 RSm 仅附加选用于少数零件的有特殊要求的重要表面。

表 3-2 幅度参数 Ra、Rz 和间距参数 RSm 基本系列数值（摘自 GB/T 1031—2009）

轮廓算术平均偏差 Ra（μm）			轮廓最大高度 Rz（μm）			轮廓单元的平均宽度 RSm（mm）		
0.012	0.40	12.5	0.025	1.60	100	0.006	0.100	1.60
0.025	0.80	25	0.050	3.2	200	0.0125	0.20	3.2
0.050	1.60	50	0.10	6.3	400	0.025	0.40	6.3
0.100	3.2	100	0.20	12.5	800	0.050	0.80	12.5
0.20	6.3		0.40	25	1600			
			0.80	50				

表面粗糙度幅度参数极限值的选用原则如下：

(1) 同一零件上，工作表面的粗糙度参数极限值通常比非工作表面小。

(2) 摩擦表面的粗糙度参数极限值应比非摩擦表面小。

(3) 相对运动速度高、单位面积压力大、承受交变应力作用的表面粗糙度参数值应小。

(4) 对于要求配合性质稳定的小间隙配合或承受重载荷的过盈配合，它们的孔、轴的表面粗糙度参数极限值都应小。

(5) 表面粗糙度参数值应与尺寸及形状公差等级相协调。通常，尺寸及形状公差小，表面粗糙度参数极限值也要小，同一公差等级的轴比孔的粗糙度参数极限值要小。设表面形状公差为 t，尺寸公差为 T，则它们之间通常按以下关系来设计：

普通精度　　$t \approx 0.6T$　　$Ra \leqslant 0.05T$

较高精度　　$t \approx 0.4T$　　$Ra \leqslant 0.025T$

高精度　　$t \approx 0.25T$　　$Ra \leqslant 0.012T$

极高精度　　$t < 0.25T$　　$Ra \leqslant 0.005T$

(6) 标准件上的特定表面，例如与滚动轴承配合的轴径和外壳孔，应按标准规定来确定其表面粗糙度参数极限值。

(7) 对于防腐蚀、密封性要求高的表面及要求外表美观的表面，其粗糙度参数极限值应小。

确定表面粗糙度参数极限值，除有特殊要求的表面外，通常采用类比法。表面粗糙度幅度参数值的选用实例见表 3－3。

表 3－3　　表面粗糙度幅度参数值的选用实例

表面粗糙度参数 Ra 值（μm）	表面粗糙度参数 Rz 值（μm）	表面形状特征		加工方法	应用举例
>10～20	>63～125	粗糙	微见刀痕	粗车、粗刨、粗铣、钻、毛锉、锯断	粗加工表面，应用范围较广，如轴端面、倒角、钻孔，齿轮带轮侧面、键槽底面、垫圈接触面等非配合的加工表面
>5～10	>32～63	半光滑	可见加工痕迹	车、刨、铣、镗、钻、粗铰	半精加工面，支架、箱体、离合器、带轮侧面、凸轮侧面等非接触的自由表面，与螺栓头和铆钉头相接触的表面，轴和孔的退刀槽等
>2.5～5	>16～32		微见加工痕迹	车、刨、铣、镗、磨、拉、粗刮、滚压	半精加工面，如箱体、支架、盖面、套筒等与其他零件连接而没有配合要求的表面，需要发蓝的表面，需要滚花的预先加工面，主轴非接触的全部外表面等
>1.25～2.5	>8.0～16		看不清加工痕迹	车、刨、铣、镗、磨、拉、刮、滚压、铣齿	精加工表面，如中型机床工作台面，组合机床主轴箱箱座和箱盖的结合面中等尺寸带轮的工作表面，衬套、滑动轴承的压入孔，低速转动的轴颈

续表

表面粗糙度参数 *Ra* 值（μm）	表面粗糙度参数 *Rz* 值（μm）	表面形状特征		加工方法	应用举例
>0.63～1.25	>4.0～8.0	光滑	可辨加工痕迹的方向	车、镗、磨、拉、刮、精铰、磨齿、滚压	中型机床（普通精度）滑动导轨面，圆柱销和圆锥销的表面，中速转动的轴颈，内外花键定心表面
>0.32～0.63	>2.0～4.0		微辨加工痕迹的方向	精铰、精镗、磨、刮、滚压	中型机床（较高精度）滑动导轨面、滑动轴承轴瓦的工作表面、曲轴和凸轮轴的工作表面，高速工作下的轴颈及衬套的工作面等
>0.16～0.32	>1.0～2.0		不可辨加工痕迹的方向	精磨、珩磨、研磨	精密机床主轴锥孔，顶尖圆锥面，直径小的精密心轴和转轴的结合面，活塞的活塞销孔，高精度齿轮齿面
>0.08～0.16	>0.5～1.0	极光滑	暗光泽面	精磨、研磨、普通抛光	精密机床主轴轴颈表面，仪器在使用中要承受摩擦的表面，汽缸内表面，活塞销表面
>0.04～0.08	>0.25～0.5		亮光泽面	超精磨、镜面磨削、精抛光	特别精密的滚动轴承套圈滚道、钢球及滚子表面，量仪中的中等精度间隙配合零件的工作表面
>0.02～0.04			镜状光泽面		特别精密的滚动轴承套圈滚道、钢球及滚子表面，高压油泵中的柱塞和柱塞套的配合表面，保证高度气密的结合表面
>0.01～0.02			镜面	镜面磨削、超精研	高精度量仪、量块的工作表面，光学仪器中的金属镜面

三、表面粗糙度要求在零件图上的标注

确定零件表面粗糙度评定参数及参数值和其他技术要求后，应按 GB/T 131—2006 的规定，把表面粗糙度技术要求正确地标注在表面粗糙度的完整图形符号上和零件上。

（一）表面粗糙度的基本图形符号和完整图形符号

为了标注表面粗糙度各种不同的技术要求，GB/T 131—2006 规定了一个基本图形符号和三个完整图形符号，见表 3-4。若零件表面仅需加工，而对表面粗糙度的其他规定没有要求时，可以只标注表面粗糙度符号。

表 3-4　　表面粗糙度的符号及其意义

符　号	意义及说明
	基本图形符号，仅用于简化标注，不能单独使用
	完整图形符号，表示可以用任何工艺获得的表面

续表

符　号	意义及说明
	完整图形符号，表示用去除材料的方法（车、铣、刨、磨、钻、抛光、电火花加工、气割等）获得的表面
	完整图形符号，表示用不去除材料的方法（铸、锻、冲压、热轧、冷轧、粉末冶金等）获得的表面

（二）表面粗糙度代号

1. 表面粗糙度代号和各项技术要求的标注位置

在表面粗糙度完整符号周围注上评定参数的符号及极限值和其他技术要求就构成了表面粗糙度代号。表面粗糙度代号和各项技术要求的标注位置见表 3－5。

表 3－5　表面粗糙度代号和各项技术要求的标注位置

代号	各位置要标注的技术要求
	位置 *a*——依次标注上、下限值符号，传输带数值/幅度参数符号，评定长度值，极限值判断规则，幅度参数极限值（μm）； 位置 *b*——标注附加评定参数符号及相关数值（如 *RSm*，mm）； 位置 *c*——标注表面加工方法、表面处理、涂层或其他工艺要求； 位置 *d*——标注表面纹理方向符号； 位置 *e*——标注加工余量（mm）

2. 表面粗糙度幅度参数极限值的标注

按 GB/T 131—2006 的规定，表面粗糙度代号中标注幅度参数极限值，其给定数值分下列两种情况：

（1）标注极限值中的一个数值且默认为上限值。在完整图形符号上，幅度参数的符号及极限值应一起标注。当只单向标注一个数值时，则默认它是幅度参数的上限值。标注示例见图 3－8，默认传输带，默认评定长度 $ln=5lr$，极限值判断规则默认为 16%。

（2）同时标注上、下限值。需要在完整图形符号上同时标注幅度参数上、下限值时，则应分两行标注幅度参数符号和上、下限值。上方一行起始位置加注上限值符号 U，再标注幅度参数符号和上限值；下方一行起始位置加注下限值符号 L，再标注幅度参数符号和下限值。标注示例见图 3－9，去除材料，默认传输带，默认评定长度 $ln=5lr$，极限值判断规则默认为 16%。

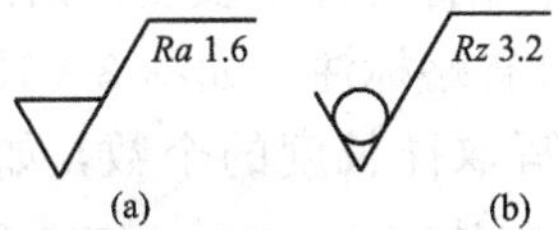

图 3－8　幅度参数值默认为上限值的标注

（a）去除材料；（b）不去除材料

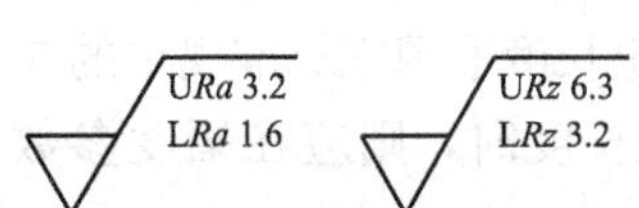

图 3－9　两个幅度参数值分别确认为上、下限值的标注

对某一表面标注幅度参数的上、下限值时，在不引起歧义的情况下，可以不加注符号 U、L。

3. 极限值判断规则的标注

按 GB/T 10610—2009 的规定，根据表面粗糙度代号上幅度参数的极限值，对实际表面检测后判断其合格性时，采用下列两种判断规则。

(1) 16%规则。16%规则是指在评定长度范围内幅度参数所有的实测值中，大于上限值的个数少于总数的16%，小于下限值的个数少于总数的16%，则认为合格。

16%规则是表面粗糙度技术要求标注中的默认规则，如图 3-8 和图 3-9 所示。

(2) 最大规则。在幅度参数符号的后面加注 max，则表示检测时合格性的判断采用最大规则。它是指整个被测表面上幅度参数所有的实测值均不大于上限值，才认为合格。标注示例见图 3-10 和图 3-11，去除材料，默认传输带，默认 $ln=5lr$。

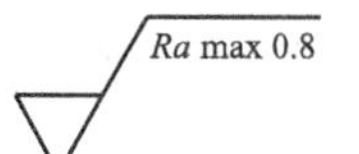

图 3-10 确认最大规则的单向幅度参数值且默认为上限值的标注

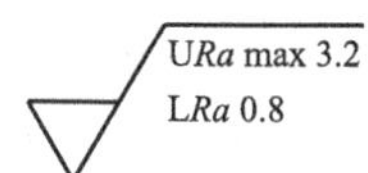

图 3-11 确认最大规则的上限值和默认 16%规则的下限值的标注

4. 传输带和评定长度的标注

(1) 传输带的标注。如果表面粗糙度完整图形符号上采用默认的传输带，即默认短波滤波器和长波滤波器的截止波长（λ_s 和 λ_c）皆为标准化值。

某些情况需要标注传输带时，传输带标注在幅度参数符号的前面，并用斜线/隔开。先标注短波滤波器的截止波长 λ_s，再标注长波滤波器的截止波长 λ_c，它们之间用连字号-隔开。标注示例见图 3-12，去除材料，默认 $ln=5lr$，幅度参数值默认为上限值，默认16%规则。

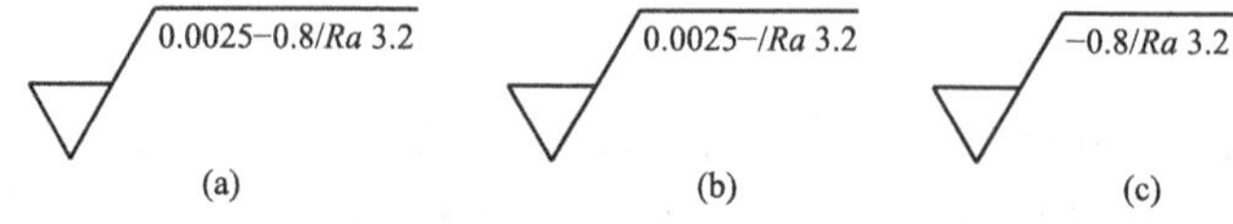

图 3-12 传输带的标注

(a) 短、长波滤波器都标注；(b) 只标注短波滤波器；(c) 只标注长波滤波器

在某些情况下，对传输带只标注两个滤波器中的一个，另一个滤波器则采用默认的截止波长标准化值，这时要保留连字号-来区分是短波滤波器还是长波滤波器。如图 3-12 (b) 所示的标注，传输带 $\lambda_s=0.0025$mm，λ_c 默认为标准化值；在图 3-12 (c) 中，传输带 λ_s 默认为标准化值，$\lambda_c=0.8$mm。

(2) 评定长度的标注。表面粗糙度技术要求中若采用标准评定长度，则评定长度默认值 5（表示评定长度取国家标准规定的 5 个取样长度）可省略标注，如图 3-12 所示。若采用非标准评定长度时，则应在幅度参数符号的后面注写取样长度的个数，如图 3-13 所示（去除材料，评定长度 $ln\neq5lr$，幅度参数值默认为上限值）。

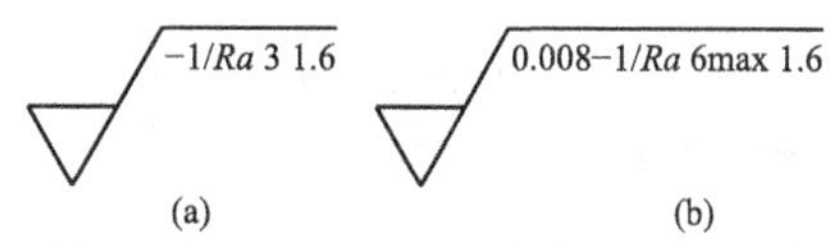

图 3-13 评定长度的标注

(a) 要求 $ln=3lr$；(b) 要求 $ln=6lr$

5. 表面纹理的标注

需要标注表面纹理及其方向时，则应采用规定的符号（见图 3-14）进行标注。如果这些符号不能清

楚地表示表面纹理要求，可以在零件图上加注说明。

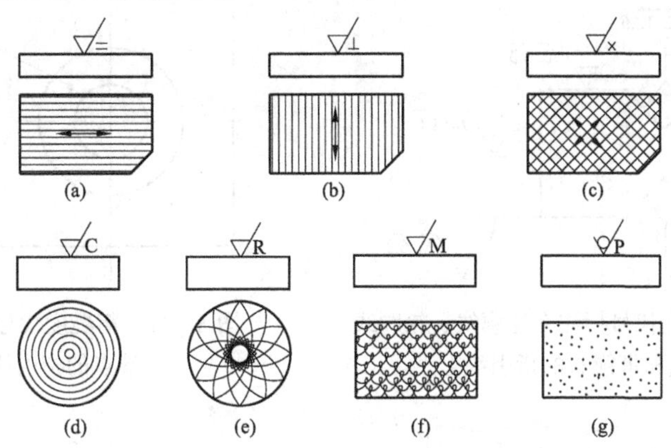

图 3-14　加工纹理方向的符号及其标注图例

(a) 纹理呈平行方向；(b) 纹理呈垂直方向；(c) 纹理呈相交方向；(d) 纹理呈近似同心圆；(e) 纹理呈近似放射形；(f) 纹理呈多方向；(g) 纹理呈凸的细粒状

(三) 表面粗糙度代号的标注方法

在零件图样上每一表面只注一次粗糙度代号，粗糙度代号尽可能标注在注了相应的尺寸及其极限偏差的同一视图上。此外，粗糙度代号上的各种符号和数字的注写和读取方向应与尺寸的注写和读取方向一致，并且粗糙度代号的尖端必须从材料外指向并接触零件表面。

1. 常规标注方法

(1) 表面粗糙度代号可以标注在可见轮廓线、尺寸线、尺寸界线或它们的延长线上，并且可以用带箭头的指引线或用带黑点的指引线引出标注。

图 3-15 所示为粗糙度代号标注在轮廓线、尺寸界线和带箭头的指引线上。图 3-16 所示为粗糙度代号标注在轮廓线。轮廓线的延长线和带箭头的指引线上。图 3-17 所示为粗糙度代号标注在带黑端点的指引线上。图 3-18 所示为标注在尺寸线上。

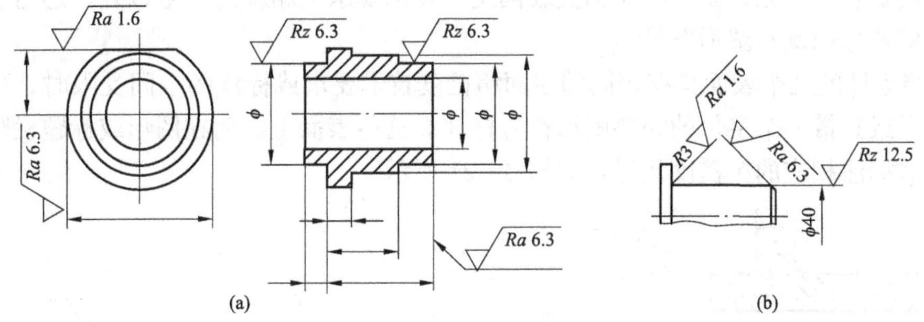

图 3-15　粗糙度代号标注在轮廓线、尺寸界线和带箭头的指引线上

(a) 轴套的标注；(b) 轴径的标注

(2) 粗糙度代号可以标注在几何公差框格的上方，如图 3-19 所示。

2. 简化标注方法

(1) 当零件的某些表面（或多数表面）具有相同的技术要求时，对这些表面的技术要求可以用特定符号统一标注在零件图的标题栏附近，省略对这些表面分别标注。

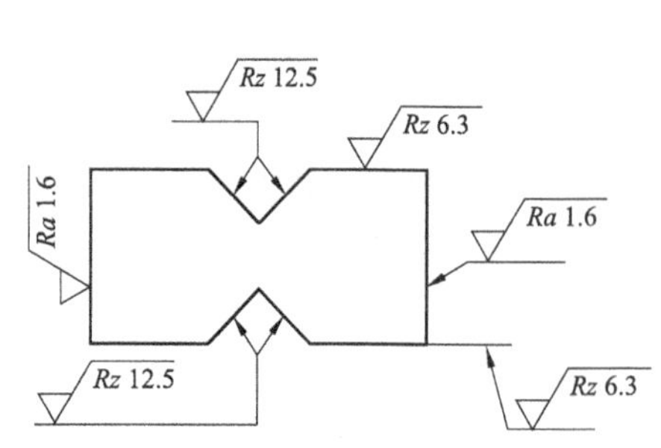

图 3-16　粗糙度代号标注在轮廓线、轮廓线的延长线和带箭头的指引线上

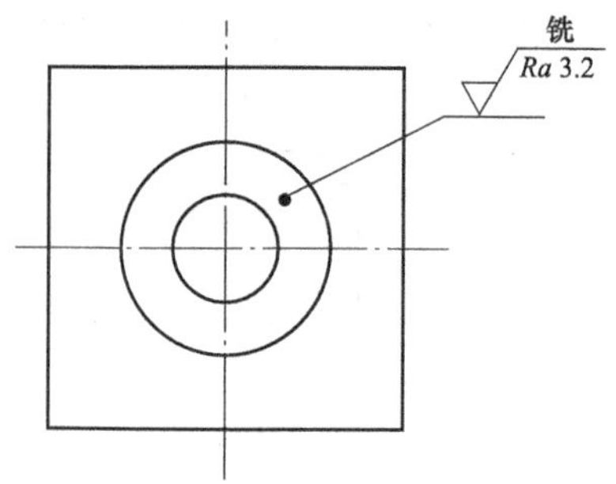

图 3-17　粗糙度代号标注在带黑端点的指引线上

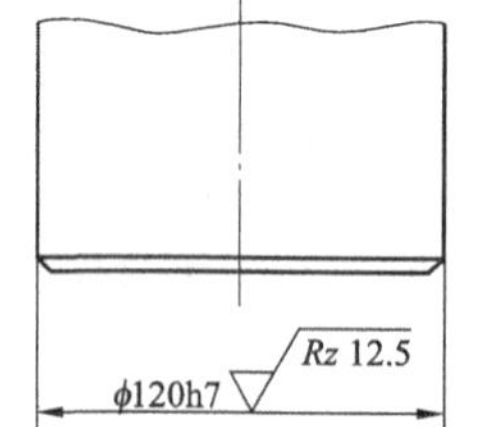

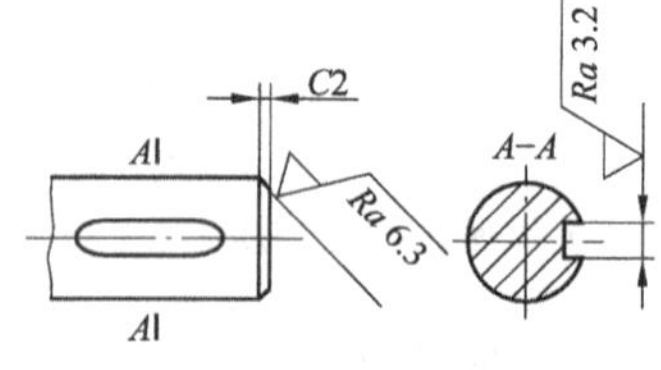

图 3-18　粗糙度代号标注在尺寸线上

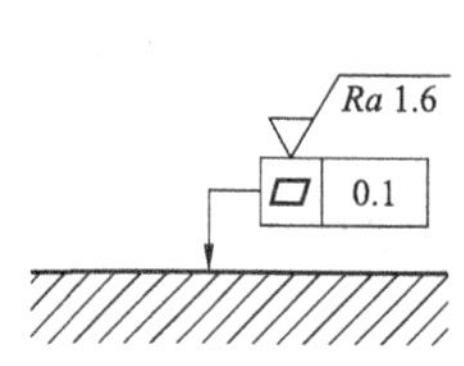

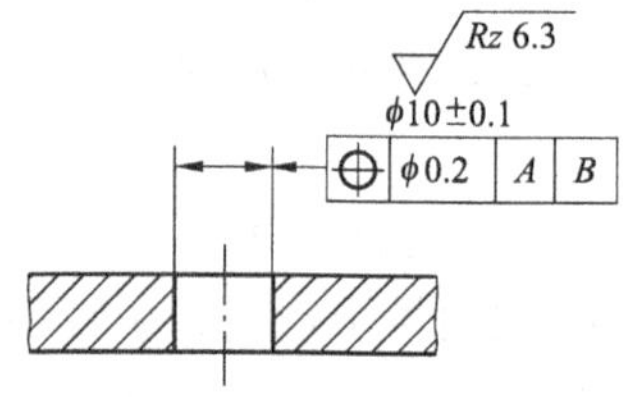

图 3-19　粗糙度代号标注在几何公差框格的上方

如图 3-20 所示右下角的标注，它表示除了两个已标注粗糙度代号的表面以外的其余表面的粗糙度要求。可见，要在标注相关表面统一技术要求的粗糙度代号以外，还需在其右侧画一个带圆括号的基本图形符号。

(2) 当零件的几个表面具有相同的表面粗糙度技术要求或标注的空间受限时，可以用基本图形符号或只带一个字母的完整图形符号标注在这些表面上，而在图形或标题栏附近，以等式的形式标注相应的粗糙度代号，如图 3-21 所示。

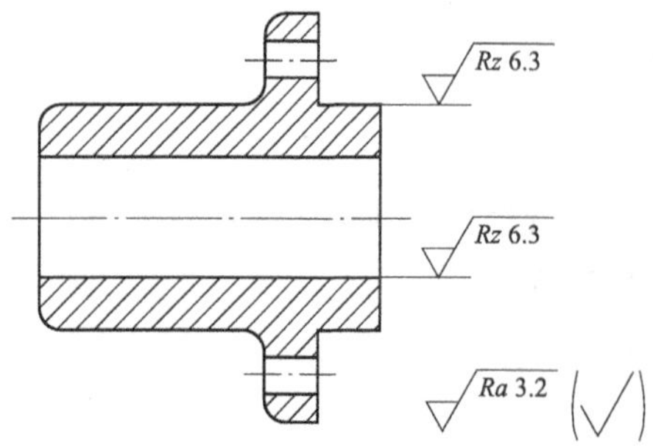

图 3-20　某些表面具有相同的粗糙度技术要求时的简化标注

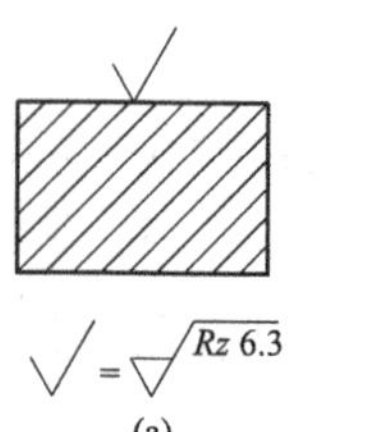

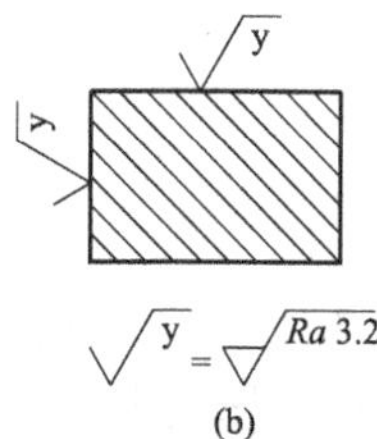

图 3-21　用等式形式简化标注的示例

(a) 用基本图形符号标注；(b) 用完整图形符号标注

(3) 当图样某个视图上构成封闭轮廓的各个表面具有相同的表面粗糙度技术要求时，可采用如图 3-22（a）所示的表面粗糙度特殊符号进行标注。标注示例见图 3-22（b）。

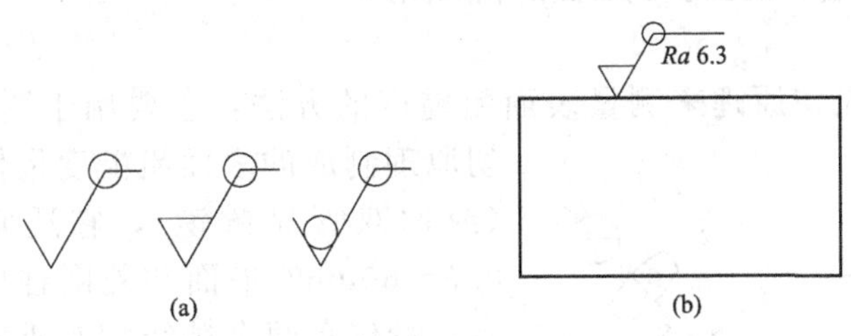

图 3-22　有关表面具有相同的表面粗糙度技术要求时的简化标注
（a）表面粗糙度特殊符号；（b）标注示例

第四节　表面粗糙度的检测

学习目标

了解表面粗糙度的几种检测方法的原理。

表面粗糙度的检测方法主要有比较检验法、针描法、光切法、显微干涉法等几种。

一、比较检验法

比较检验法是指将被测表面与已知 *Ra* 值的表面粗糙度标准样块用肉眼（有时还借助放大镜）或凭检验者的感觉（手指甲感触）进行比较，从而估计出被测表面粗糙度值的一种方法。使用时，样块的材料、表面形状、加工方法、加工纹理方向等应尽可能与被测零件一致，否则会出现较大的误差。该方法简便易行，适宜于车间检验，但是测量精度不高。一般只用于粗糙度值较大的表面的近似评定。

二、针描法

针描法是一种接触式测量表面粗糙度的方法，最常用的仪器是电动轮廓仪，该仪器可直接显示 *Ra* 值。它适于测量 *Ra* 值为 0.025～6.3μm 的内、外表面和球面。图 3-23 所示为触针式轮廓仪的原理框图。测量时，仪器的金刚石触针针尖与被测表面相接触，当触针以一定速度沿被测表面移动时，微观不平的痕迹使触针做垂直于轮廓方向的上下运动，该微量移动

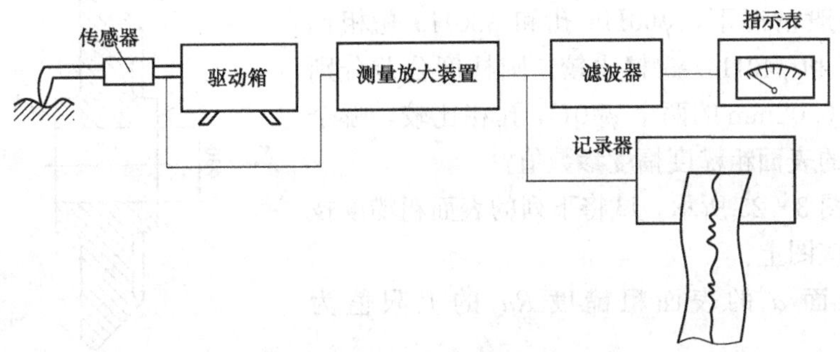

图 3-23　触针式轮廓仪的基本结构

通过传感器转换成电信号，再经过滤波器，将表面轮廓上属于形状误差和波度的成分过滤掉，留下的只属于表面粗糙度的轮廓曲线信号，经放大器、计算器直接指示出 Ra 值，也可经放大器驱动记录装置，画出被测表面的轮廓图形。

三、光切法

光切法是利用光切原理来测量表面粗糙度的方法，主要用于测量 Rz 值。采用光切原理制成的表面粗糙度量仪称为光切显微镜（或称双管显微镜），它适宜于测量 Rz 值为 0.5～60μm的平面和外圆柱面。如图 3-24 所示，量仪有两个轴线相互垂直的光管，左光管为观察管，右光管为照明管。由光源 1 发出的光线经狭缝 2 后形成平行光束。该光束以与两光管轴线夹角平分线呈 45°的入射角投射到被测表面上，把表面轮廓切成窄长的光带。该被测轮廓峰尖与谷底之间的高度为 h。这光带以与两光管轴线夹角平分线呈 45°的反射角反射到观察管的目镜 3。从目镜 3 中观察到放大的光带影像，它的高度为 h'。将 h' 换算为 h 值，来求解 Rz 值。

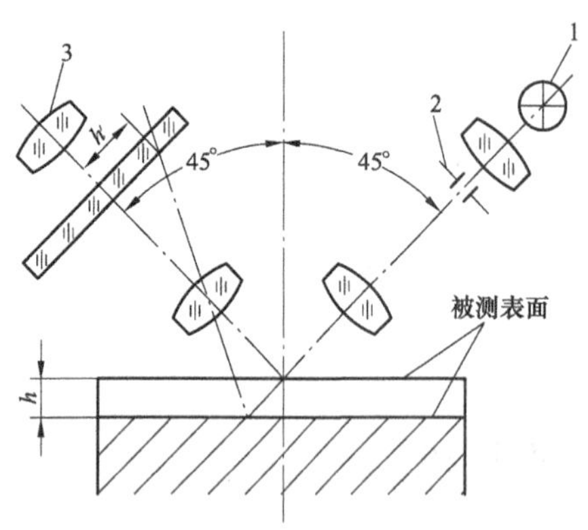

图 3-24 光切显微镜测量原理
1—光源；2—狭缝；3—目镜

四、显微干涉法

显微干涉法是利用光波干涉原理测量表面粗糙度的一种测量方法。常用的仪器是干涉显微镜。干涉显微镜主要用于测量 Rz 值，适宜于测量 Rz 值为 0.05～0.8μm 的平面、外圆柱面和球面。

思考与练习

3-1 表面粗糙度的含义是什么？对零件的使用性能有哪些方面的影响？

3-2 评定表面粗糙度时的轮廓中线有几种？定义和作用分别是什么？为什么要规定取样长度和评定长度？两者有什么关系？

3-3 试述表面粗糙度的评定参数中常用的两个幅度参数和一个间距参数的名称、符号和定义。

3-4 一般情况下，ϕ60H6 孔和 ϕ30H6 孔相比较，ϕ40H6/f5 和 ϕ40H6/s5 相比较，圆柱度公差分别为 0.01mm 和 0.02mm 的两个 ϕ40H7 孔相比较，哪个孔应选用较小的表面粗糙度幅度参数值？

3-5 如图 3-25 所示，试将下列的表面粗糙度技术要求标注在该图上：

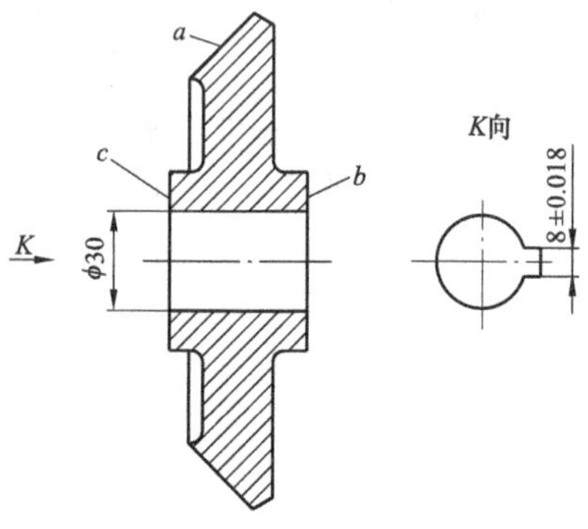

图 3-25 题 3-5 图

（1）圆锥面 a 的表面粗糙度 Ra 的上限值为 4.0μm；

（2）轮毂端面 b 和 c 的表面粗糙度 Ra 的最大值

为 3. 2μm;

(3) ϕ30mm 孔最后一道工序为拉削加工，表面粗糙度 Rz 的最大值为 10. 0μm，并标注加工纹理方向;

(4)(8±0. 018) mm 键槽两侧面的表面粗糙度 Ra 的上限值为 2. 5μm;

(5) 其余表面的表面粗糙度 Rz 的最大值为 40μm。

第四章　几何公差与检测

零件在机械加工过程中，由于机床-夹具-刀具-工件所构成的工艺系统会出现受力变形、热变形、振动及磨损等情况，在其影响之下被加工零件的几何要素不可避免的将会产生形状和位置误差（即几何误差）。其中，形状误差包括宏观几何形状误差、表面波纹度和表面粗糙度，在本章特指宏观几何形状误差。零件的几何误差如图 4－1 所示。零件的几何误差会影响机械产品的工作精度、连接强度、运动平稳性、密封性、耐磨性、噪声、使用寿命等。零件的几何误差在很大程度上影响着该零件的质量和互换性，因而它也影响整个机械产品的质量。例如，机床工作表面的直线度、平面度不好，将影响机床刀架的运动精度；凸轮、冲模、锻模的形状误差，更将直接影响工件精度和所加工零件的几何精度；光滑圆柱形零件的形状误差会使其配合间隙不均匀，局部磨损加快，降低工件寿命和运动精度。总之，零件的几何误差对其质量和使用性能的影响不容忽视。因此，为了保证机械产品的质量，保证机械产品零件的互换性，就应该在零件图样上给出形状和位置公差（即几何公差），规定零件加工时产生的形状和位置误差的允许变动范围，并按零件图样上给出的几何公差来检测几何误差，以限制几何误差。

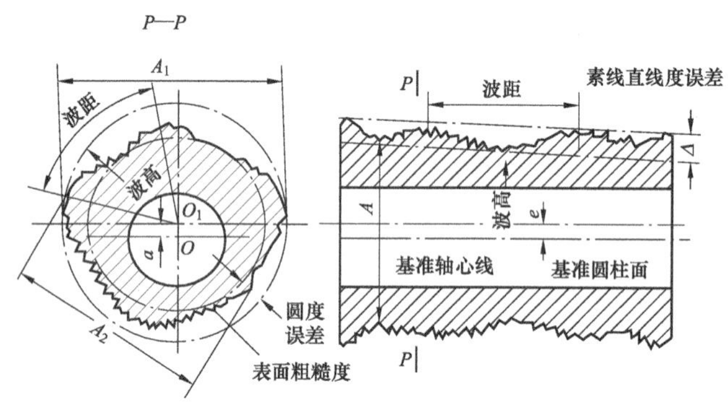

图 4－1　零件的几何误差

A，A_1，A_2—实际尺寸；e—偏心距

有关几何公差的标准有 GB/T 1182—2008《产品几何技术规范（GPS）　几何公差形状、方向、位置和跳动公差标注》、GB/T 1184—1996《形状和位置公差　未注公差值》、GB/T 4249—2009《产品几何技术规范（GPS）　公差原则》、GB/T 16671—2009《产品几何技术规范（GPS）　几何公差　最大实体要求、最小实体要求和可逆要求》、GB/T 1958—2004《产品几何量技术规范（GPS）　形状和位置公差　检测规定》等。

第一节　几何公差的基本概念

学习目标

1. 了解几何要素的分类。

2. 掌握几何公差的项目特征符号。

一、零件的几何要素与几何误差

机械零件不论其结构特征如何，都是由若干简单的点、线、面组成，这些点、线、面统称为几何要素。形状是指一个要素本身所处的状态，位置则是指两个以上要素之间所形成的方位关系。如图 4-2 所示的零件，点要素有圆锥的顶点和球心，线要素有素线和轴线，面要素有球面、圆锥面、环状平面和圆柱面。几何公差的研究对象就是构成零件几何特征的要素。

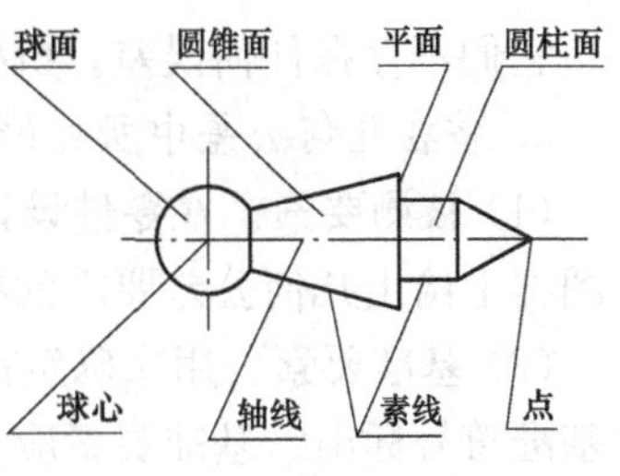

图 4-2 零件几何要素

零件经加工后，不仅会存在尺寸的误差，而且会产生几何形状及相互位置的误差。如图 4-3所示的圆柱体，即使在尺寸合格时，也有可能出现一端大、另一端小或中间细两端粗等情况，其截面也有可能不圆，这属于形状方面的误差。

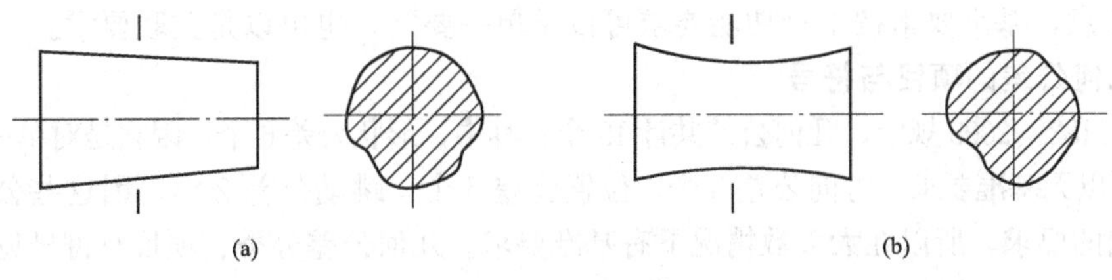

图 4-3 形状误差

再如图 4-4 所示的阶梯轴、加工后可能出现各轴段不同轴线的情况，这属于位置方面的误差。

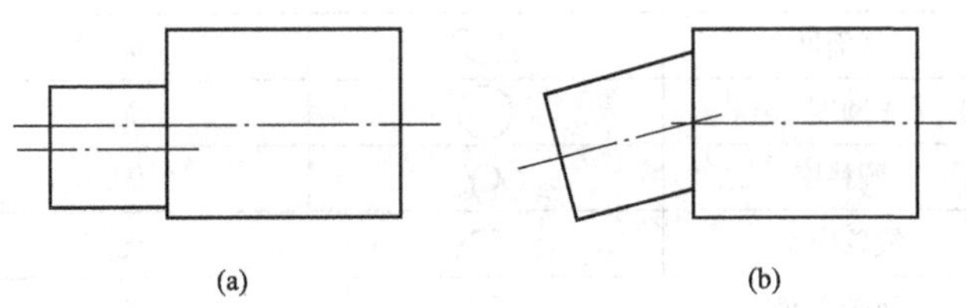

图 4-4 位置误差

所以，形状公差是指实际形状对理想形状的允许变动量。位置公差是指实际位置对理想位置的允许变动量。两者简称几何公差。

为了研究几何公差，从以下角度对几何要素进行分类：

1. 按结构特征分

(1) 组成要素（轮廓要素）。组成要素是指构成零件外形的点、线、面各要素，如图 4-2 所示零件的球面、圆锥面、圆柱面、环状平面，以及圆锥面、圆柱面上的素线、圆锥顶点。

(2) 导出要素（中心要素）。导出要素是指轮廓要素对称中心所表示的点、线、面各要素，如图 4-2 所示零件的圆柱面的轴线、球面的球心等。需要注意的是，中心要素是抽象的，依存于对应的轮廓要素，但存在；若离开了对应的轮廓要素，则不存在中心要素，例如没有球面就没有球心。

2. 按存在的状态分

(1) 提取要素（实际要素）。提取要素是指零件上实际存在的要素，通常都以测得要素代替提取要素。

（2）拟合要素（理想要素）。拟合要素是指具有几何学意义的要素，即几何的点、线、面。它们不存在任何误差。机械零件图上表示的要素均为拟合要素。

3. 按在几何公差中所处的部位分

（1）被测要素。在零件设计图样上给出了形状或（和）位置公差的要素称为被测要素，是图样上给出几何公差要求的检测对象。

（2）基准要素。用来确定被测要素的方向或（和）位置的要素，称为基准要素，图纸上用基准符号标出。基准要素应具有理想状态，理想的基准要素简称基准。需要注意的是，基准要素除了作为确定被测要素方向或位置的参考对象的基础外，若在零件使用上还有本身的功能要求，而给出形状公差或（和）位置公差，那它同时也是被测要素。

4. 按功能关系分

（1）单一要素。仅对自身提出功能要求而给出了形状公差的要素称为单一要素。

（2）关联要素。对基准要素具有功能要求而给出了位置公差的要素称为关联要素。

需要注意，基准要素按本身功能要求可以是单一要素，也可以是关联要素。

二、几何公差的项目与符号

GB/T 1182—2008 规定，几何公差共计 19 个。其中，形状公差 6 个，因它是对单一要素提出的要求，所以无基准要求；方向公差 5 个，位置公差 6 个，跳动公差 2 个，因这些公差是对关联要素提出的要求，所以在大多数情况下有基准要求。几何公差分类、项目及符号见表 4－1。

表 4－1　几何公差分类、项目及符号（GB/T 1182—2008）

公差类型	几何特征	符号	有无基准	参见条款
形状公差	直线度	—	无	18.1
	平面度	⏥	无	18.2
	圆度	○	无	18.3
	圆柱度	⌭	无	18.4
	线轮廓度	⌒	无	18.5
	面轮廓度	⌓	无	18.7
方向公差	平行度	//	有	18.0
	垂直度	⊥	有	18.10
	倾斜度	∠	有	18.11
	线轮廓度	⌒	有	18.6
	面轮廓度	⌓	有	18.8
位置公差	位置度	⌖	有或无	18.12
	同心度（用于中心点）	◎	有	18.13
	同轴度（用于轴线）	◎	有	18.13
	对称度	⌯	有	18.14
	线轮廓度	⌒	有	18.6
	面轮廓度	⌓	有	18.8
跳动公差	圆跳动	↗	有	18.15
	全跳动	⌰	有	18.16

第二节　几何公差的标注方法

学习目标

1. 掌握几何公差代号的画法。
2. 掌握几何公差的标注。

一、几何公差代号

1. 代号的组成

在技术图样中，几何公差应采用代号标注。当无法采用代号标注时，允许在技术要求中用文字说明。几何公差代号包括几何公差有关项目的符号、几何公差框格、指引线、几何公差数值和其他有关符号及基准符号。几何公差代号如图 4 - 5 所示。

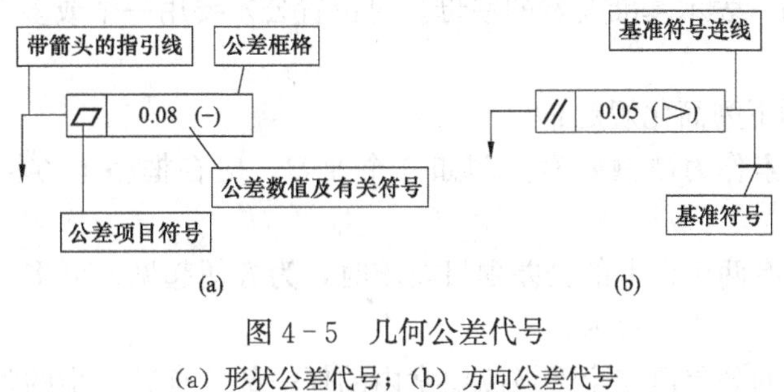

图 4 - 5　几何公差代号

(a) 形状公差代号；(b) 方向公差代号

2. 代号的画法

形状公差代号采用公差框格的形式。该框格一般有两格，具有带箭头的指引线。在图面上，通常将框格水平绘制，也允许将框格垂直绘制。对于水平绘制的框格，从框格的左边起，第一格填写项目符号，第二格填写公差值和有关符号。对于垂直绘制的，从框格的上方起，第一格填写项目符号，第二格填写公差值和有关符号。

公差框格的指引线从框格的一端引出，并且必须垂直于框格，用它的箭头与被测要素相连。它引向被测要素时，允许弯折，但不得多于两次。

方向公差、位置公差和跳动公差代号由公差框格和基准符号（加粗的短画线）组成（基准符号用连线与公差框格相连），或者由公差框格和基准代号组成。该框格有两格、三格、四格、五格等几种形式，具有用箭头指向被测要素的指引线。在图面上，框格通常水平绘制，也允许垂直绘制。前者从左到右，后者从下至上，第一格填写项目符号，第二格填写公差值和有关符号，从第三格起填写基准代号的字母和有关符号。方向公差、位置公差和跳动公差代号框格指引线和形状公差框格指引线的标注方法相同。

基准代号的字母采用大写拉丁字母。为了避免混淆和误解，基准代号的字母不得采用 E、I、J、M、O、P、L、R、F 等字母。

公差框格用细实线绘制，并根据需要分为两格或多格，框格中的数字和字母的高度应与图样中尺寸数字的高度相同，指引线和基准符号连线用细实线绘制，基准符号用加粗（2b）的短画线表示，框格长度可按需要确定，如图 4 - 6 所示。

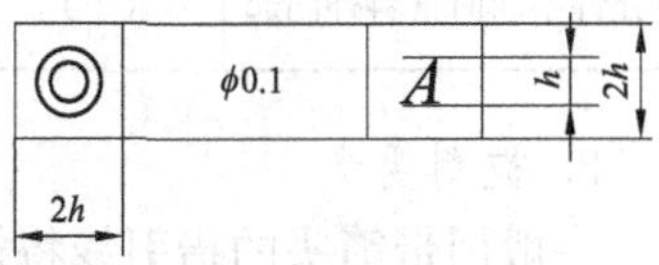

图 4 - 6　框格的画法

二、几何公差的标注

在技术图样上标注几何公差，应有公差框格、被测要素、被测要素指引线、几何公差特征符号、几何公差值和基准（只对位置公差）等。

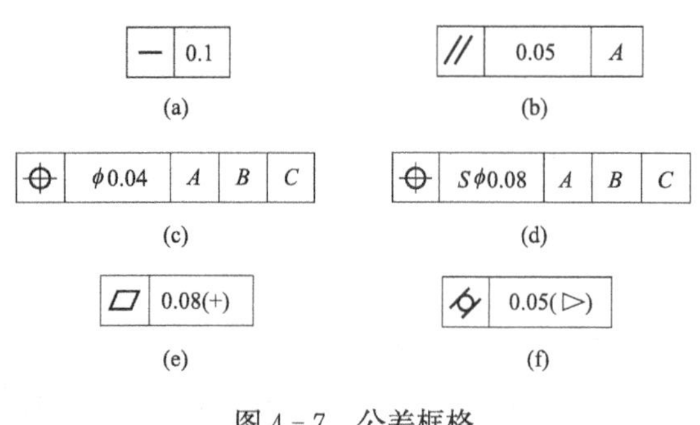

图 4-7 公差框格

1. 公差框格

公差框格用来给出几何公差要求，并用细实线水平绘制。框格由两格或多格组成，框格中的内容从左到右按以下次序填写（见图 4-7）：

第一格：几何公差项目特征的符号。

第二格：几何公差值及附加符号。例如公差带为圆形或圆柱形时，则在公差值前加注 ϕ，若为球形则加注 ϕS 等。

第三、四、五格：表示基准要素的字母。对位置公差要用一个或多个字母表示基准要素或基准体系。

此外，还应遵循下列简化规定：

(1) 两个以上要素作为被测要素。例如 6 个要素，应在框格上方标明，如“6×”，如图 4-8 (a) 所示。

(2) 对同一要素有两个以上的公差项目要求时，为方便起见，可将一个框格放在另一个框格的下面，如图 4-8 (b) 所示。

(3) 对同一要素的公差值在全部被测要素内的任一部分有进一步的限制时，该限制部分的限制条件（长度或面积）应放在公差值的后面，用斜线相隔。这种限制要求可以直接放在表示全部被测要素公差要求的框格下面，如图 4-8 (c) 所示。

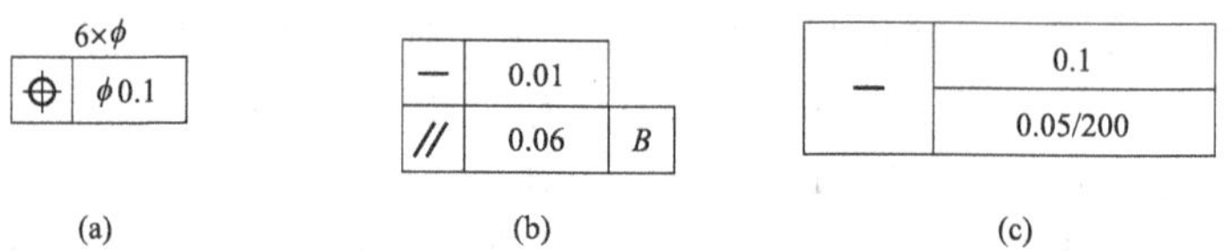

图 4-8 公差框格的简化规定

(a) 多个被测要素时；(b) 同一要素有多项公差要求时；(c) 被测要素的任一部分有限制要求时

(4) 要求在公差带内进一步限定被测要素的形状，则应在公差值后面加注符号，见表 4-2。

表 4-2 限定被测要素形状的符号

含义	符号	举例	含义	符号	举例
只允许中间向材料内凹下	(−)	— t(−)	只允许从左至右减小	(▷)	⌭ t(▷)
只允许中间向材料外凸起	(+)	▱ t(+)	只允许从右至左减小	(◁)	⌭ t(◁)

2. 被测要素

一般用带箭头的指引线将框格与被测要素直接相连，见图 4-9 和图 4-10 和图 4-11 (a)。当不便于直接相连时，也可按如图 4-11 (b) 所示的方式表示。

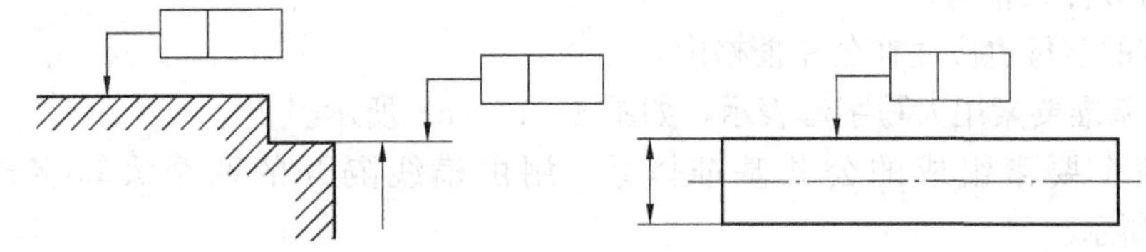

图 4-9 被测要素的标注方式（一）——公差涉及轮廓或表面时

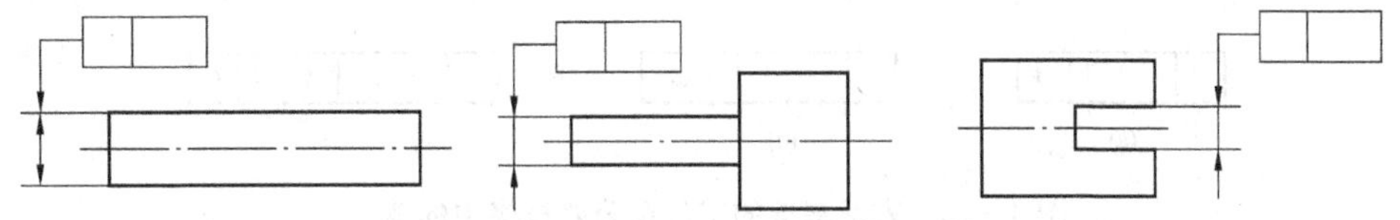

图 4-10 被测要素的标注方式（二）——公差涉及轴线或中心平面时

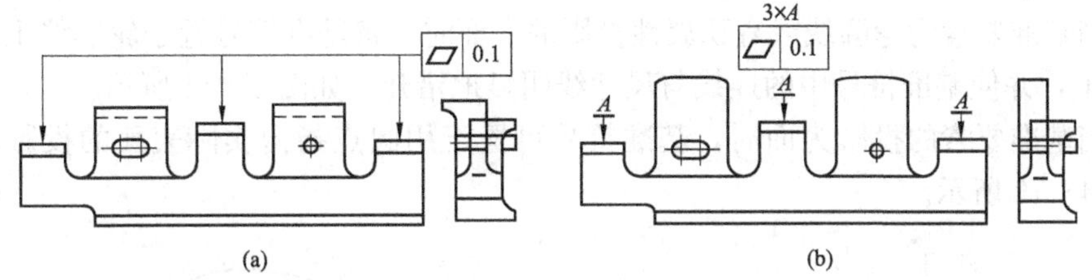

图 4-11 被测要素的标注方式（三）——对几个表面有同一数值的公差带要求时

现将具体的标注方式介绍如下：

(1) 当被测要素为轮廓线或为有积聚性投影的表面时，将箭头置于要素的轮廓线或轮廓线的延长线上，并与尺寸线明显地错开，如图 4-9 所示。

(2) 当被测要素为中心要素即轴线、中心平面或由带尺寸的要素确定的点时，则指引线的箭头应与确定中心要素的轮廓的尺寸线对齐，如图 4-10 所示。

(3) 当不同的被测要素有相同的几何公差要求时，可以在从框格引出的指引线上绘制出多个指示箭头，分别指向各被测要素，如图 4-11 (a) 所示。当用同一公差带控制几个被测要素时，标注方式如图 4-11 (b) 所示。

(4) 当对同一要素有一个以上的公差特征项目要求且测量方向相同时，用同一指引线指向被测要素，如图 4-12 (a) 所示。若测量方向不完全相同，则应将测量方向不同的项目分开标注，如图 4-12 (b) 所示。

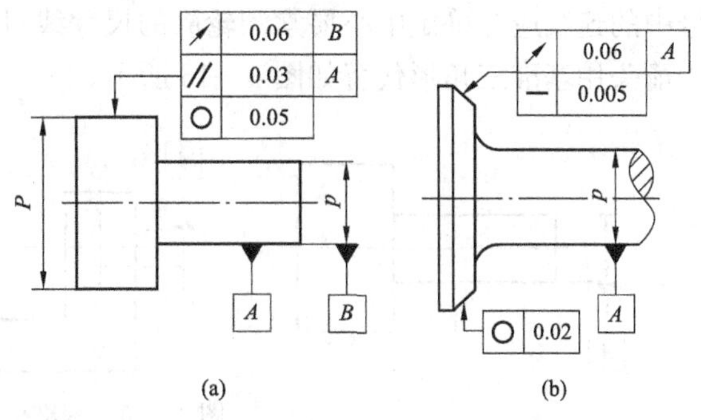

图 4-12 被测要素的标注方式（四）——同一被测要素有多项公差要求的标注

3. 基准

用于确定被测要素方向和（或）位置的要素称为基准要素，用基准字母表示，字母标注在基准方格内，用细实线与一个涂黑的或空白的三角形相连，如图 4-12 所示。涂黑的和空白的基准三角形含义相同。

表示基准的字母也应注在公差框格内：

(1) 单一基准要素用大写字母表示，如图 4－13 (a) 所示。

(2) 由两个要素组成的公共基准体系，用由横线隔开的两个大写字母表示，如图 4－13 (b)所示。

(3) 由两个或三个要素组成的基准体系，如多基准组合，表示基准的大写字母应按基准的优先次序从左至右分别置于各个框格中，如图 4－13 (c) 所示。

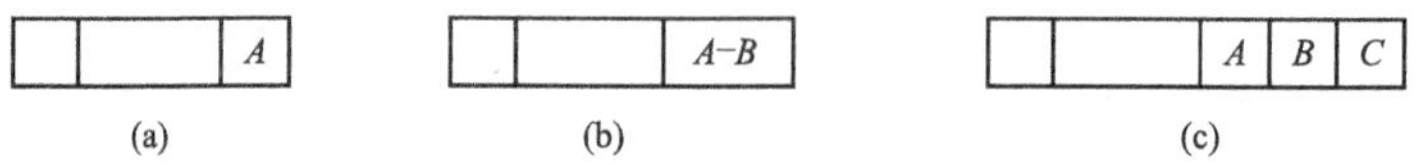

图 4－13　表示基准的字母在公差框格中的填写

基准的标注方法如下：

(1) 当基准要素为轮廓线或有积聚性投影的表面时，将基准符号置于轮廓线上或轮廓线的延长线上，并使基准符号中的连线与尺寸线明显地错开，如图 4－14 所示。

(2) 当基准要素的投影为面时，基准符号可置于用圆点指向实际表面的投影的参考线上，如图 4－15 所示。

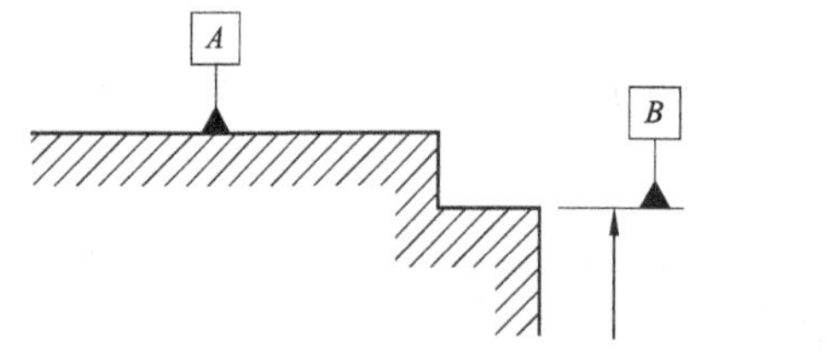

图 4－14　基准标注方法（一）

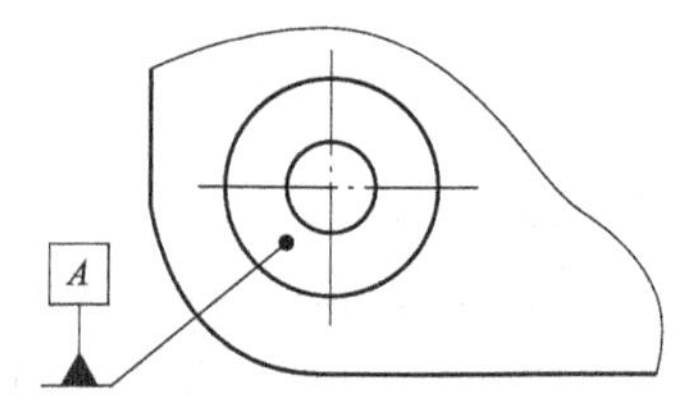

图 4－15　基准标注方法（二）

(3) 当基准要素为中心要素即轴线、中心平面或由带尺寸的要素确定的点时，则基准符号中的连线应与确定中心要素的轮廓的尺寸线对齐，如果尺寸线处安排不下两个箭头，则另一箭头用基准三角形代替如图 4－16 所示。

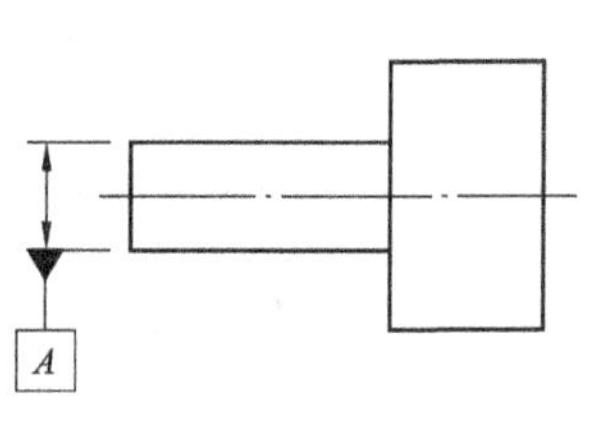

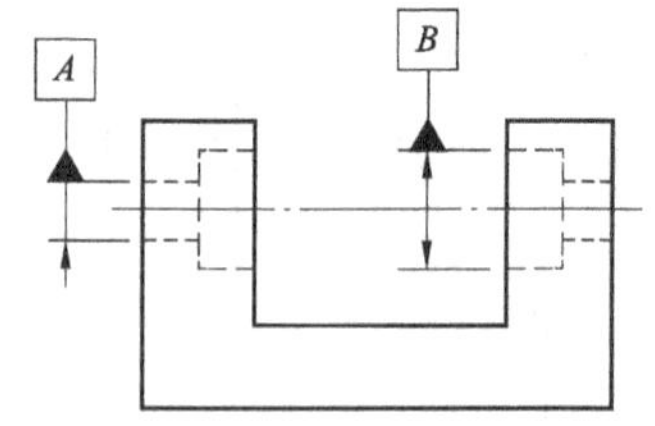

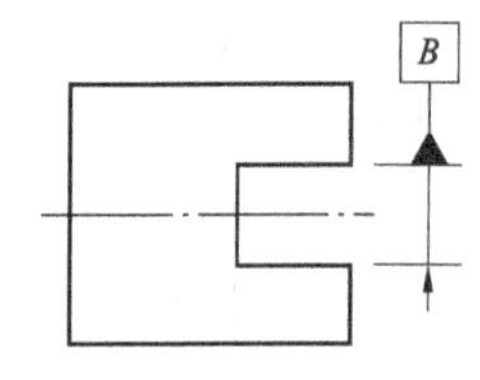

图 4－16　基准标注方法（三）

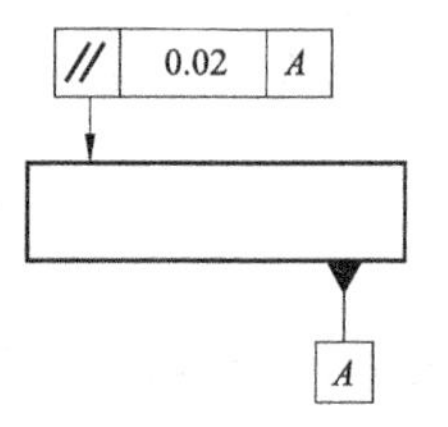

图 4－17　基准标注方法（四）

(4) 当位置公差的被测要素和基准要素允许互换时，即为任选基准时的标注方法如图 4－17 所示。

【例 4－1】 试将下列技术要求标注在图 4－18 中：

(1) 左端面的平面度为 0.01mm，右端面对左端面的平行度为 0.04mm。

(2) ϕ70H7 的孔的轴线对左端面的垂直度公差为 0.02mm。

(3) ϕ210h7 对 ϕ70H7 的同轴度为 0.03mm。

(4) 4×ϕ20H8 孔对左端面（第一基准）和 ϕ70H7 的轴线的位置度公差为 0.15mm。

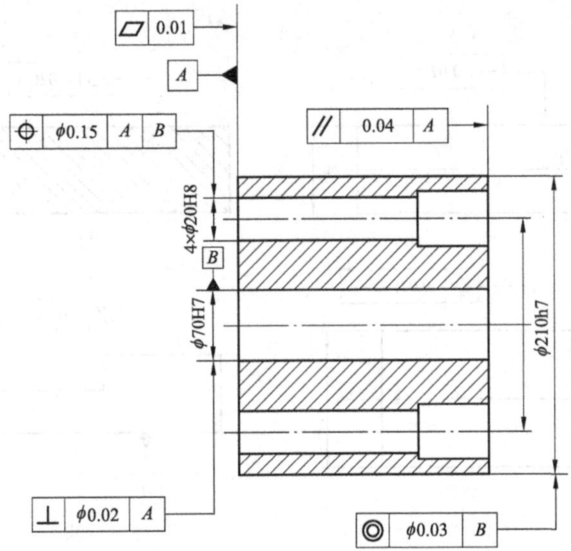

图 4-18　例 4-1 图

三、几何公差标注的附加说明

1. 限定被测要素或基准要素的范围

仅对要素的某一部分给定几何公差要求，如图 4-19（a）所示，或以要素的某一部分作基准时，如图 4-19（b）所示，则应用粗点画线表示其范围并加注尺寸。

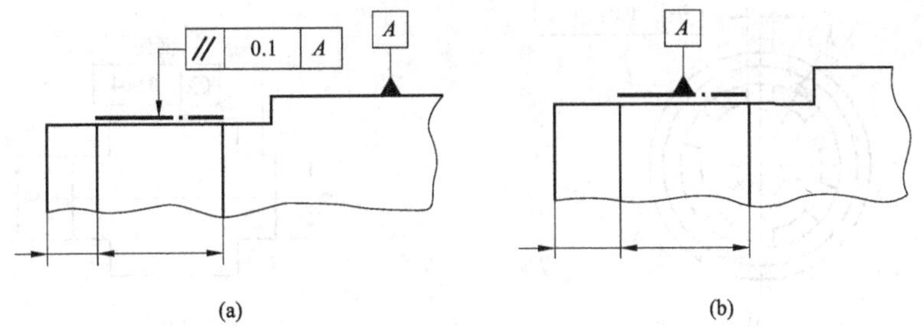

图 4-19　限定被测要素或基准要素的范围

2. 对公差数值有附加说明时的标注

对公差数值在一定的范围内有附加的要求时，可采用如图 4-20 所示的标注方法。

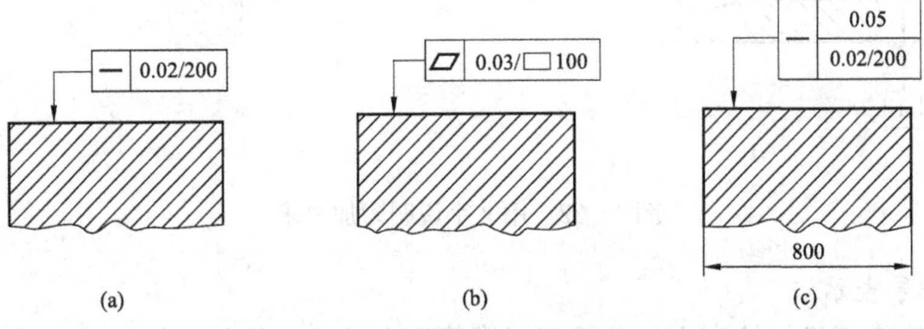

图 4-20　公差值有附加说明时的标注

3. 几何公差有附加要求时的标注

(1) 用符号标注。采用符号标注时，可在相应的公差数值后加注有关符号，如图 4 - 21 所示。

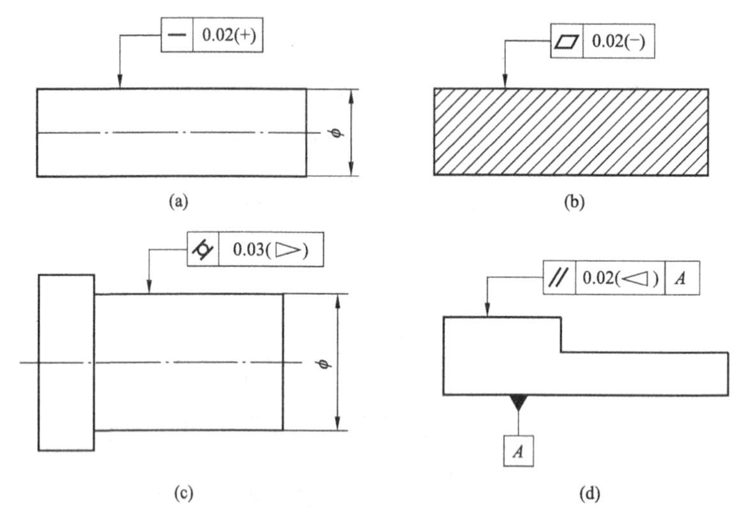

图 4 - 21　用符号表示附加要求

(2) 用文字说明。为了说明公差框格中所标注的几何公差的其他附加要求，可以在公差框格的上方或下方附加文字说明。属于被测要素数量的说明，应写在公差框格的上方；属于解释性的说明，应写在公差框格的下方，如图 4 - 22 所示。

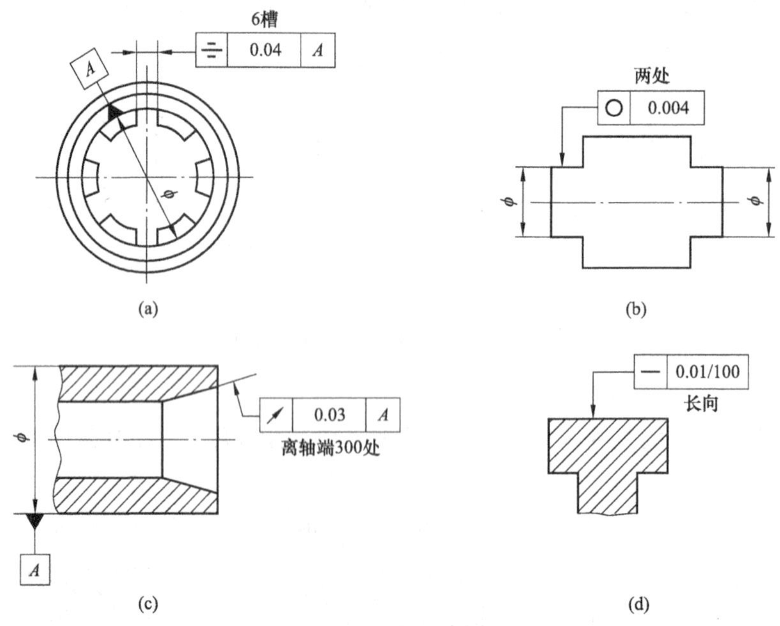

图 4 - 22　用文字说明附加要求

4. 全周符号表示法

几何公差特征项目如轮廓度公差适用于横截面内的整个外轮廓线或整个外轮廓面时，应采用全周符号，即在公差框格的指引线上画上一个圆圈，如图 4－23 所示。

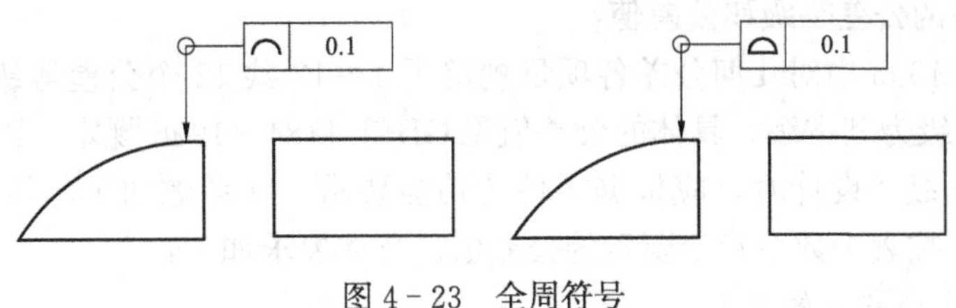

图 4－23　全周符号

5. 螺纹和齿轮的标注

(1) 标注螺纹被测要素或基准要素时，如图 4－24 所示，中径符号不标出，只有当为大径或小径时，可以在公差框格或基准代号圆圈下方标注字母 MD（大径）或 LD（小径）。

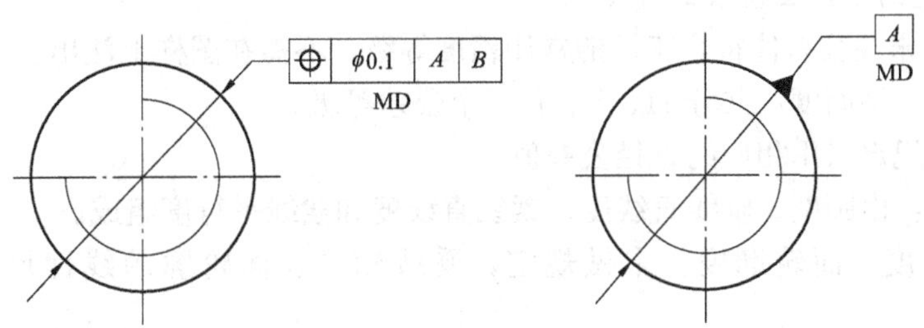

图 4－24　螺纹的标注方法

(2) 当被测要素或基准要素为齿轮的节径时，应在公差框格或基准代号圆圈下方标注字母 PD，若为大径则标注 MD，若为小径时则标注 LD。

四、几何公差标注注意事项

几何公差的标注应注意以下问题：

(1) 几何公差内容用框格表示，框格内容自左向右第一格总是几何公差项目符号，第二格为公差数值，第三格以后为基准，即使指引线从框格右端引出也是这样。

(2) 被测要素为中心要素时，箭头必须和有关的尺寸线对齐。只有当被测要素为单段的轴线或各要素的公共轴线、公共中心平面时，箭头可直接指在轴线或中心线上。这样标注很简便，但一定要注意该公共轴线中没有包含非被测要素的轴段在内。

(3) 被测要素为轮廓要素时，箭头指向一般均垂直于该要素。但对圆度公差，箭头方向必须垂直于轴线。

(4) 当公差带为圆或圆柱体时，在公差数值前需加注符号 ϕ，其公差值为圆或圆柱体的直径。这种情况在被测要素为轴线时才有。同轴度的公差带总是一圆柱体，所以公差值前总是加上符号 ϕ；轴线对平面的垂直度，轴线的位置度一般也是采用圆柱体公差带，需在公差值前也加上符号 ϕ。

(5) 对一些附加要求，常在公差数值后加注相应的符号。例如，(＋) 说明被测要素只许呈腰鼓形外凸，(－) 说明被测要素只许呈鞍形内凹，(＞) 说明误差只许按符号的小端方向逐渐减小。几何公差要求遵守最大实体要求时，则需加符号Ⓜ。在框格的上、下方可用文字做附加的说明。如对被测要素数量的说明，应写在公差框格的上方；属于解释性说明（包括对测量方法的要求）应写在公差框格的下方。例如，在离轴端 300mm 处，在 a、b 范围内等。

五、几何公差的公差等级和公差值

GB/T 1184—1996 中对几何公差各项目规定了 1～12 共 12 个公差等级，1 级最高，依次递减，6 级与 7 级为基本级。具体的公差值见 GB/T 1184—1996 规定。圆度和圆柱度还增加了精度更高的 0 级。设计时，应根据零件的功能要求，并考虑加工的经济性和零件的结构、刚度等情况，按表中数系确定要素的公差值。具体要求如下：

1. 图样上注出公差值的规定

对于几何公差有较高要求的零件，均应在图样上按规定的标注方法注出公差值。几何公差值的大小由几何公差等级并依据主要参数的大小确定，因此确定几何公差值实际上就是确定几何公差等级。

2. 几何公差的未注公差值的规定

标准规定，未注公差值符合工厂的常用精度等级，不需在图样上注出。

(1) 直线度、平面度：共分 H、K、L 三个公差等级。

(2) 圆度：规定采用相应的直径公差值。

(3) 圆柱度：由圆度、轴线直线度、素线直线度和素线平行度组成。

(4) 线轮廓度、面轮廓度：未做规定，受线轮廓、面轮廓的线性尺寸或角度公差控制。

(5) 平行度：等于相应的尺寸公差值。

(6) 垂直度：分为 H、K、L 三个等级。

(7) 对称度：分为 H、K、L 三个等级。

(8) 位置度：未做规定，因为属于综合性误差，由分项公差值控制。

(9) 圆跳动：分为 H、K、L 三个等级。

(10) 全跳动：未做规定，因为综合项目，故可通过圆跳动公差值、素线直线度公差值或其他注出或未注出的尺寸公差值控制。

3. 未注公差的标注

在图样上采用未注公差值时，应在图样的标题栏附近或在技术要求中标出未注公差的等级及标准编号。

第三节　几何公差带及几何公差

学习目标

1. 了解几何公差带的含义及特性。
2. 掌握几何公差的公差带形状及含义。
3. 了解基准的选择及分类。

一、几何公差的含义及几何公差带的特性

几何公差指实际被测要素对图样上给定的理想形状、理想位置的允许变动量。形状公差是为了限制形状误差而设置的，指单一要素对其理想要素允许的变动量，其公差带只有大小和形状，无方向和位置的限制。方向公差可同时控制被测要素的形状和方向，无位置的限制。位置和跳动公差可同时控制被测要素的形状、方向和位置。

几何公差带是用来限制被测实际要素变动的区域。只要被测要素完全落在给定的公差带区域内，就表示被测要素的形状和位置符合设计要求。

几何公差带的形状由被测要素的理想形状和给定的公差特征所决定。其主要形状有圆内的区域、两同心圆间的区域、两同轴圆柱面间的区域、两等距线间的区域、两平行直线间的区域、圆柱面内的区域、两等距曲面间的区域、两平行平面间的区域、球面内的区域、一段圆锥面等，如图 4 - 25 所示。

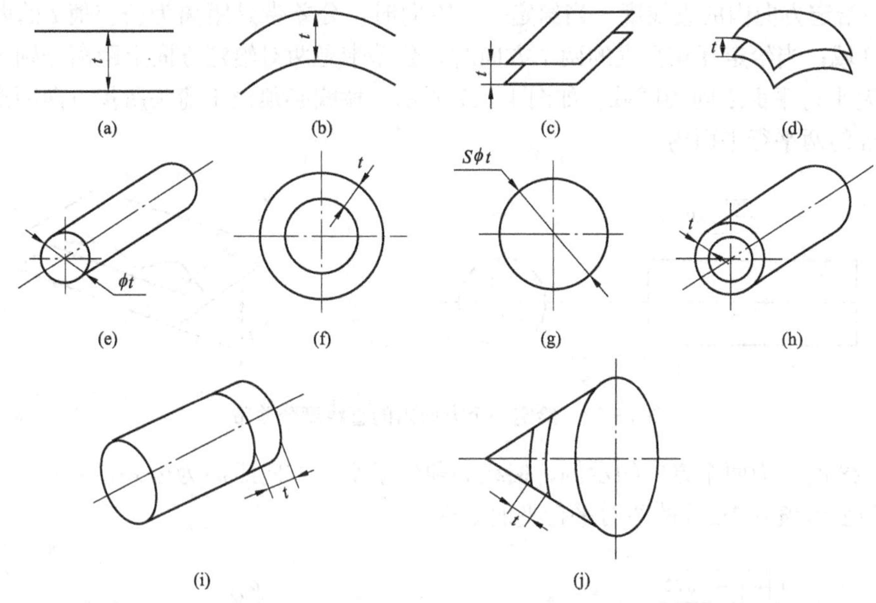

图 4 - 25　公差带形状

(a) 两平行直线；(b) 两等距曲线；(c) 两平行平面；(d) 两等距曲面；(e) 圆柱面；(f) 两同心圆；(g) 一个球；(h) 两同心圆柱面；(i) 一段圆柱面；(j) 一段圆锥面

几何公差带是按几何概念定义的（但跳动公差带除外），与测量方法无关，所以在实际生产中可以采用任何测量方法来测量和评定某一实际被测要素是否符合设计要求。而跳动公差是按特定的测量方法定义的，其公差带的特性与该测量方法有关。

二、形状公差带

形状公差涉及的要素是线和面，一个点无所谓形状。形状公差主要包括直线度、平面度、圆度和圆柱度四项。它们不涉及基准，其理想被测要素的形状不涉及尺寸，公差带的方位可以浮动（用公差带判定实际被测要素是否位于它的区域内时，它的方位可以随实际被测要素的方位的变动而变动）。也就是说，这样的形状公差带只有形状和大小的要求，没有方位的要求。

1. 直线度公差

直线度公差用于控制直线和轴线的形状误差，根据零件的功能要求，直线度可以分为在给定平面内，在给定方向上和在任意方向上三种情况。

(1) 在给定平面内的直线度。其公差带是距离为公差值 t 的两平行直线之间的区域。如图 4 - 26 所示，圆柱表面上任一素线必须位于轴向平面内，且距离为公差值 0.02mm 的两平行直线之间。

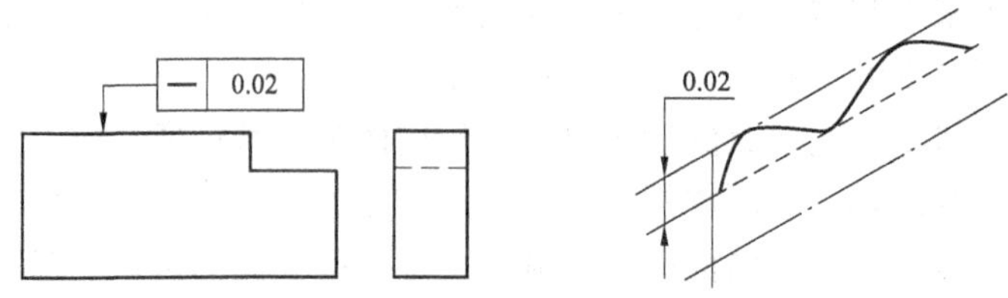

图 4-26 给定平面内的直线度公差带

(2) 在给定方向内的直线度。当给定一个方向时，公差带是距离为公差值 t 的两平行平面之间的区域；当给定互相垂直的两个方向时，公差带是两对给定方向上距离分别为公差值 t_1 和 t_2 的两平行平面之间的区域。如图 4-27 所示，棱线必须位于箭头所指方向距离为公差值 0.02mm 的两平行平面内。

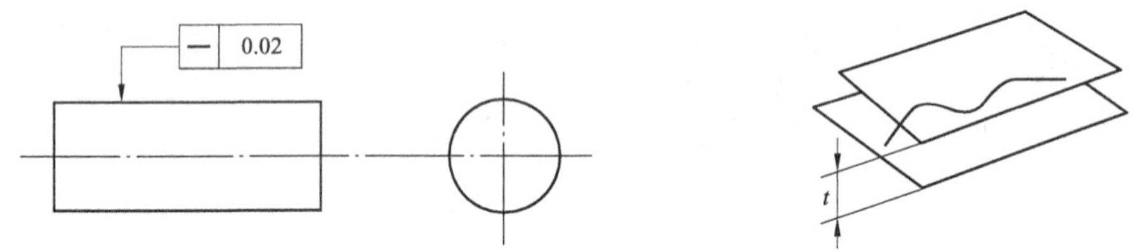

图 4-27 给定一个方向内的直线度公差带

图 4-28 所示为两个方向的示例，棱线必须位于水平方向距离为公差值 0.02mm，垂直方向距离为公差值 0.1mm 的两对平行平面之内。

图 4-28 给定两个方向的直线度公差带

(3) 任意方向上的直线度。其公差带是直径为公差值 t 的圆柱面内的区域。如图 4-29 所示，ϕd 圆柱体的轴线必须位于直径为公差值 0.04mm 的圆柱体内，标准规定，几何公差值前加注 ϕ，表示其公差带为一圆柱体。

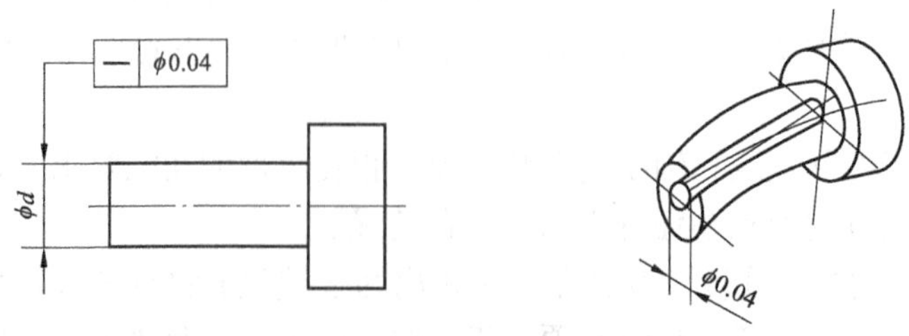

图 4-29 任意方向上的直线度公差带

2. 平面度公差

平面度公差是限制实际平面对其理想平面变动量的一项指标，用于对实际平面的形状精度提出要求。平面度公差带是距离为公差值 t 的两平行平面之间的区域，如图 4-30 所示，当零件的上表面有平面度要求时，则被测表面必须位于公差值为 0.1mm 的两平行平面之内。

3. 圆度公差

圆度公差带是垂直于轴线的任一正截面上半径差为公差值 t 的两同心圆之间的区域。如图 4-31 所示，在垂直于轴线的任一正截面上，实际轮廓线必须位于半径差为公差值 0.02mm 的两同心圆内。

4. 圆柱度公差

圆柱度公差带是半径差为公差值 t 的两同轴圆柱面之间的区域。如图 4-32 所示，实际圆柱表面必须位于半径差为公差值 0.05mm 的两同轴圆柱面之间。

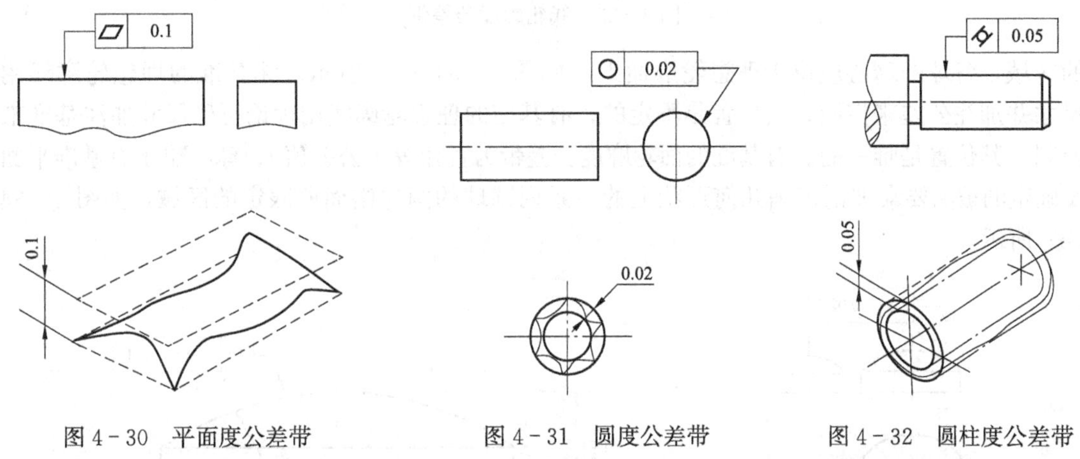

图 4-30　平面度公差带　　图 4-31　圆度公差带　　图 4-32　圆柱度公差带

三、形状或位置公差

线轮廓度和面轮廓度有无基准要求和有基准要求两种情况，故其公差带有大小和形状要求外，位置可能固定，也可能浮动。

无基准要求时，理想轮廓线（面）用尺寸并加注公差来控制，这时理想轮廓线（面）的位置是不定的；有基准要求的理想轮廓线（面）用理论正确尺寸并加注基准来控制，这时理想轮廓线（面）的位置是唯一的，不能移动。

1. 线轮廓度公差

线轮廓度公差是限制实际平面曲线对其理想曲线变动量的一项指标，是对零件上的非圆曲线提出的形状精度要求。无基准的线轮廓度公差带是包络一系列直径为公差值 t 的圆的两包络线之间的区域，诸圆的圆心应位于理想轮廓线上，如图 4-33（a）所示。无基准的理想轮廓线用尺寸并加注公差来控制，其位置是不定的；有基准的理想轮廓线用理论正确尺寸加注基准来控制，其位置是唯一的。有基准的线轮廓度公差带是直径为公差值 t、圆心位于由基准平面 A 和基准平面 B 确定的被测要素理论正确几何形状上的一系列圆的两包络线之间的区域，如图 4-33（b）所示。

2. 面轮廓度公差

面轮廓度公差是限制实际曲面对理想曲面变动量的一项指标，是对零件上的曲面提出的形状精度要求。无基准的面轮廓度公差带是包络一系列直径为公差值 t 的球的两包络面之间

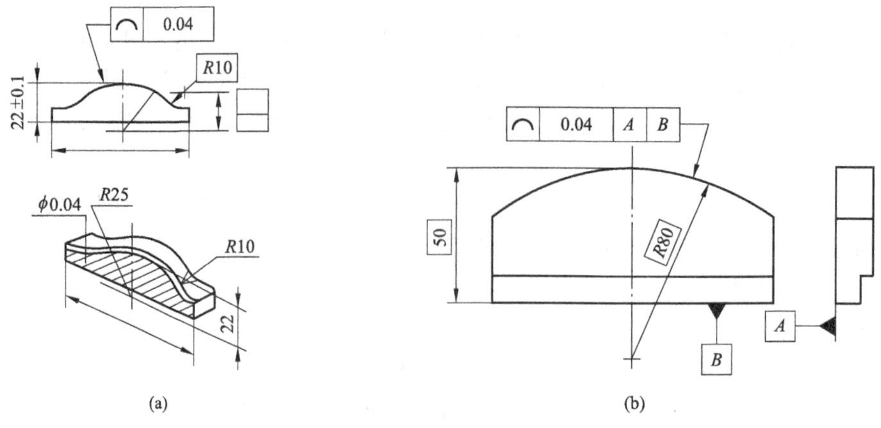

图 4－33　线轮廓度公差带

的区域，各球的球心应位于理想轮廓面上，如图 4－34（a）所示。无基准的理想轮廓线用尺寸并加注公差来控制，其位置是不定的；有基准的理想轮廓线用理论正确尺寸加注基准来控制，其位置是唯一的。有基准的面轮廓度公差带为直径等于公差值 t、球心位于有基准平面 A 确定的被测要素理论正确几何形状上的一系列圆球的两包络面所限定的区域，如图 4－34（b）所示。

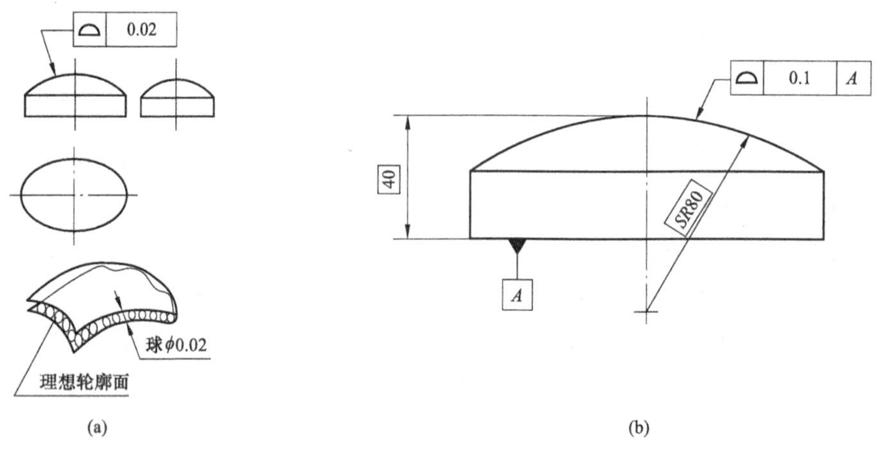

图 4－34　面轮廓度公差带

四、方向公差

方向公差又分为平行度、垂直度、倾斜度、线轮廓度和面轮廓度。下面主要研究平行度、垂直度和倾斜度的公差带形状。

方向公差是关联实际要素对基准在方向上允许的变动全量，用于控制方向误差，以保证被测实际要素相对基准的方向精度。方向公差相对于基准有确定的方向，公差带的位置可以浮动；方向公差具有综合控制被测要素的方向和形状的职能。

当要求被测要素对基准为 0°时（即要求被测要素对基准等距），方向公差为平行度。

当要求被测要素对基准呈 90°时，方向公差为垂直度。

当要求被测要素对基准呈其他任意角度时，方向公差为倾斜度。

1. 平行度公差

当两要素要求互相平行时，用平行度公差来控制被测要素对基准的方向误差。

(1) 线对基准体系的平行度公差。

1) 当给定一个方向时，公差带是距离为公差值 t，且平行于基准轴线 a 且垂直于基准平面 b 的两平行平面之间的区域。如图 4-35 所示，实际中心线应限定在间距等于 0.1mm 的两平行平面之间，该两平行平面平行于基准轴线 A 且垂直于基准平面 B。

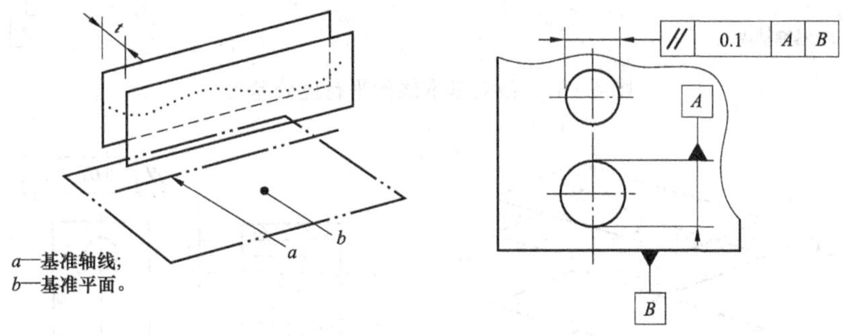

图 4-35 线对基准体系在给定一个方向内的平行度公差带

2) 当给定互相垂直的两个方向时，公差带为平行于基准轴线和平行或垂直于基准平面、间距分别等于公差值 t_1 和 t_2 且互相垂直的两平行平面之间的区域。如图 4-36 所示，实际孔轴线必须位于平行于基准轴线 A 和平行或垂直于基准平面 B，间距分别等于公差值 0.1mm 和 0.2mm 且相互垂直的两对平行平面之间。

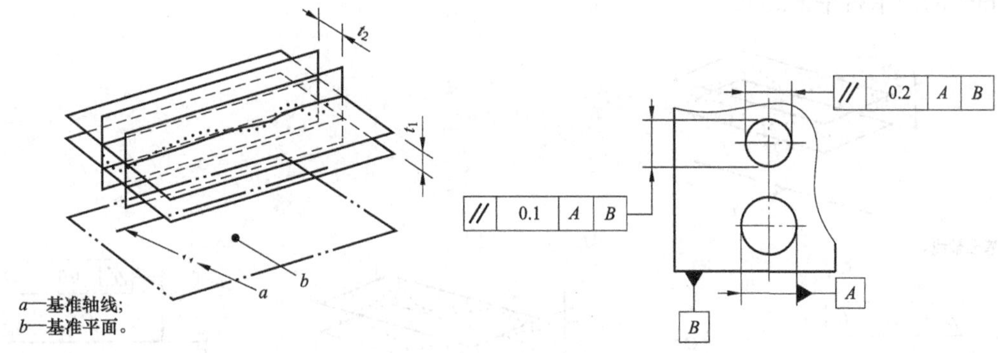

图 4-36 线对基准体系在给定两个互相垂直方向内的平行度公差带

(2) 线对基准线的平行度公差。若公差值前加注了符号 ϕ，公差带为平行于基准轴线、直径等于公差值 ϕt 的圆柱面所限定的区域。如图 4-37 所示，孔轴线必须位于直径公差值 ϕ0.03mm，且平行于基准轴线 A 的圆柱面内。

(3) 线对基准面的平行度公差。公差带为间距等于公差值 t，平行于基准轴线的两平行平面所限定的区域。如图 4-38 所示，实际中心线应限定在平行于基准平面 B、间距等于 0.01mm 的两平行平面之间。

(4) 面对基准线的平行度公差。公差带为间距等于公差值 t，平行于基准轴线的两平行平面所限定的区域。如图 4-39 所示，实际中心线应限定在平行于基准轴线 C、间距等于 0.1mm 的两平行平面之间。

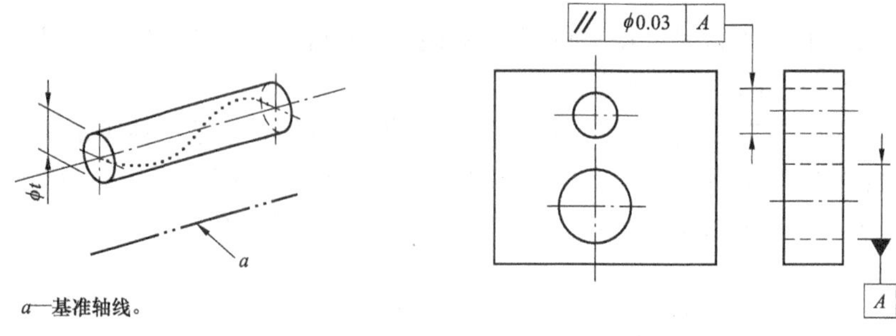

图 4-37 线对基准线的平行度公差带

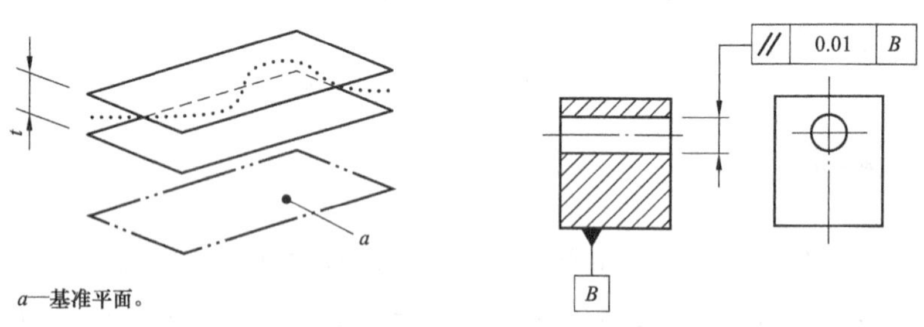

图 4-38 线对基准面的平行度公差带

(5) 面对基准面的平行度公差。公差带为间距等于公差值 t，平行于基准平面的两平行平面所限定的区域。如图 4-40 所示，实际中心线应限定在平行于基准 D、间距等于 0.01mm 的两平行平面之间。

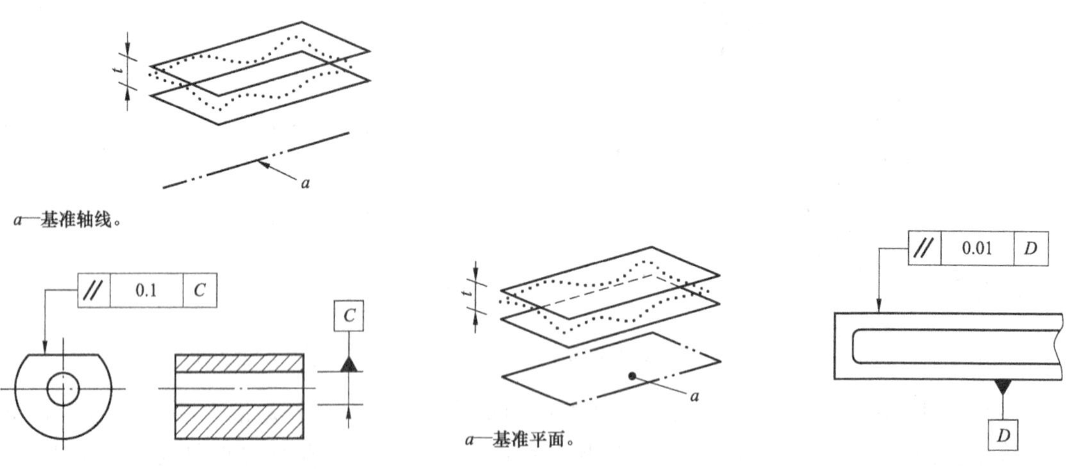

图 4-39 面对基准线的平行度公差带　　图 4-40 面对基准面的平行度公差带

2. 垂直度公差

垂直度公差是限制被测实际要素对基准在垂直方向上变动量的一项指标。当两要素互相垂直时，用垂直度公差来控制被测要素对基准的方向误差。

(1) 线对基准线的垂直度公差。公差带是距离为公差值 t，且垂直于基准线的两平行平面之间的区域。如图 4-41 所示，实际中心线应限定在间距等于 0.06mm、垂直于基准轴线 A 的两平行平面之间。

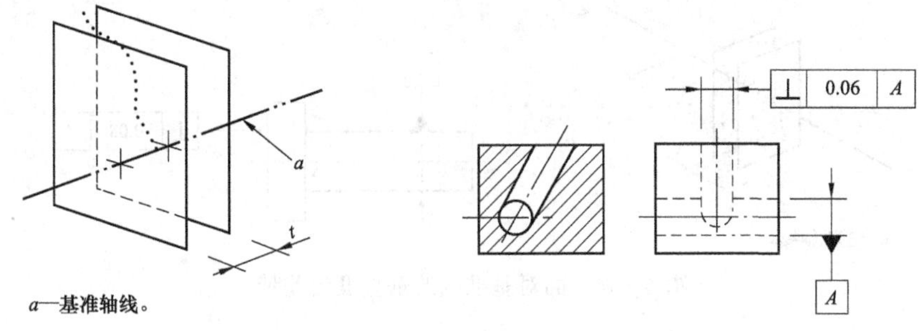

图 4-41 线对基准线的垂直度公差带

(2) 线对基准体系的垂直度公差。公差带是距离为公差值 t，且垂直于基准平面 A、平行于基准平面 B 的两平行平面之间的区域。如图 4-42 所示，实际中心线应限定在间距等于 0.1mm、垂直于基准平面 A 平行于基准平面 B 的两平行平面之间。

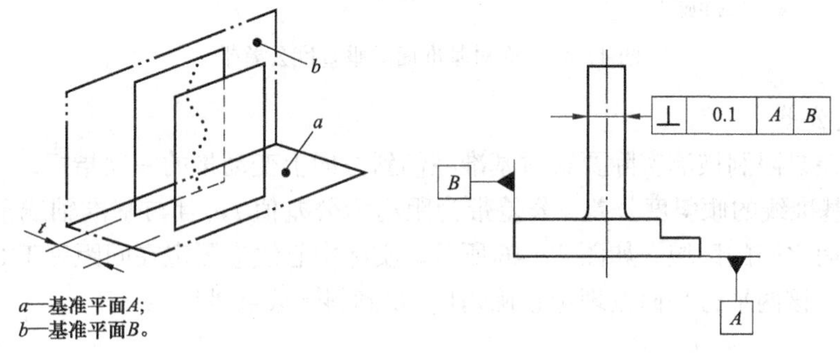

图 4-42 线对基准体系的垂直度公差带

(3) 线对基准面的垂直度公差。若公差值前加注符号 ϕ，公差带为直径等于公差值 t，且轴线垂直于基准平面的圆柱面内的区域。如图 4-43 所示，实际中心线必须位于直径等于 ϕ0.01mm，且垂直于基准平面 A 的圆柱面内。

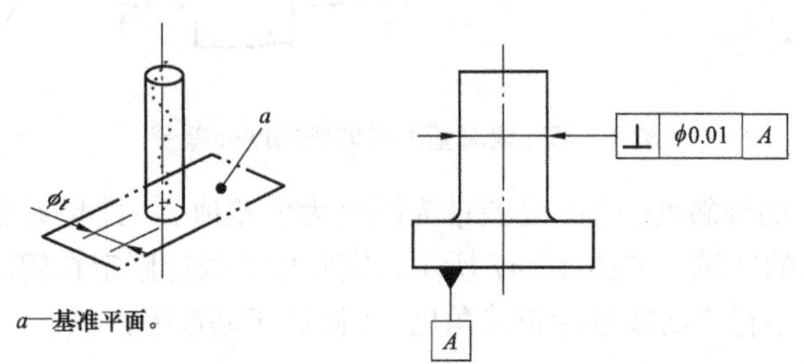

图 4-43 线对基准面的垂直度公差带

(4) 面对基准线的垂直度公差。公差带为间距离等于公差值 t，且垂直于基准轴线的两平行平面之间的区域。如图 4-44 所示，实际表面应限定在间距等于 0.08mm、垂直于基准轴线 A 的两平行平面之间。

(5) 面对基准面的垂直度公差。公差带为间距离等于公差值 t，且垂直于基准平面的两平行平面之间的区域。如图 4-45 所示，实际表面应限定在间距等于 0.08mm、垂直于基准平面 A 的两平行平面之间。

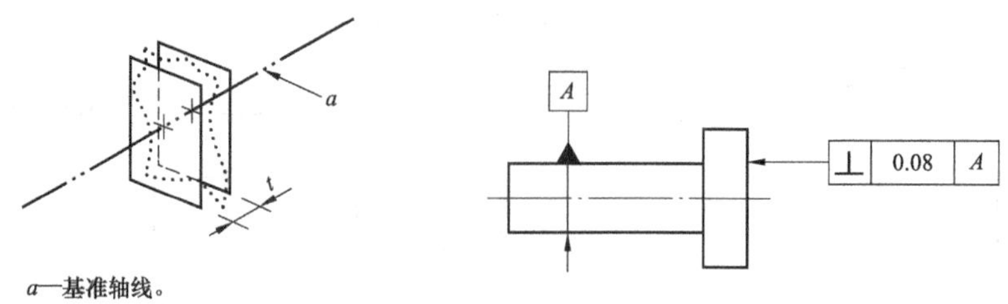

图 4-44 面对基准线的垂直度公差带

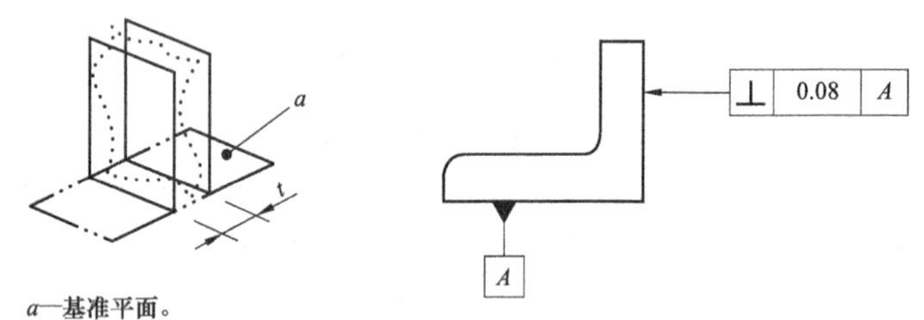

图 4-45 面对基准面的垂直度公差带

3. 倾斜度公差

倾斜度公差是限制被测实际要素对基准在倾斜方向上变动量的一项指标。

(1) 线对基准线的倾斜度公差。公差带为距离为公差值 t，且与基准轴线呈理论正确角度的两平行平面之间的区域。如图 4-46 所示，实际中心线应限定在间距等于 0.08mm 的两平行平面之间，该两平行平面按理论正确角度 60°倾斜于公共轴线 $A-B$。

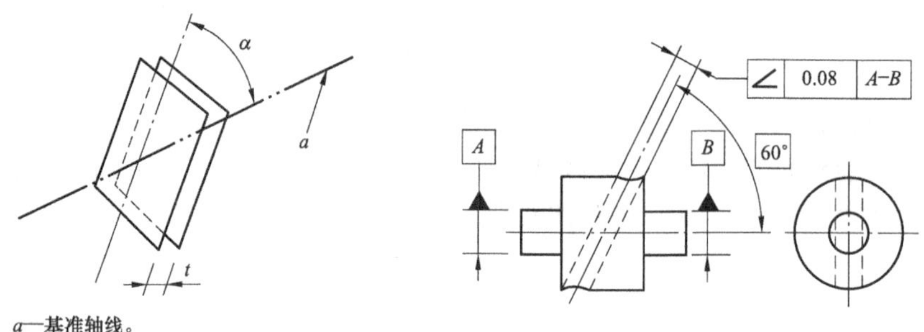

图 4-46 线对基准线的倾斜度公差带

(2) 线对基准面的倾斜度公差。公差带为距离为公差值 t，且与基准平面呈理论正确角度的两平行平面之间的区域。如图 4-47 所示，实际中心线应限定在间距等于 0.08mm 的两平行平面之间，该两平行平面按理论正确角度 60°倾斜于基准平面 A。

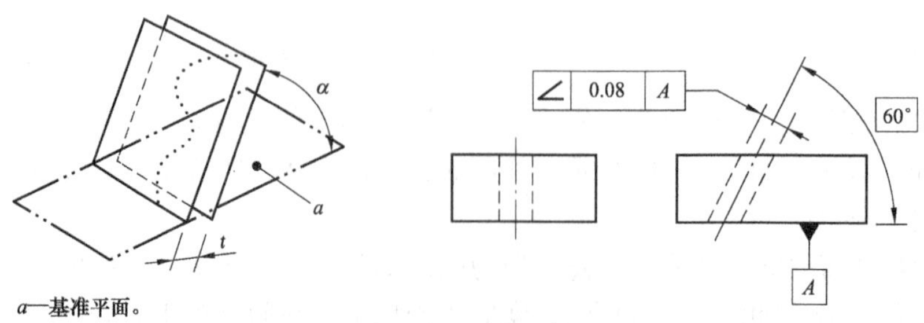

图 4-47 线对基准面在给定方向上的倾斜度公差带

公差值前加注符号 ϕ，公差带为直径等于公差值 ϕt 且的圆柱面所限定的区域，该圆柱面公差带的轴线按给定角度倾斜于基准平面 A 且平行于基准平面 B。如图 4-48 所示，中心轴线应限定在直径等于 ϕ0.1mm 的圆柱面内，该圆柱面的中心线按理论正确角度 60°倾斜于基准平面 A 且平行于基准平面 B。

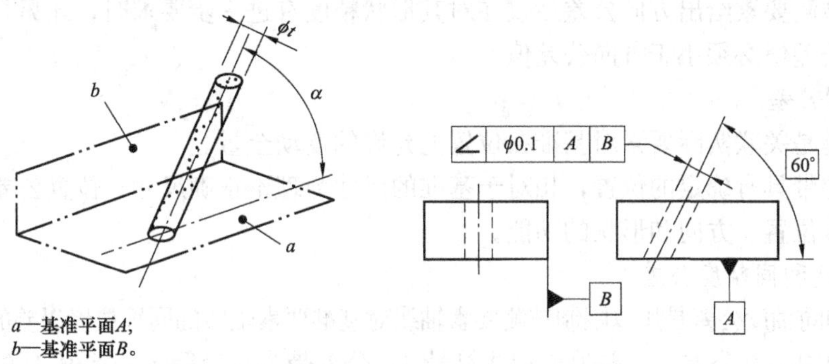

图 4-48 线对基准面在任意方向上的倾斜度公差带

(3) 面对基准线的倾斜度公差。公差带为距离为公差值 t，且与基准轴线呈理论正确角度的两平行平面之间的区域。如图 4-49 所示，实际表面应限定在间距等于 0.1mm 的两平行平面之间，该两平行平面按理论正确角度 75°倾斜于基准轴线 A。

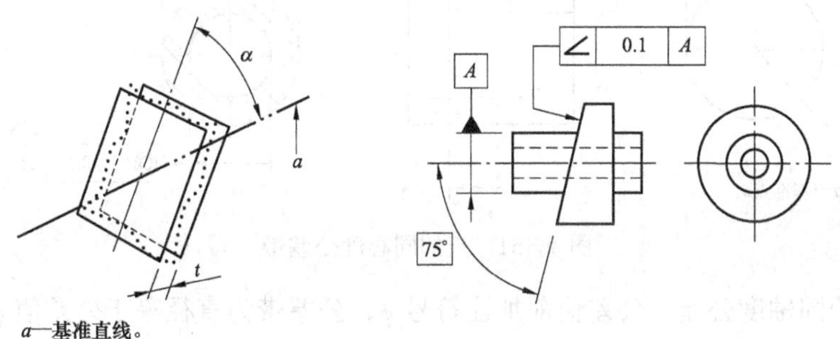

图 4-49 面对基准线的倾斜度公差带

(4) 面对基准面的倾斜度公差。公差带为距离为公差值 t，且与基准平面呈理论正确角度的两平行平面之间的区域。如图 4-50 所示，实际中心线应限定在间距等于 0.08mm 的两平行平面之间，该两平行平面按理论正确角度 40°倾斜于基准平面 A。

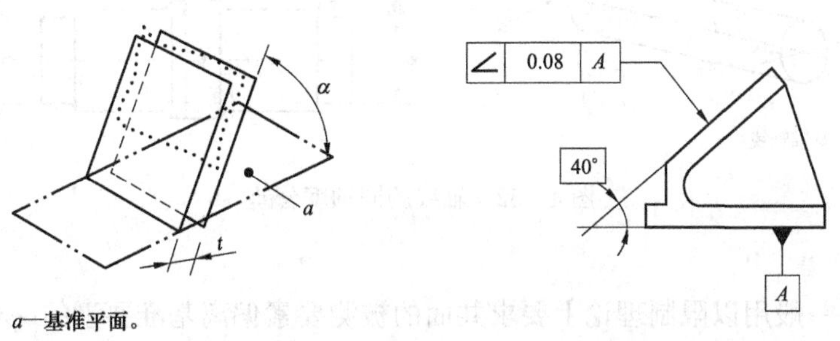

图 4-50 面对基准面的倾斜度公差带

方向公差具有以下特点：

(1) 方向公差带相对基准有确定的方向，而其位置往往是浮动的。

(2) 方向公差带具有综合控制被测要素的方向和形状的功能。如平面的平行度公差，可以控制该平面的平面度和直线度误差；轴线的垂直度公差可以控制该轴线的直线度误差。所以，对某一被测要素给出方向公差后仅在对其形状精度有进一步要求时，才另行给出形状公差，即形状公差值必须小于方向公差值。

五、位置公差

位置公差是关联实际要素对基准在位置上允许的变动全量。

位置公差带具有确定的位置，相对于基准的尺寸为理论正确尺寸；位置公差带具有综合控制被测要素位置、方向和形状的功能。

1. 同心度和同轴度公差

同心度和同轴度公差是用以限制被测要素轴线对基准要素轴线的同轴位置误差的一项指标。

(1) 点的同心度公差。公差值前加注符号 ϕ，公差带为直径等于公差值 ϕt 的圆周所限定的区域，该圆周的圆心与基准点重合。如图 4-51 所示，在任意横截面内内圆的实际中心应限定在直径等于 ϕ0.1mm，以基准点 A 为圆心的圆周内。

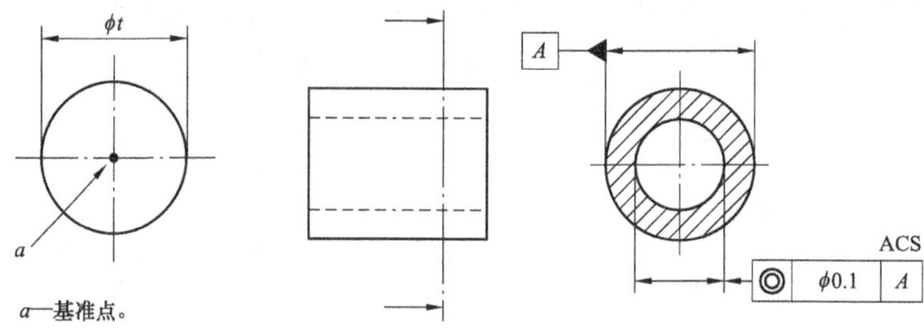

图 4-51 点的同心度公差带

(2) 轴线的同轴度公差。公差值前加注符号 ϕ，公差带为直径等于公差值 ϕt 的圆柱面内的区域，该圆柱面的轴线与基准轴线重合。如图 4-52 所示，大圆柱面分孔轴线应限定在直径等于公差值 ϕ0.08mm，且与公共基准轴线 $A-B$ 为轴线的圆柱面内。

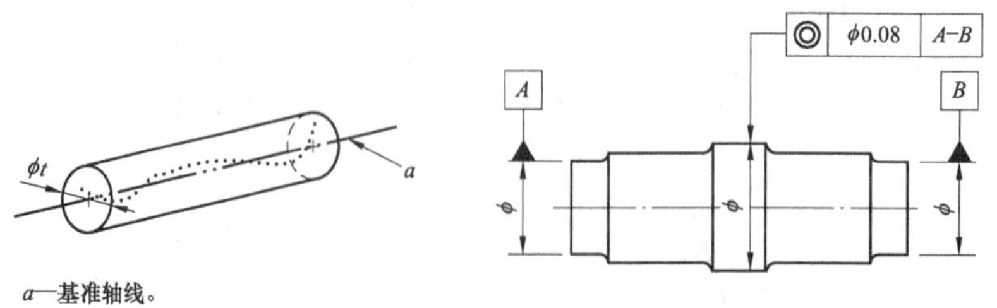

图 4-52 轴线的同轴度公差

2. 对称度公差

对称度公差一般用以限制理论上要求共面的被测要素偏离基准要素的一项指标，用于控制被测要素中心平面（或轴线）对基准中心平面（或轴线）的共面（或共线）性误差。

中心平面的对称度公差的公差带为间距等于公差值 t 且相对于基准中心平面对称配置的

两平行平面之间的区域。如图 4-53 所示，实际中心面应限定在间距等于 0.08mm 且相对基准的中心平面对称配置的两平行平面之间的区域。

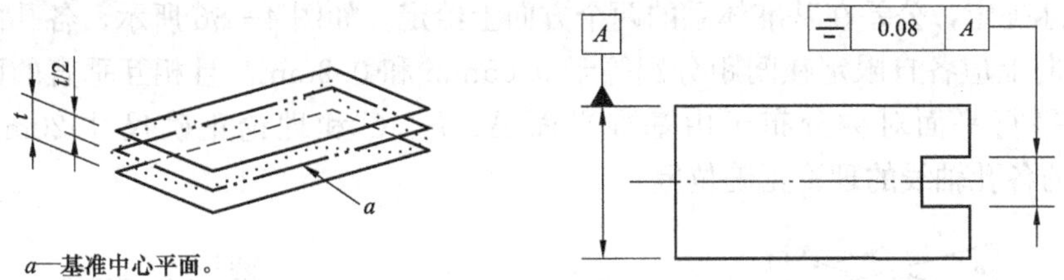

图 4-53 对称度公差带

3. 位置度公差

位置度公差是用以限制被测点、线、面的实际位置对其理想位置变动量的一项指标。用于控制被测要素（点、线、面）对基准的位置误差。

(1) 点的位置度公差。公差值前加注符号 $S\phi$，公差带为直径等于公差值 $S\phi t$ 的圆球面所限定的区域，该圆球面中心的理论正确位置由基准平面 A、B、C 和理论正确尺寸确定。如图 4-54 所示，实际球心应限定在直径等于 $S\phi0.3$mm 的圆球面内，该圆球面中心的理论正确位置由基准平面 A、B、C 和理论正确尺寸 30mm、25mm 确定。

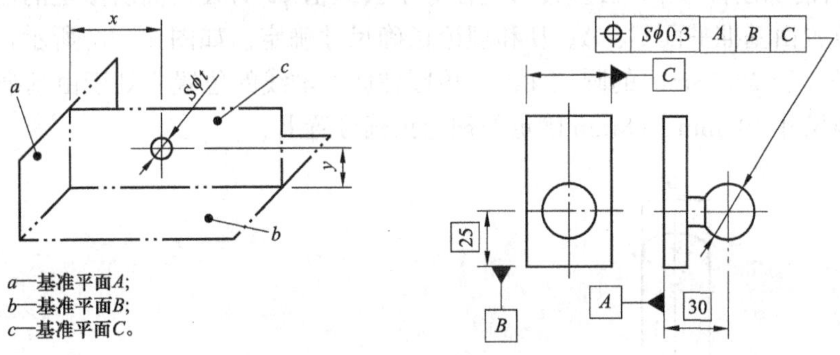

图 4-54 点的位置度公差带

(2) 线的位置度公差。

1) 给定一个方向的公差时，公差带为间距等于公差值 t，对称于线的理论正确位置的两平行平面所限定的区域，线的理论正确位置由基准平面 A、B 和理论正确尺寸确定，公差只在一个方向上给定。如图 4-55 所示，各条刻线的实际中心线应限定在间距等于 0.1mm，对称于基准平面 A、B 和理论正确尺寸 25mm、10mm 确定的理论正确位置的两平行平面之间。

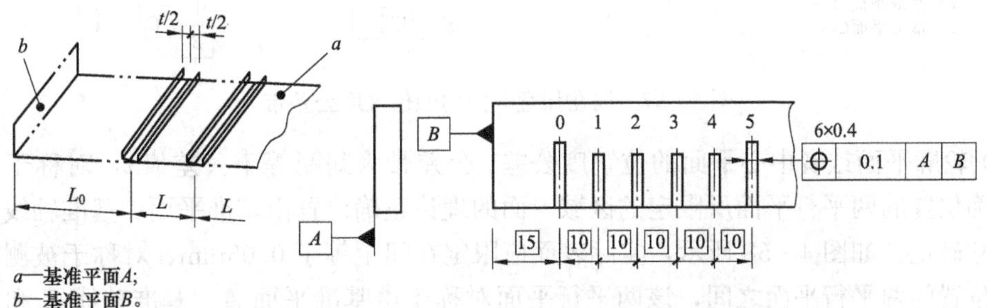

图 4-55 线在给定一个方向内的位置度公差带

2）给定两个方向的公差时，公差带为间距分别等于公差值 t_1 和 t_2、对称于线的理论正确位置的两对相互垂直的平行平面所限定的区域，线的理论正确位置由基准平面 a、b、c 和理论正确尺寸确定，公差在基准体系的两个方向上给定。如图 4－56 所示，各孔的实际中心线在给定方向上应各自限定在间距分别等于 0.05mm 和 0.2mm、且相互垂直的两对平行平面内。每对平行平面对称分布于由基准平面 A、B、C 和理论正确尺寸 20mm、15mm、30mm 确定的各孔轴线的理论正确位置。

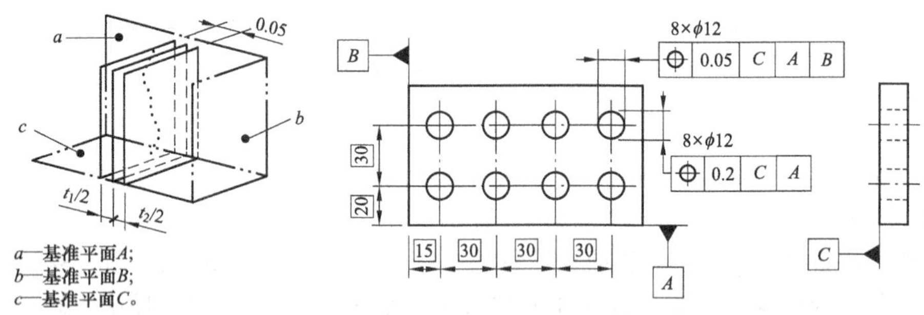

图 4－56 线在给定两个方向内的位置度公差带

3）公差值前加注符号 ϕ，公差带为直径等于公差值 ϕt 的圆柱面所限定的区域，该圆柱面的轴线的位置由基准平面 C、A、B 和理论正确尺寸确定。如图 4－57 所示，实际中心线应限定在直径等于 ϕ0.08mm 的圆柱面内，该圆柱面的轴线的位置应处于由基准平面 C、A、B 和理论正确尺寸 100mm、68mm 确定的理论正确位置上。

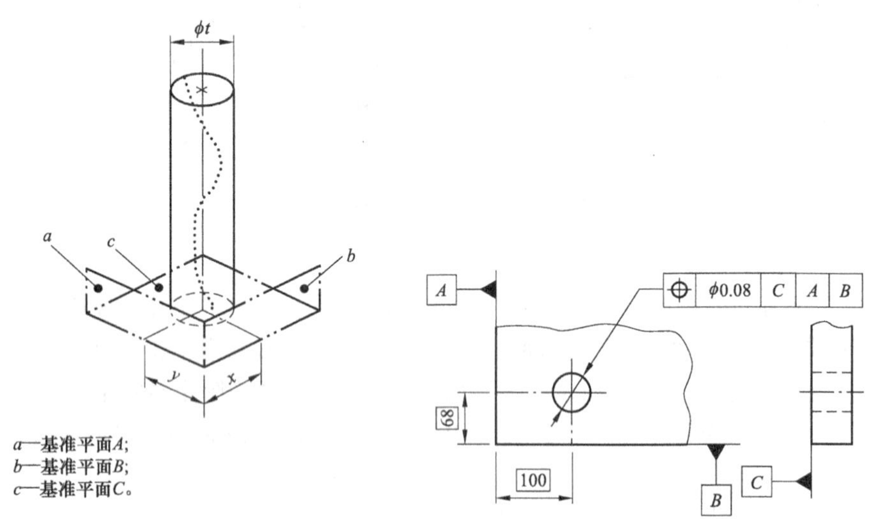

图 4－57 线在任意方向内的位置度公差带

（3）轮廓平面或者中心平面的位置度公差。公差带为间距等于公差值 t，对称于被测面理论正确位置的两平行平面所限定的区域，面的理论正确位置由基准平面、基准轴线和理论正确尺寸确定。如图 4－58 所示，实际表面应限定在间距等于 0.05mm、对称于被测面的理论正确位置的两平行平面之间，该两平行平面对称于由基准平面 A、基准轴线 B 和理论正确尺寸 15mm、105°确定的被测面理论正确位置。

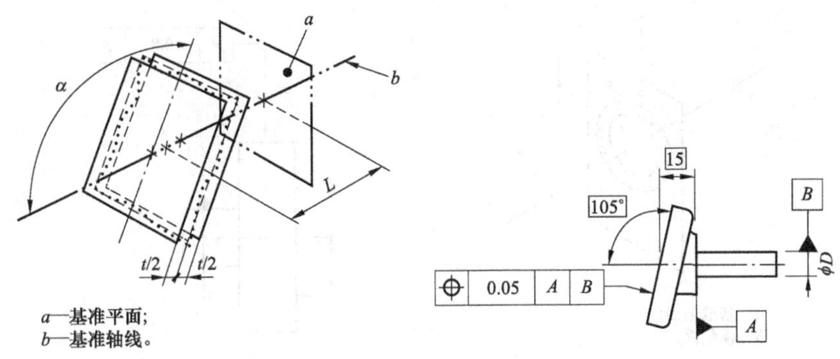

图 4-58　轮廓平面或中心平面的位置度公差带

位置公差带的特点如下：

(1) 位置公差相对于基准具有确定位置。其中，位置度公差带的位置由理论正确尺寸确定，同轴度和对称度的理论正确尺寸为零，图上可省略不注。

(2) 位置公差带具有综合控制被测要素位置、方向和形状的功能。例如，平面的位置度公差，可以控制该平面的平面度误差和相对于基准的方向误差；同轴度公差可以控制被测轴线的直线度误差和相对于基准轴线的平行度误差。所以，对某一要素给出位置公差后，仅在对其方向精度或（和）形状精度有进一步要求时，才另行给出方向公差或（和）形状公差，而方向公差值必须小于位置公差值，形状公差值必须小于定向公差值。

六、跳动公差

跳动公差是关联实际要素对基准轴线旋转一周或若干次旋转时所允许的最大跳动量。跳动公差用来控制跳动，是以特定的检测方式为依据的公差项目。根据测量区域，跳动公差分为圆跳动公差（被测要素回转一周，而指示表的位置固定）和全跳动公差（被测要素连续回转且指示表做直线移动）。根据测量方向，跳动分为径向跳动（测杆轴线与基准轴线垂直且相交）、轴向跳动（测杆轴线与基准轴线平行）和斜向跳动（测杆轴线与基准轴线倾斜某一角度且相交）。圆跳动公差又分为径向圆跳动、轴向圆跳动和斜向圆跳动；全跳动公差分为径向全跳动和端面全跳动。

跳动公差带相对于基准轴线有确定的位置，可以综合控制被测要素的位置、方向和形状。

1. 圆跳动公差

圆跳动公差是被测要素在某一固定参考点绕基准轴线旋转一周时，指示器示值所允许的最大变动量。

(1) 径向圆跳动公差。径向圆跳动公差带为在任一垂直于基准轴线的横截面内、半径差为公差值 t，且圆心在基准轴线上的两同心圆所限定的区域。如图 4-59 所示，在任一垂直于基准 A 的横截面内，实际圆应限定在半径差等于 0.1mm，圆心在基准轴线 A 上的两同心圆之间。

(2) 轴向圆跳动公差。轴向圆跳动公差带为与基准轴线同轴的任一半径的圆柱截面上，间距等于公差值 t 的两圆所限定的圆柱面区域。如图 4-60 所示，在与基准轴线 D 同轴的任一圆柱形截面上，实际圆应限定在轴向距离等于 0.1mm 的两个等圆之间。

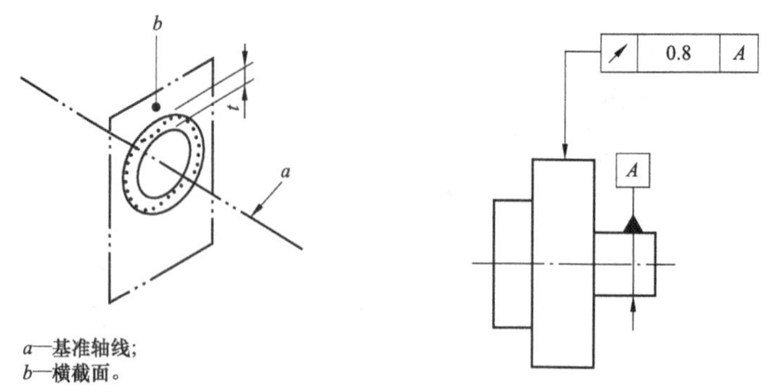

图 4-59 径向圆跳动公差带

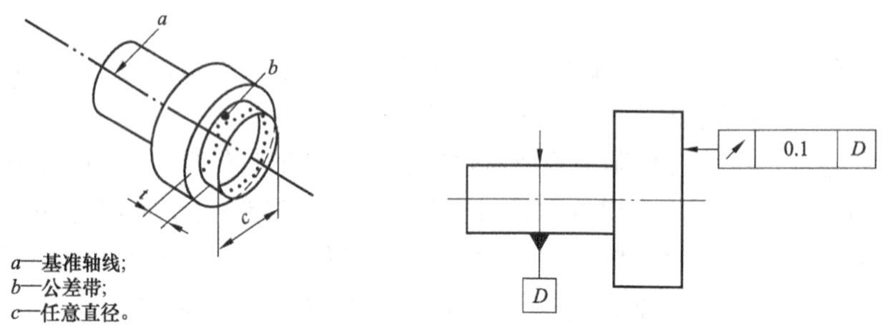

图 4-60 轴向圆跳动公差带

(3) 斜向圆跳动公差。公差带为与基准轴线同轴的某一圆锥截面上，间距等于公差值 t 的两圆所限定的圆锥面区域。如图 4-61 所示，在与基准轴线 C 同轴的任一圆锥截面上，实际线应限定在素线方向间距等于 0.1mm 的两不等圆之间。

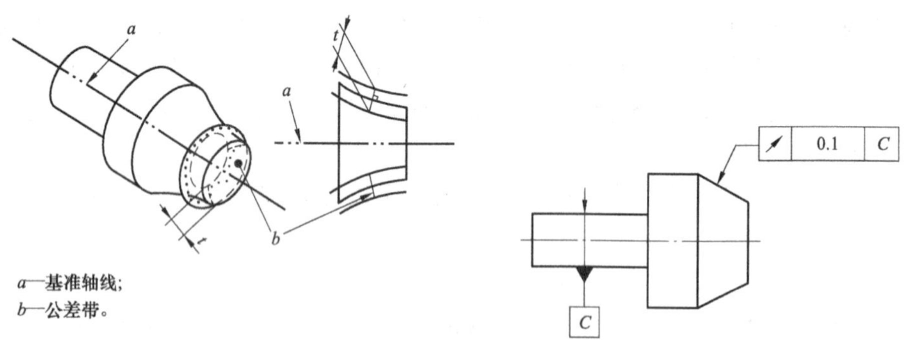

图 4-61 斜向圆跳动公差带

2. 全跳动公差

全跳动公差是被测要素绕基准轴线做若干次旋转，同时指示器做平行或垂直于基准轴线的直线移动时，在整个表面上所允许的最大变动量。

(1) 径向全跳动。径向全跳动的公差带与圆柱度公差带的形状是相同的，但前者的轴线与基准轴线同轴，后者的轴线是浮动的，随圆柱度误差形状而定。径向全跳动的公差带是半径差等于公差值 t，且与基准轴线同轴的两圆柱面之间的区域。如图 4-62 所示，实际表面应限定在半径差等于0.1mm，与公共基准轴线$A-B$同轴的两圆柱面之间。径向全跳动是被测圆柱面的圆柱度误差和同轴度误差的综合反映。

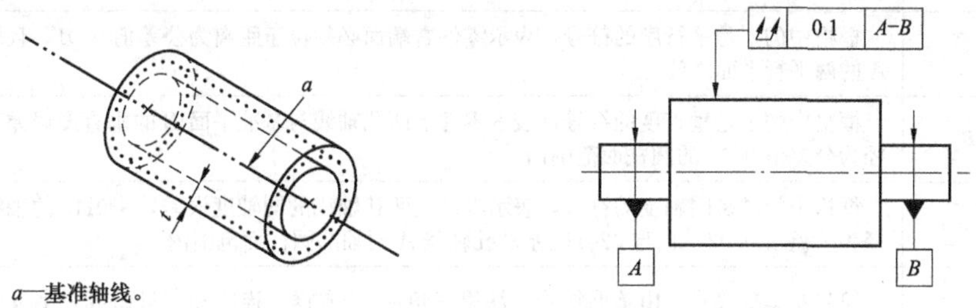

图4-62　径向全跳动公差带

(2) 轴向全跳动。轴向全跳动的公差带与端面对轴线的垂直度公差带是相同的，因此两者控制位置误差的效果也是一样的。端面全跳动的公差带是距离为公差值t，且与基准轴线垂直的两平行平面之间的区域。如图4-63所示，实际表面应限定在间距等于0.1mm，垂直于基准轴线D的两平行平面之间。

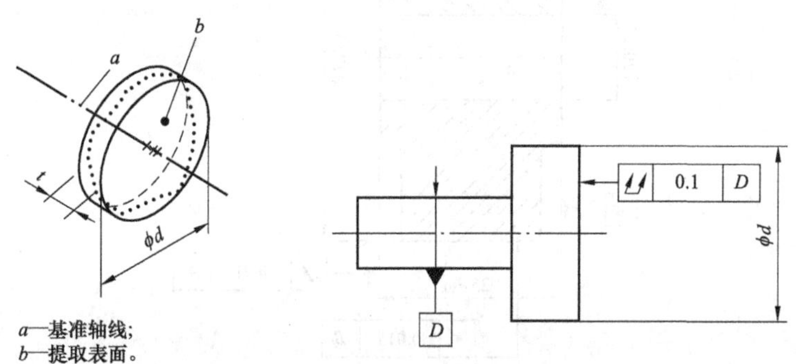

图4-63　轴向全跳动公差带

采用跳动公差时，若综合控制被测要素不能满足功能要求，则可进一步给出相应的几何公差数值，但其数值应小于相应的跳动公差值。

【例4-2】 解释图4-64中几何公差标注的含义（见表4-3）。

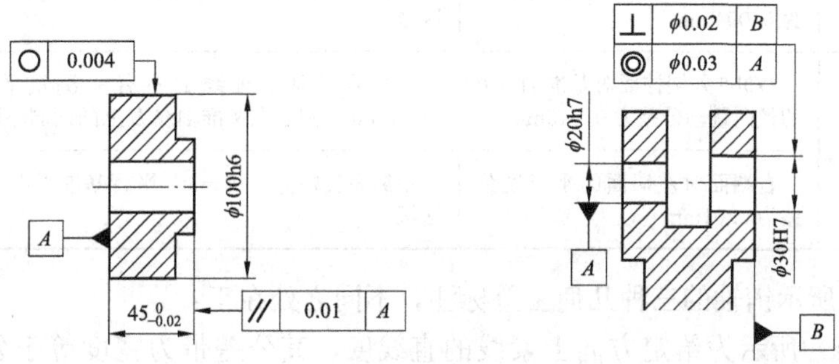

图4-64　例4-2图

表 4-3　　例 4-2 几何公差标注的含义

代号	含义
○ 0.004	框格中的○是圆度的符号，表示在垂直于轴线的任一正截面上，ϕ100 圆必须位于半径差为公差值 0.004 的两同心圆之间
// 0.01 A	框格中的//是平行度的符号，表示零件右端面必须位于距离为公差值 0.01，且平行基准平面 A 的两平行平面之间
⊥ ϕ0.03 B	框格中的⊥是垂直度的符号，表示零件上两孔轴线与基准平面 B 的垂直度误差，必须位于直径为公差值 0.03 的圆柱面范围内
◎ ϕ0.02 A	框格中的◎是同轴度的符号，表示零件上两孔轴线的同轴度误差，ϕ30H7 的轴线必须位于直径为公差值 0.02，且与 ϕ20H7 基准孔轴线 A 同轴的圆柱面范围内
A（基准符号）	符号是基准代号，由基准符号（涂黑三角形）、方框、连线和字母组成。字母的高度与图样中尺寸数字高度相同

【例 4-3】 解释图 4-65 中几何公差标注的含义（见表 4-4）。

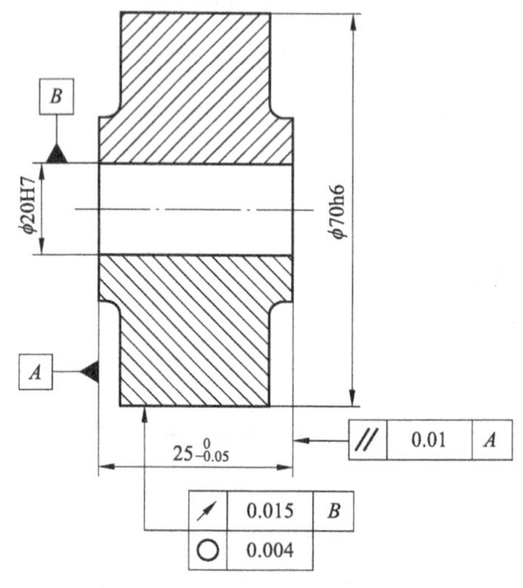

图 4-65　例 4-3 图

表 4-4　　例 4-3 几何公差含义

代号	解释代号含义	公差带形状
○ 0.004	ϕ70h6 外圆柱面的圆度公差为 0.004mm	在同一正截面上，半径差为 0.004mm 的两同心圆间的区域
↗ 0.015 B	ϕ70h6 外圆柱面对基准轴线 B 的径向跳动公差为 0.015mm	在垂直于基准轴线 B 的任一测量平面内，半径差为 0.015mm，圆心在基准轴线 B 上的两同心圆间的区域
// 0.01 A	右端面对左端面的平行度公差为 0.01mm	距离为公差值 0.01mm，平行基准平面的两平行平面间的区域

如图 4-66 所示销轴的三种几何公差标注，不同之处在于：

图 4-66（a）所示为给定方向上素线的直线度，其公差带为宽度等于公差值 0.02mm 的两平行平面间的区域。

图 4-66（b）所示为轴线在任意方向的直线度，其公差带为直径等于公差值 0.02mm 的圆柱体内的区域。

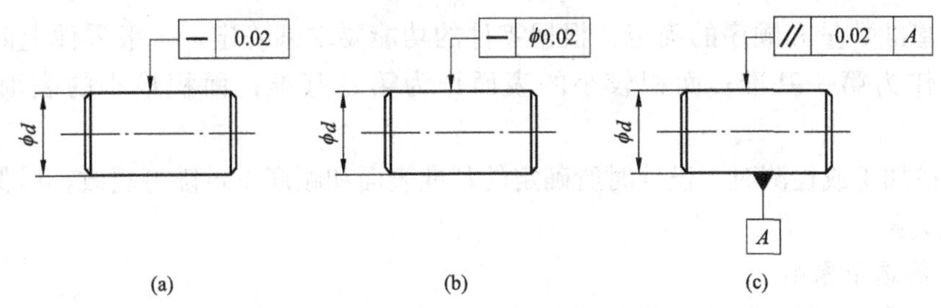

图 4－66　销轴的几何公差标注

图 4－66（c）所示为给定方向上被测素线对基准素线的平行度，其公差带为宽度等于公差值 0.02mm 且平行于基准 A 的两平行平面间的区域。

七、基准

1. 基准的分类

基准是具有正确形状的理想要素，是确定实际被测要素的方向或位置的参考对象，应具有理想形状（有时还应具有理想方向）。基准在实际运用时，则由基准实际要素来确定。由于实际要素存在几何误差，因此，由实际要素建立基准时，应以该基准实际要素的理想要素为基准，理想要素的位置应符合最小条件。

基准有基准点、基准直线（包含基准轴线）和基准平面（包含基准中心平面）等几种形式。基准点用得极少，基准直线和基准平面则得到广泛应用。按需要，被测要素的方位可以根据单一基准、公共基准或三基面体系来确定。

（1）单一基准。单一基准是指由一个基准要素建立的基准。图 4－67 所示为由一个平面要素建立基准（基准平面 A）。

（2）公共基准。公共基准是指由两个或两个以上的同类基准要素建立的一个独立的基准，又称组合基准。如图 4－68 所示的倾斜度示例中，由两个直径均为 ϕ 的圆柱面的轴线 A、B 建立公共基准轴线 $A-B$，它作为一个独立的基准使用。

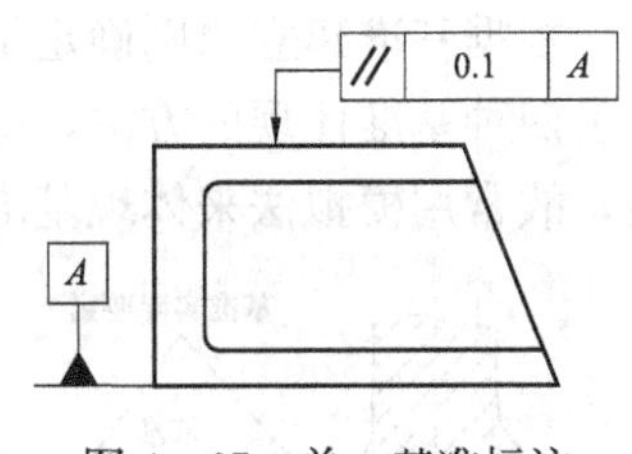

图 4－67　单一基准标注

（3）三基面体系。为了确定被测要素的空间方位，有时可能需要两个或三个基准。用 X、Y、Z 三个坐标轴组成互相垂直的三个理想平面，使这三个平面与零件上选定的基准要素建立联系，作为确定和测量零件上各几何关系的起点。这三个平面按功能要求有顺序之分，分别称为第一基准平面，第二基准平面，第三基准平面。这三个互相垂直的基准平面组成基准体系，总称为三基面体系，如图 4－69 所示。

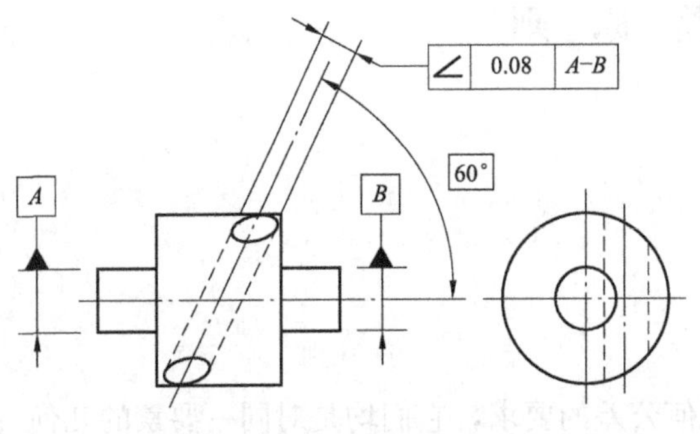

图 4－68　公共基准标注

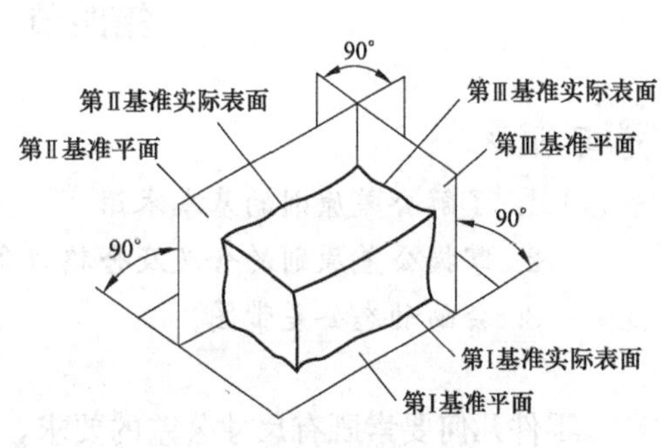

图 4－69　三基面体系

零件的基准数量和顺序的确定：根据零件的功能要求来确定，一般零件上面积大、定位稳的表面作为第一基准；面积较小的表面作为第二基准；面积最小的表面作为第三基准。

注意：在加工或检测时，设计时所确定的基准表面和顺序不可随意更改，以保证设计时提出的功能要求。

2. 基准的选用原则

选择基准时，一般应从下列几方面考虑：

(1) 根据要素的功能及对被测要素间的几何关系来选择基准。例如轴类零件，通常以两个轴承为支承运转，其运转轴线是安装轴承的两轴颈的公共轴线。因此，从功能要求和控制其他要素的位置精度来看，应选这两个轴颈的公共轴线为基准。

(2) 根据装配关系，应选择零件相互配合、相互接触的表面作为各自的基准，以保证装配要求。

(3) 从加工、检验角度考虑，应选择在夹具、检具中定位的相应要素为基准，这样能使所选基准与定位基准、检测基准、装配基准重合，以消除由于基准不重合引起的误差。

(4) 从零件的结构考虑，应选较大的表面、较长的要素（如轴线）作基准，以便定位稳固、准确。对结构复杂的零件，一般应选三个相互垂直的平面作基准，以确定被测要素在空间的方向和位置。

3. 基准的体现

根据基准建立原则确定了基准后，还需要一定的方法将基准体现出来。在检测标准中规定了四种基准体现的方法，即模拟法、分析法、直接法和目标法。由于模拟法测量简单、方便，故常用模拟法来体现基准，例如用平板工作面模拟基准平面、用心轴的轴线来体现基准轴线等，在基准实际要素与模拟基准接触时，可能形成稳定接触，也可能形成非稳定接触。如果基准实际要素与模拟基准之间自然形成符合最小条件的相对位置关系，就是稳定接触；非稳定接触可能有多种位置状态，在测量时应做调整，使基准实际要素与模拟基准之间达到符合最小条件的相对位置关系，如图 4-70 所示。

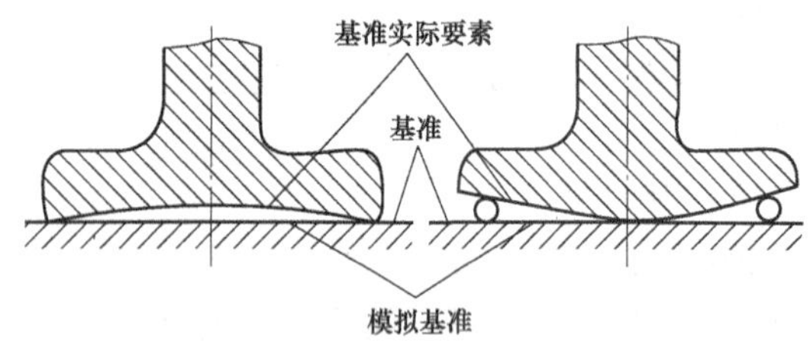

图 4-70 基准的实际要素与模拟基准的接触状态

第四节 公 差 原 则

学习目标

1. 了解公差原则的基本术语。
2. 掌握公差原则的含义及合格性条件。
3. 会画动态公差带图。

零件几何要素既有尺寸公差的要求，又有几何公差的要求，它们均是对同一要素的几何精度要求。要素的实际状态是由要素的尺寸和几何误差综合作用的结果，因此在设计和检测时需要明确几何公差与尺寸公差之间的关系。处理几何公差与尺寸公差之间的相互关系而遵循的原则称为公差原则。公差原则分为独立原则和相关要求两大类，而相关要求又分为包容要求、最大实体要求和最小实体要求。设计时，从功能要求（配合性质、装配互换及其他性能要求等）出发，合理选用不同的公差原则。

一、有关公差原则的基本术语及概念

（一）局部实际尺寸（简称实际尺寸 D_a、d_a）

在实际要素的任意正截面上，两对应点之间测得的距离，称为局部实际尺寸。如图 4－71 所示的 d_{a1}、D_{a1}均为局部实际尺寸。内表面的局部实际尺寸用 D_a表示，外表面的局部实际尺寸用 d_a表示。

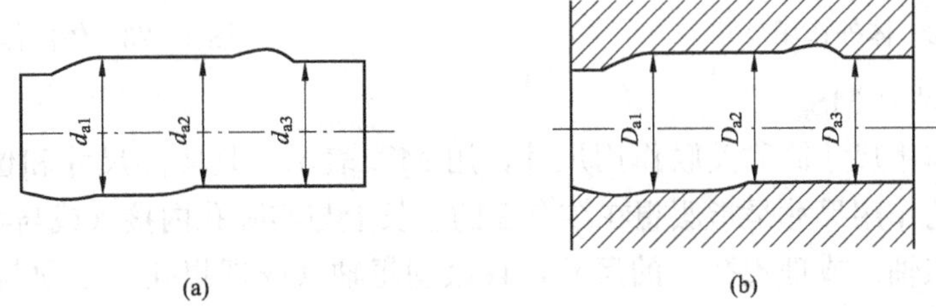

图 4－71　局部实际尺寸

（二）作用尺寸和关联作用尺寸

1. 作用尺寸 MS

单一要素的作用尺寸简称作用尺寸，用 MS 表示。作用尺寸是实际尺寸和形状误差的综合结果。

(1) 体外作用尺寸（D_{fe}、d_{fe}）。在被测要素的给定长度上，与实际内表面（孔）体外相接的最大理想面，或与实际外表面（轴）体外相接的最小理想面的直径或宽度，称为体外作用尺寸，即通常所称作用尺寸。对于单一被测要素，内表面（孔）的（单一）体外作用尺寸以 D_{fe}表示；外表面（轴）的（单一）体外作用尺寸以 d_{fe}表示，如图 4－72 所示。

可以推导出孔、轴的体外作用尺寸为

$$D_{fe} = D_a - f$$
$$d_{fe} = d_a + f$$

其中，f 为几何误差值。

(2) 体内作用尺寸（D_{fi}、d_{fi}）。在被测要素的给定长度上，与实际内表面（孔）体内相接的最小理想面，或与实际外表面（轴）体内相接的最大理想面的直径或宽度，称为体内作用尺寸。对于单一被测要素，内表面（孔）的（单一）体内作用尺寸以 D_{fi}表示，外表面（轴）的（单一）体内作用尺寸以 d_{fi}表示，如图 4－73 所示。

可以推导出孔、轴的体内作用尺寸为

$$D_{fi} = D_a + f$$
$$d_{fi} = d_a - f$$

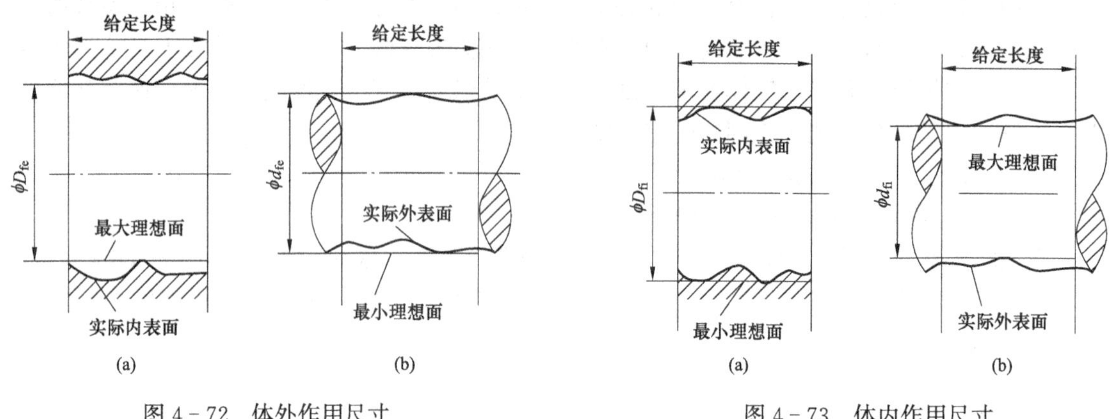

图 4－72 体外作用尺寸　　图 4－73 体内作用尺寸

2. 关联作用尺寸 MS_r

关联要素的作用尺寸简称关联作用尺寸，用 MS_r 表示，是实际尺寸和位置误差的综合结果。关联要素的作用尺寸是指假想在结合面的全长上与实际孔内接（或与实际轴外接的最大（或最小）理想轴（或理想孔）的尺寸，且该理想轴（或理想孔）必须与基准 A 保持图样上给定的几何关系，如图 4－74 所示。

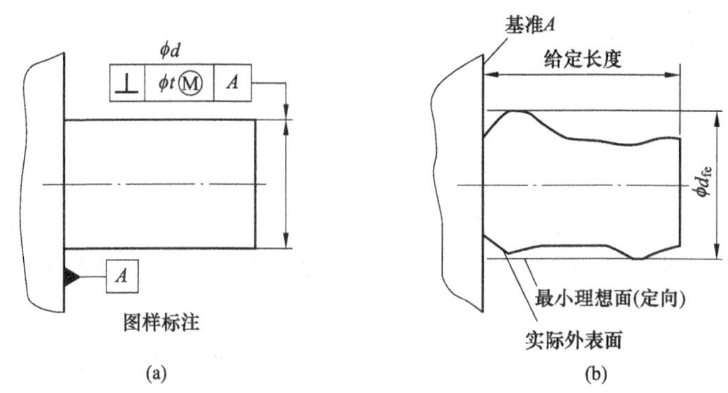

图 4－74 关联作用尺寸

（三）最大、最小实体状态和最大、最小实体实效状态

1. 最大实体状态 MMC 和最大实体尺寸 MMS

最大实体状态是指实际要素在给定长度上处处位于尺寸极限之内并具有实体最大时的状态，即含有材料量最多的状态。

最大实体尺寸是指实际要素在最大实体状态下的极限尺寸。

对于外表面为最大极限尺寸，对于内表面为最小极限尺寸，其代号分别用 d_M 和 D_M 表示，即

$$d_M = d_{max}, D_M = D_{min}$$

2. 最小实体状态 LMC 和最小作用尺寸 LMS

最小实体状态是指实际要素在给定长度上处处位于尺寸极限之内并具有实体最小时的状态，即含有材料量最小的状态。

最小实体尺寸是指实际要素在最小实体状态下的极限尺寸。

对于外表面为最小极限尺寸；对于内表面为最大极限尺寸。其代号分别用 d_L 和 D_L 表示，即

$$d_L = d_{min}, D_L = D_{max}$$

3. 最大实体实效状态 MMVC 和最大实体实效尺寸 MMVS

实际尺寸达到最大实体尺寸且几何误差达到给定几何公差值时的极限状态称为最大实体实效状态，用 MMVC 表示。

最大实体实效尺寸 MMV 是指在最大实体实效状态时的边界尺寸。

单一要素的最大实体实效尺寸是最大实体尺寸与形状公差的代数和。

对于孔：最大实体实效尺寸 $MMVS_h$＝最小极限尺寸－形状公差

对于轴：最大实体实效尺寸 $MMVS_s$＝最大极限尺寸＋形状公差

即
$$D_{MV} = D_M - t_M, d_{MV} = d_M + t_M$$

关联要素的最大实体实效尺寸是最大实体尺寸与位置公差的代数和。

对于孔：最大实体实效尺寸 $MMVS_h$＝最小极限尺寸－位置公差

对于轴：最大实体实效尺寸 $MMVS_s$＝最大极限尺寸＋位置公差

4. 最小实体实效状态 LMVC 和最小实体实效尺寸 LMVS

在给定长度上，实际尺寸要素处于最小实体状态，且其中心要素的形状或位置误差等于给出公差值时的综合极限状态，称为最小实体实效状态，用 LMVC 表示。对于给出方向公差的关联要素，称为方向最小实体实效状态；对于给出位置公差的关联要素，称为位置最小实体实效状态。

最小实体实效尺寸 LMVS 是指在最小实体实效状态下的作用尺寸。

内表面（孔）的最小实体实效尺寸以 D_{LV} 表示，外表面（轴）的最小实体实效尺寸以 d_{LV} 表示，有

对于内表面（孔）：最小实体实效尺寸 $LMVS_h$＝最大极限尺寸＋形状公差

对于外表面（轴）：最小实体实效尺寸 $LMVS_s$＝最小极限尺寸－形状公差

即
$$D_{LV} = D_L + t_L = D_{max} + t_L$$
$$d_{LV} = d_L - t_L = d_{min} - t_L$$

（四）理想边界

设计时，为了控制被测要素的实际尺寸和几何误差的综合结果，需要对该综合结果规定允许的极限，这极限用理想边界的形式来表现。理想边界是设计时给定的具有理想形状的极限圆柱面或两平行平面。单一要素的实效边界没有方向或位置的约束；关联要素的实效边界应与图样上给定的基准保持正确几何关系。对于被测内表面（孔）来说，它的边界相当于一个具有理想形状的外表面（轴）；对于被测外表面（轴）来说，它的边界相当于一个具有理想形状的内表面（孔）。

根据设计要求，可以给出三种不同的边界，即最大实体边界、最小实体边界和实效边界。当要求被测要素遵守某种理想边界时，该被测要素的实际轮廓不得超出这理想边界，作用尺寸或关联作用尺寸不得超出这理想边界的边界尺寸。

(1) 最大实体边界（MMB 边界）。尺寸为最大实体尺寸的边界称为最大实体边界。显然，边界的尺寸为最大实体尺寸。

(2) 最小实体边界（LMB）。尺寸为最小实体尺寸的边界称为最小实体边界。显然，边

界的尺寸为最小实体尺寸。

(3) 最大、最小实体实效边界（MMVB、LMVB 边界）。当理想边界尺寸等于最大实体实效尺寸时，该理想边界称为最大实体实效边界。当理想边界尺寸等于最小实体实效尺寸时，该理想边界称为最小实体实效边界。

二、独立原则

1. 独立原则的含义及标注

独立原则是指被测要素在图样上给出的尺寸公差与几何公差各自独立，应分别满足各自要求的公差原则。

独立原则是几何公差和尺寸公差相互关系遵循的基本公差原则。

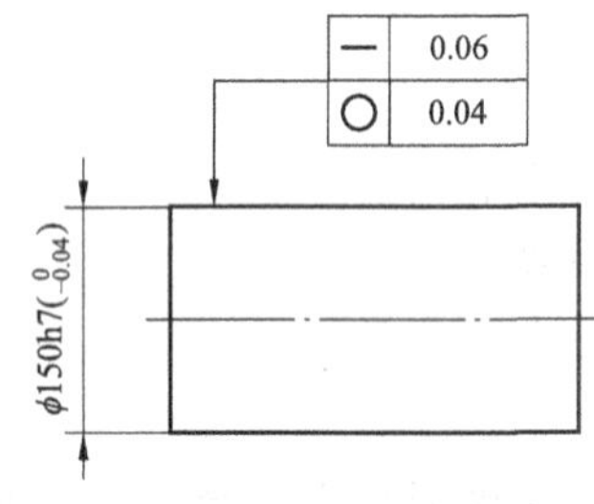

图 4－75 液压缸的内孔

独立原则一般用于非配合零件或对形状和位置要求严格而对尺寸精度要求相对较低的场合。例如，液压传动中常用的液压缸的内孔，为防止泄漏，对液压缸内孔的形状精度（圆柱度、轴线直线度）提出了较严格的要求，而对其尺寸精度则要求不高，故尺寸公差与几何公差按独立原则给出，如图 4－75 所示。

被测要素采用独立原则时，其实际尺寸用两点法测量，其几何误差的数值用通用量具测量。

2. 采用独立原则时尺寸公差和几何公差的职能

(1) 尺寸公差的职能。尺寸公差仅控制被测要素的实际尺寸的变动量（把实际尺寸控制在给定的极限尺寸的范围内），不控制该要素本身的形状误差。

(2) 几何公差的职能。几何公差控制实际被测要素对其理想形状、方向或位置的变动量，而与该要素的实际尺寸无关。因此，无论要素的实际尺寸大小如何，该要素的实际轮廓应不超出给出的几何公差带的区域，几何误差值不得大于给出的几何公差值。

图 4－71 所示为按独立原则注出尺寸公差、圆度公差和直线度公差的示例。零件加工后，实际尺寸必须在 49.96～50mm 范围内；任意一个横截面的圆度误差不得大于 0.04mm，任意一个素线的直线度误差不得大于 0.06mm。圆度与直线度误差的允许值与零件实际尺寸的大小无关，并且实际尺寸和圆度误差、素线直线度误差皆合格，该零件才合格；只要有一项不合格，则该零件就不合格。

3. 独立原则的主要应用范围

(1) 对于尺寸公差与几何公差需要分别满足要求，两者不发生联系的要素，不论两者数值的大小，均采用独立原则。

如图 4－76 所示的印刷机滚筒部分，其精度的重要要求是控制其圆柱度误差，以保证印刷时它与纸面接触均匀，使印刷的图文清晰，而滚筒尺寸 d 的变动量对印刷质量则没有影响。在这种情况下，应该采用独立原则，规定严格的圆柱度公差 t 和较大的尺寸公差，以获得最佳的技术经济效益。如果通过严格控制滚筒尺寸 d 的变动量来保证圆柱度要求，就需要规定严格的尺寸公差（把圆柱度误差控制在尺寸公差范围内），因而增加尺寸加工的难度，这显然是不经济的。

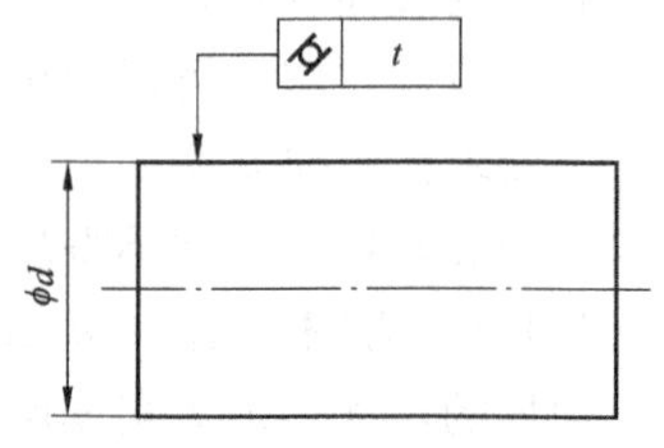

图 4－76 印刷机滚筒

(2) 对于除配合要求外，还有极高几何精度要求的因素，应采用独立原则。限于篇幅，不再具体举例说明。

(3) 对于未注尺寸公差的要素，由于它们仅为了满足从装配方便、减轻质量等方面提出的要求，而没有配合性质等特殊要求，因此它们的尺寸公差与几何公差应遵守独立原则，不需要它们的尺寸公差与几何公差相互有关。通常，这样的几何公差是不标注的（即后面章节所述的未注几何公差）。

独立原则可以应用于各种功能要求，但公差值是固定不变的。对于允许几何公差与尺寸公差相关的要素，采用独立原则就不经济。这种要素的几何公差与尺寸公差的关系可以采用相关原则。

三、相关要求

相关要求是指图样上给定的几何公差与尺寸公差相互有关的公差原则。根据要素实际状态所应遵守的边界不同，相关要求分为包容要求、最大实体要求（包括可逆要求应用于最大实体要求）和最小实体要求（包括可逆要求应用于最小实体要求）。

（一）包容要求（ER）

1. 包容要求的含义及在图样上的标注方法

包容要求是指被测实际要素处处位于具有理想形状的包容面内的一种公差要求，该理想形状的尺寸为最大实体尺寸。即当被测要素的局部实际尺寸处处加工到最大实体尺寸时，几何误差为零，具有理想形状。

在图样上，单一要素的极限偏差或公差带代号之后注有符号Ⓔ时，则表示该单一要素采用包容要求，如图 4-77 所示。

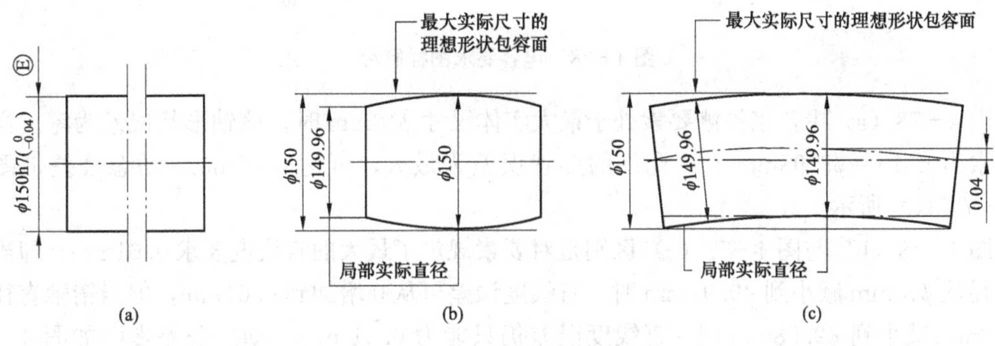

图 4-77　包容要求实例

包容要求是指当实际尺寸处处为最大实体尺寸（如图 4-77 中的 ϕ150mm）时，其几何公差为零；当实际尺寸偏离最大实体尺寸时，允许的几何误差可以相应增加，增加量为实际尺寸与最大实体尺寸之差（绝对值），其最大增加量等于尺寸公差，这表明，尺寸公差可以转化为几何公差。

应用包容要求时，被测要素的实际状态必须遵守边界，图样上只给出尺寸公差，但这种公差具有双重职能，即综合控制被测要素的实际尺寸变动量和形状误差的职能。当被测实际要素偏离最大实体状态 MMC 时，才允许有几何误差存在，其允许值（即补偿值）等于实际要素偏离最大实体状态的偏移量。当实际要素处于最小实体状态时，允许的几何误差值最大，其允许值为尺寸公差值（即最大补偿值）。

2. 包容要求的特点

(1) 要素的作用尺寸不得超越最大实体尺寸 MMS。

(2) 实际尺寸不得超越最小实体尺寸 LMS。即

对于外表面 $d_{fe} \leqslant d_M(d_{max})$ 且 $d_a \geqslant d_L(d_{min})$ $\phi 10_{-0.02}^{\ 0}$Ⓔ

对于内表面 $D_{fe} \geqslant D_M(D_{min})$ 且 $D_a \leqslant D_L(D_{max})$

3. 按包容要求标注的图样解释

包容要求用于单一要素时，在图样上于极限偏差后或公差带代号后必须加注符号Ⓔ，被测要素必须遵守 MMC 边界，如图 4－78 所示。

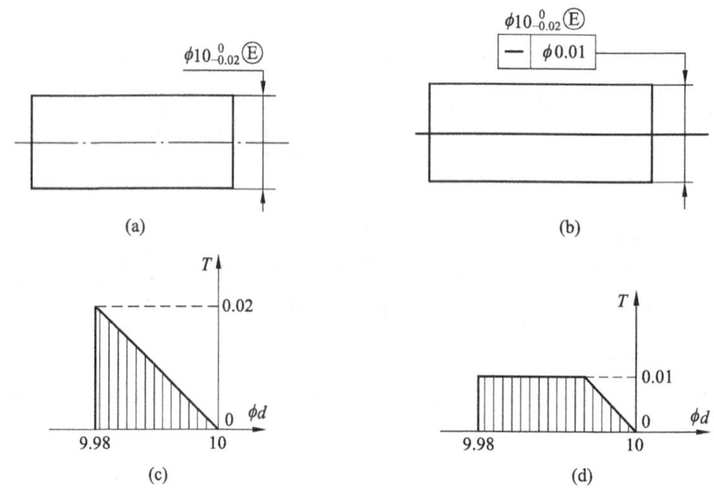

图 4－78 包容要求图样解释

图 4－78 (a) 中，当被测要素处于最大实体尺寸 ϕ10mm 时，该轴形状误差为零。当被测要素为 LMS＝ϕ9.98mm 时，允许的形状误差为最大，可达 0.02mm。动态公差带图如图 4－74 (c) 所示。

图 4－78 (b) 与图 4－78 (a) 区别是对要素规定了最大的直线度要求 0.01mm。即当销轴直径从 ϕ10mm 减小到 ϕ9.99mm 时，直线度误差可从 0 增加到 0.01mm，但当销轴直径从 ϕ9.99mm 减小到 ϕ9.98mm 时，直线度误差仍只能为 0.01 mm。动态公差带图如图 4－74 (d) 所示。

4. 包容要求的应用

包容要求要求实际要素处处位于具有理想形状的最大实体边界内，所以采用包容要求即可以控制实际要素的作用尺寸不超出最大实体边界，又可以利用尺寸公差控制要素的形状误差，提高零件的精度。

(1) 包容要求适用于圆柱面和由两平行平面组成的单一要素。

(2) 单一要素应用包容要求可以保证配合性质，特别是配合公差较小的精密配合要求，用最大实体边界综合控制实际尺寸和形状误差来保证所需要的最小间隙或最大过盈。

(3) 两平行平面应用包容要求，除用于保证配合性质外，还用于只需要保证装配互换性的场合。

（二）最大实体要求（MMR）

1. 最大实体要求的含义和特点

最大实体要求是控制被测要素的实际轮廓处于其最大实体实效边界之内的一种公差要求，是被测要素或基准要素偏离最大实体状态，而其形状、方向、位置、跳动公差获得补偿的一种公差原则，要求被测要素的作用尺寸或关联作用尺寸不得超越实效尺寸，实际尺寸不得超越极限尺寸。

最大实体要求应用于被测要素时，被测要素的实际轮廓应遵守其最大实体实效边界，即在给定长度上处处不得超出最大实体实效边界。也就是说，其体外作用尺寸不得超出最大实体实效尺寸，而且其局部实际尺寸不得超出最大和最小实体尺寸，即

对于内表面（孔）　$D_{fe} \geqslant D_{MV}$ 且 $D_M = D_{min} \leqslant D_a \leqslant D_L = D_{max}$

对于外表面（轴）　$d_{fe} \leqslant d_{MV}$ 且 $d_m = d_{max} \geqslant d_a \geqslant d_L = d_{min}$

2. 最大实体要求在图样上的标注方法及解释

在图样上，被测要素的公差框格中几何公差值后加注符号 M，则表示该要素应用最大实体要求，如图 4－79（a）所示。

（1）最大实体要求用于被测要素时，被测要素的几何公差值是在该要素处于最大实体状态时给定的。当被测要素的实际轮廓偏离其最大实体状态，即实际尺寸偏离最大实体尺寸时，允许的几何误差值可以增加，增加多少取决于被测要素偏离最大实体状态的程度。形状公差值的最大值为图样上给定的形状公差值＋尺寸公差值。

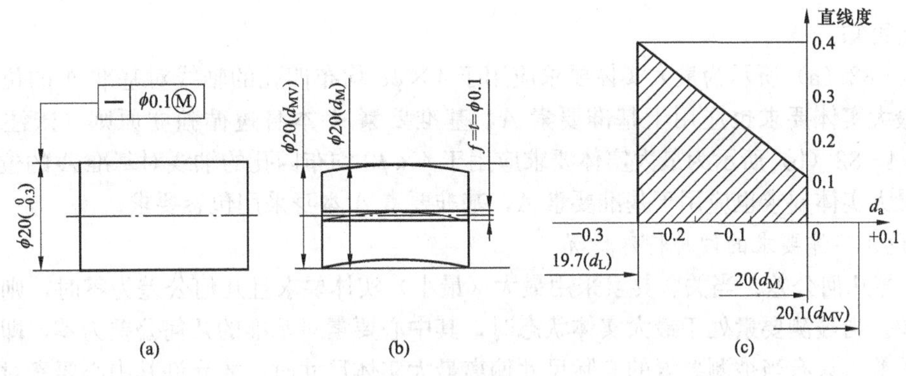

图 4－79　最大实体要求图样解释

如图 4－79（b）所示，随实际尺寸减小，允许的直线度误差相应增大，若尺寸为 ϕ19.8mm 则允许的直线度误差为 0.1mm＋0.2mm＝0.3mm；当实际尺寸为最小实体尺寸 ϕ19.7mm 时，允许的直线度误差为最大，其动态公差带图如图 4－79（c）所示。

（2）最大实体要求用于基准要素。当最大实体要求用于基准要素，而基准要素遵守包容要求时，则被测要素的位置公差是在该要素和基准要素皆处于最大实体状态时给定的。

其标注如下：公差框格中基准字母的后面标有符号Ⓜ，基准要素的尺寸公差值或公差带代号后标有Ⓜ，如图 4－80 所示。

图 4－80　最大实体要求用于基准要素实例

【例 4-4】 如图 4-81 所示，轴线同轴度公差采用最大实体要求。

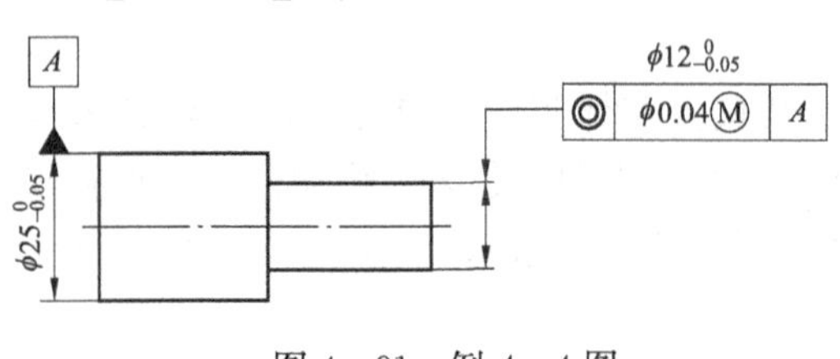

图 4-81 例 4-4 图

分析：

如图所示，被测轴应满足下列要求：

实际尺寸在 $\phi11.95$mm～$\phi12$mm 之内；

实际轮廓不得超出关联最大实体实效边界，即关联体外作用尺寸不大于关联最大实体实效尺寸 $d_{MMVS}=d_{MMS}+t=12+0.04=12.04$（mm）。

当被测轴处在最小实体状态时，其轴线对 A 基准轴线的同轴度误差允许达到最大值，即等于图样给出的同轴度公差（$\phi0.04$）与轴的尺寸公差（$\phi0.05$）之和（$\phi0.09$）。

【例 4-5】 如图 4-82 所示，最大实体要求同时应用于被测要素和基准要素。

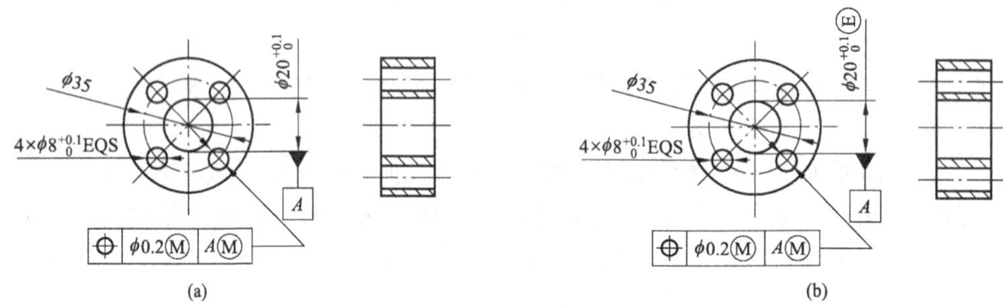

图 4-82 例 4-5 图

分析可知：

图 4-82（a）所示为最大实体要求应用于 $4\times\phi8$ 均布四孔的轴线对基准 A 的位置度公差，且最大实体要求也应用于基准要素 A，基准要素 A 本身遵循独立原则（未注几何公差）。图 4-82（b）所示为最大实体要求应用于 $4\times\phi8$ 均布四孔的轴线对基准 A 的位置度公差，且最大实体要求也应用于基准要素 A，基准要素 A 本身采用包容要求。

3. 最大实体要求的两种特殊情况

（1）零几何公差。当关联要素采用最大（最小）实体要求且几何公差为零时，则称为零几何公差。当被测要素处于最大实体状态时，其中心要素对基准的几何公差为零，即不允许有几何误差。只有当被测要素的实际尺寸偏离最大实体尺寸时，才允许其中心要素对基准有几何误差。它为最大实体要求的一种特殊情况，即其几何公差框格第二格值为零。

【例 4-6】 如图 4-83 所示，表示 $\phi50_{-0.08}^{+0.13}$mm 孔的轴线对基准平面 A 的垂直度公差采用最大实体要求的零几何公差 $\phi0$M。

分析：

如图 4-83 所示孔的轴线对 A 的垂直度公差，采用最大实体要求的零几何公差。该孔应满足下列要求：

实际尺寸在 $\phi49.92$～$\phi50.13$mm 内；

实际轮廓不超出关联最大实体边界，即其关联体外作用尺寸不小于最大实体尺寸 $D=49.92$mm。

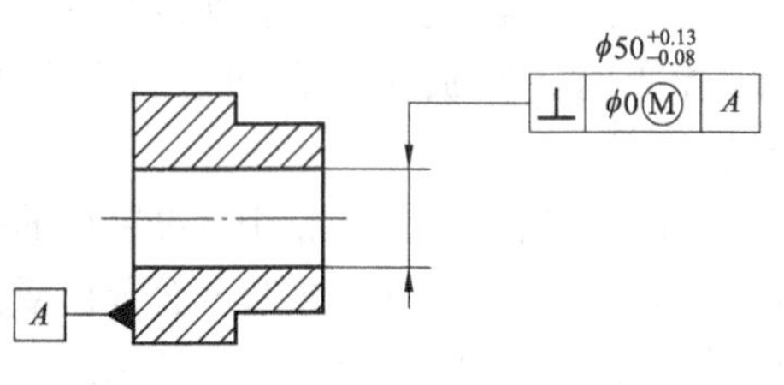

图 4-83 例 4-6 图

当该孔处在最大实体状态时，其轴应与基准 A

垂直；当该孔尺寸偏离最大实体尺寸时，垂直度公差可获得补偿。当孔处于最小实体尺寸时，垂直度公差可获得最大补偿值0.21mm。

(2) 可逆要求用于最大实体要求。可逆要求（RR）是指中心要素的几何误差值小于给出的几何公差值时，允许在满足零件功能要求的前提下扩大尺寸公差的一种要求。可逆要求与最大实体要求一起应用，只应用于被测要素，而不应用于基准要素。可逆要求用符号Ⓡ表示，在图样上将符号Ⓡ置于被测要素几何公差框格中几何公差数值后的符号Ⓜ后面；框格内标注ⓂⓇ表示被测要素实际尺寸可在最小实体尺寸和最大实体实效尺寸之间变动，如图4-84所示。

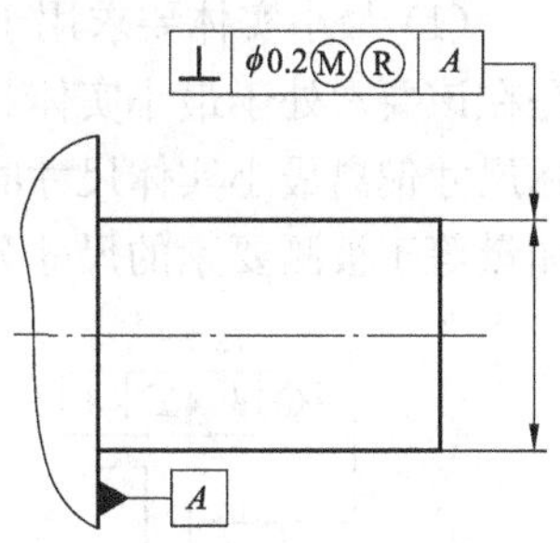

图4-84 可逆要求用于最大实体要求实例

可逆要求用于最大实体要求时，被测要素的实际轮廓应遵守其最大实体实效边界。当其实际尺寸向最小实体尺寸方向偏离最大实体尺寸时，允许其几何误差值超出在最大实体状态下给出的几何公差值，即几何公差值可以增大。当其几何误差值小于给出的几何公差值时，也允许其实际尺寸超出最大实体尺寸，即尺寸公差值可以增大的一种要求。因此，也可以称为可逆的最大实体要求。

4. 最大实体要求的应用场合

最大实体要求是从装配互换性基础上建立起来的，因此，它主要应用在要求装配互换性的场合。

(1) 最大实体要求主要用于零件精度比较低（尺寸精度、几何精度较低），配合性质要求不严，只要求能装配上的场合。

(2) 最大实体要求只有零件的中心要素（轴线、球心、圆心或中心平面）才具备应用条件；对于平面、素线等非中心要素不存在尺寸公差对几何公差的补偿问题。

(3) 凡是零件功能允许，而又适用最大实体要求的部位，都应广泛采用最大实体要求的几何公差标注，以获得最大的技术经济效益。

(三) 最小实体要求（LMR）

1. 最小实体要求的含义及特点

最小实体要求是控制被测要素的实际轮廓处于其最小实体实效边界之内的一种公差要求。这是与最大实体要求相对应的另一种相关要求。它既可以应用于被测要素，也可以应用于基准中心要素。

最小实体要求应用于被测要素时，被测要素的实际轮廓应遵守其最小实体实效边界，即在给定长度上处处不得超出最小实体实效边界。也就是说，其体内作用尺寸不得超出最小实体实效尺寸。而且，其局部实际尺寸不得超出最大和最小实体尺寸。

对于内表面（孔）：$D_{fi} \leqslant D_{LV}$ 且 $D_M = D_{min} \leqslant D_a \leqslant D_L = D_{max}$

对于外表面（轴）：$d_{fi} \geqslant d_{Lv}$ 且 $d_m = d_{max} \geqslant d_a \geqslant d_L = d_{min}$

2. 最小实体要求在图样上的标注及解释

图样上几何公差框格内公差值后面标注符号Ⓛ时，表示最小实体要求用于被测要素。最小实体要求应用于被测要素时，应在被测要素几何公差框格中的公差值后标注符号Ⓛ；最小实体要求应用于基准中心要素时，应在被测要素的几何公差框格内相应的基准字母代号后标注符号Ⓛ，如图4-85所示。

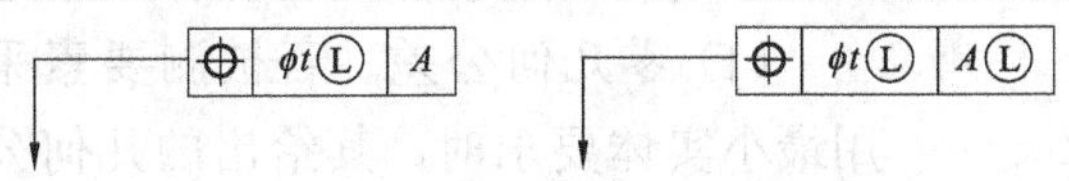

图4-85 最小实体要求标注实例

(1) 最小实体要求用于被测要素。最小实体要求用于被测要素时，被测要素的几何公差是在该要素处于最小实体状态时给定的。当被测要素的实际轮廓偏离其最小实体状态，即实际尺寸偏离最小实体尺寸时，允许的几何误差值可以增大，偏离多少就增加多少，其最大增加量等于被测要素的尺寸公差值，从而实现尺寸公差向几何公差转化，如图 4 - 86 所示。

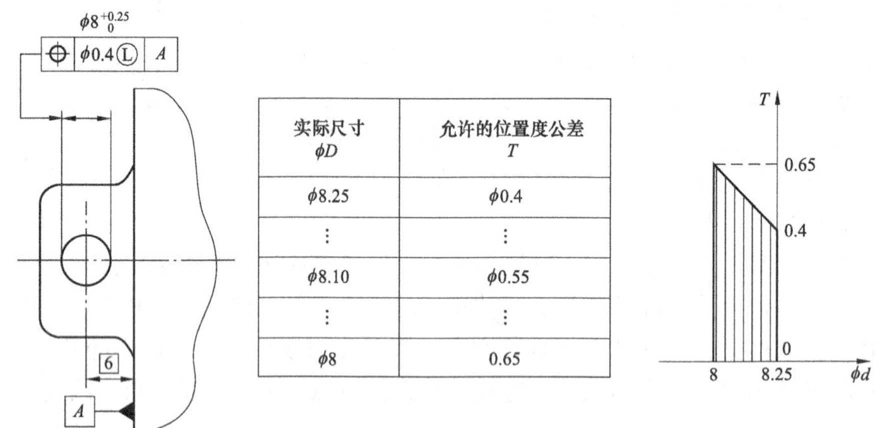

实际尺寸 ϕD	允许的位置度公差 T
ϕ8.25	ϕ0.4
⋮	⋮
ϕ8.10	ϕ0.55
⋮	⋮
ϕ8	0.65

图 4 - 86　最小实体要求图样解释

(2) 最小实体要求用于基准要素。图样上在公差框格内基准字母后面标注Ⓛ时，表示最小实体要求用于基准要素，如图 4 - 87、图 4 - 88 所示。此时，基准应遵守相应的边界，若基准要素的实际轮廓偏离相应的边界，即体内作用尺寸偏离相应的边界尺寸，则允许基准要素在一定范围内浮动，浮动范围等于基准要素的体内作用尺寸与相应边界尺寸之差。

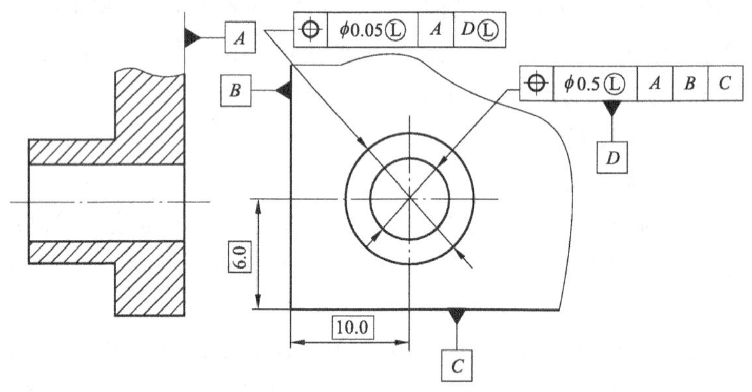

图 4 - 87　最小实体要求用于基准要素实例

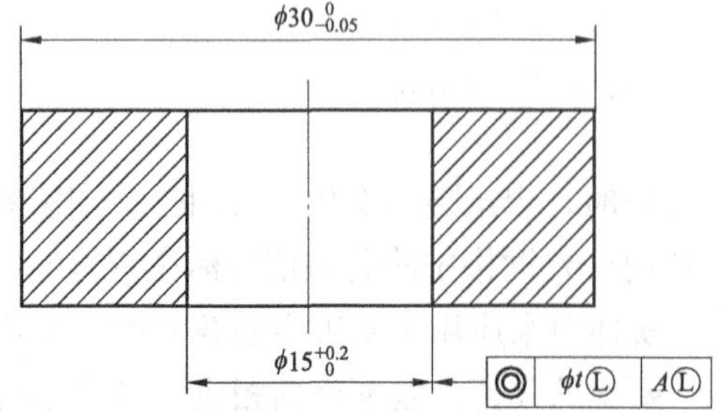

图 4 - 88　最小实体要求同时用于被测要素和基准要素实例

基准要素本身采用最小实体要求时，其相应的边界为最小实效边界；基准要素本身不采用最小实体要求时，其相应的边界为最小实体边界。

3. 最小实体要求的两种特殊情况

(1) 零几何公差。若被测要素采用最小实体要求时，其给出的几何公差值为零，则称为最小实体要求的零几何公差，并以 ϕ0L 表示，如图 4－89 所示。

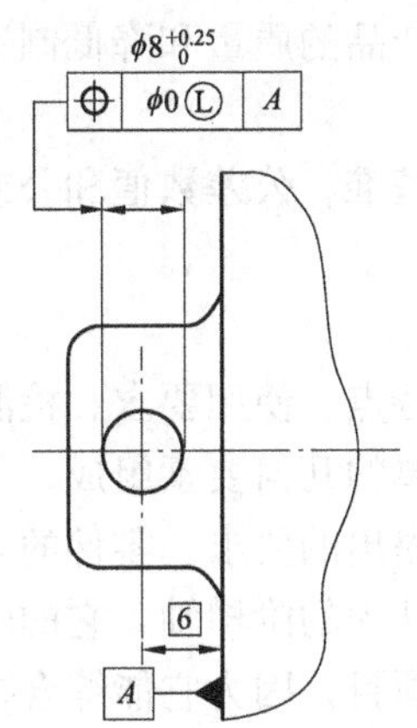

实际尺寸 ϕD	允许的位置度公差 T
ϕ8.25	ϕ0
⋮	⋮
ϕ8.10	ϕ0.15
⋮	⋮
ϕ8	0.25

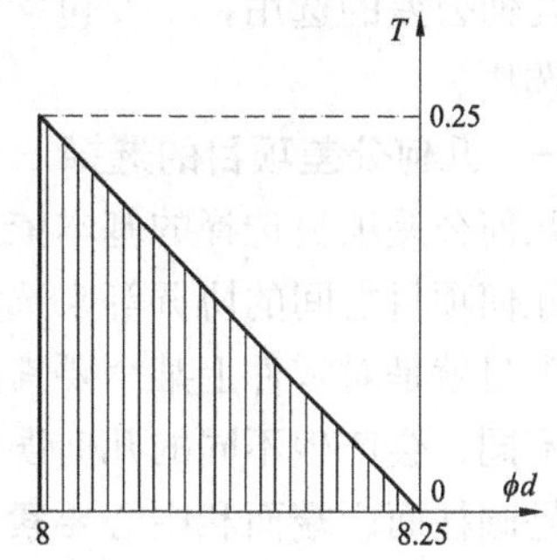

图 4－89　零几何公差实例

(2) 可逆要求用于最小实体要求。可逆要求用于最小实体要求时，被测要素的实际尺寸可在最大实体尺寸和最小实体实效尺寸之间变动，图样框格内标注Ⓛ®，如图 4－90 所示。

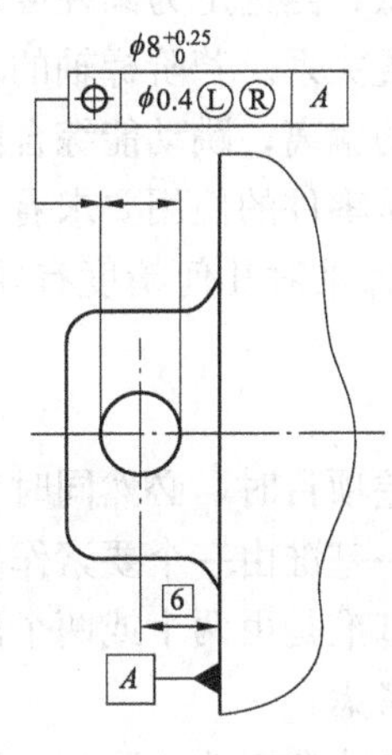

实际尺寸 ϕd	允许的位置度公差 T
ϕ8.65	ϕ0
⋮	⋮
ϕ8.45	ϕ0.2
⋮	⋮
ϕ8.25	ϕ0.4
⋮	⋮
ϕ8.1	ϕ0.55
⋮	⋮
ϕ8	ϕ0.65

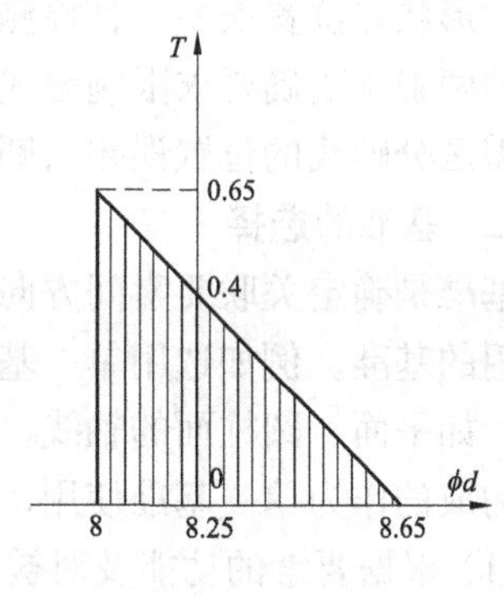

图 4－90　可逆要求用于最小实体要求实例

4. 最小实体要求的应用场合

(1) 对于只靠过盈传递扭矩的配合零件，无论在装配过程中孔、轴中心要素的几何误差发生了什么变化，也必须保证一定的过盈量，此时，应考虑孔、轴均采用最小实体要求。

(2) 最小实体要求仅用于中心要素，应用最小实体要求的目的是保证零件的最小壁厚和设计强度。

第五节　几何公差的选择

学习目标

1. 了解几何公差项目的选择原则。
2. 了解如何选择几何公差基准。

3. 掌握确定几何公差值和等级的方法。

正确地选用几何公差项目，合理地确定几何公差数值，对提高产品的质量和降低制造的成本具有十分重要的意义。

几何公差的选用，主要包含四方面的内容，即几何公差项目、基准、公差数值和公差原则的选用。

一、几何公差项目的选择

几何公差项目选择的基本依据是要素的几何特征、零件的结构特点、使用要求、检测方便和几何项目之间的协调等来选定。任何一个机械零件，都是由简单的几何要素组成，几何公差项目就是对零件上某个要素的形状或要素之间的相互位置精度提出的要求。零件的几何特征不同，会产生不同的几何误差。例如，回转类（轴、套类）零件中的阶梯轴，它的轮廓要素是圆柱面、端面和中心要素是轴线。圆柱面选择圆柱度是理想项目，因为它能综合控制径向的圆度误差、轴向的直线度误差和素线的平行度误差。机器对零件不同功能的要求，决定零件需选用不同的几何公差项目。在满足功能要求的前提下，为了方便检测，应该选用测量简便的项目代替难以测量的项目，有时可将所需的公差项目用控制效果相同或相近的公差项目来代替。所以，上述检测也可选圆度和素线的平行度。但需注意，当选定为圆柱度，若对圆度无进一步要求，就不必再选圆度，以避免重复要素之间的位置关系。若阶梯轴的轴线有位置要求，可选用同轴度或跳动项目。同轴度主要用于限制轴线的偏离；跳动能综合限制要素的形状和位置误差，且检测方便，但它不能反映单项误差。在从零件的使用要求看，若阶梯轴两轴颈明确要求限制轴线间的偏差，应采用同轴度。如果阶梯轴对几何精度有要求，但无需区分轴线的位置误差与圆柱面的形状误差，可选择跳动项目。

二、基准的选择

基准是确定关联要素间方向或位置的依据。在考虑选择位置公差项目时，必然同时考虑要采用的基准。例如选用单一基准、组合基准还是选用多基准。单一基准由一个要素作基准使用，如平面、圆柱面的轴线，可建立基准平面、基准轴线。组合基准是由两个或两个以上要素构成的作为单一基准使用，选择基准时，一般应从以下几方面考虑：

(1) 根据要素的功能及对被测要素间的几何关系来选择基准。如轴类零件，通常以两个轴承为支承运转，其运转轴线是安装轴承的两轴颈的公共轴线。因此，从功能要求和控制其他要素的位置精度来看，应选这两个轴颈的公共轴线为基准。

(2) 根据装配关系，应选择零件相互配合、相互接触的表面作为各自的基准，以保证装配要求。

(3) 从加工、检验角度考虑，应选择在夹具、检具中定位的相应要素为基准。这样能使所选基准与定位基准、检测基准、装配基准重合，以消除由于基准不重合引起的误差。

(4) 从零件的结构考虑，应选较大的表面、较长的要素（如轴线）作基准，以便定位稳固、准确。对结构复杂的零件，一般应选三个相互垂直的平面作基准，以确定被测要素在空间的方向和位置。

三、几何公差值或等级的确定

1. 几何公差值的选择

几何公差值的确定原则，是根据零件的功能要求并考虑加工的经济性和零件的结构、刚性等情况，可参照一些影响因素综合加以考虑。

(1) 形状公差与位置公差的关系。同一要素上给定的形状公差值应小于方向公差值和位置公差值，即形状公差<方向公差<位置公差。

(2) 几何公差与尺寸公差的关系。圆柱形零件的形状公差应小于其尺寸公差值，平行度公差值应小于其相应的距离尺寸的公差值。

2. 确定几何公差值的方法

有计算法和类比法，一般多用类比法，从以下几个方面考虑：

(1) 考虑零件的结构特点。对于刚性较差的零件，如细长的轴或孔；某些结构特点的要素，如跨距较大的轴或孔；以及宽度较大的零件表面（一般大于 1/2 长度）。因加工时易产生较大的几何误差，因此应较正常情况选择低 1～2 级几何公差等级。

(2) 协调几何公差值与尺寸公差值之间的关系。在同一要素上给出的形状公差值应小于位置公差值。例如要求平行的两个表面，其平面度公差应小于平行度公差值。圆柱形零件的形状公差值（轴线的直线度除外）一般情况下应小于其尺寸公差值。平行度公差值应小于其相应的距离尺寸的尺寸公差值。

所以，几何公差值与相应要素的尺寸公差值，一般原则是 $t_{形状} < t_{位置} < T_{尺寸}$。

(3) 形状公差与表面粗糙度的关系。表面粗糙度 Rz 的数值与形状公差 $t_{形状}$ 的关系，对于中等尺寸、中等精度的零件，一般为 $Rz=(0.2 \sim 0.3)t_{形状}$，对高精度及小尺寸零件，$Rz=(0.5 \sim 0.7)t_{形状}$。

表 4－5～表 4－9 给出了各项目公差值或数值。

表 4－5　位置度公差值数系表（摘自 GB/T 1184—1996） (μm)

1	1.2	1.5	2	2.5	3	4	5	6	8
1×10^n	1.2×10^n	1.5×10^n	2×10^n	2.5×10^n	3×10^n	4×10^n	5×10^n	6×10^n	8×10^n

注　n 为正整数。

表 4－6　直线度、平面度公差值（摘自 GB/T 1184—1996） (μm)

主参数 L (mm)	公差等级											
	1	2	3	4	5	6	7	8	9	10	11	12
≤10	0.2	0.4	0.8	1.2	2	3	5	8	12	20	30	60
>10～16	0.25	0.5	1	1.5	2.5	4	6	10	15	25	40	80
>16～25	0.3	0.6	1.2	2	3	5	8	12	20	30	50	100
>25～40	0.4	0.8	1.5	2.5	4	6	10	15	25	40	60	120
>40～63	0.5	1	2	3	5	8	12	20	30	50	80	150
>63～100	0.6	1.2	2.5	4	6	10	15	25	40	60	100	200
>100～160	0.8	1.5	3	5	8	12	20	30	50	80	120	250
>160～250	1	2	4	6	10	15	25	40	60	100	150	300
>250～400	1.2	2.5	5	8	12	20	30	50	80	120	200	400
>400～630	1.5	3	6	10	15	25	40	60	100	150	250	500

注　主参数 L 表示轴、直线、平面等的长度。

表 4-7　　圆度、圆柱度公差值（摘自 GB/T 1184—1996）　　（μm）

主参数 d(D)（mm）	公差等级												
	0	1	2	3	4	5	6	7	8	9	10	11	12
≤3	0.1	0.2	0.3	0.5	0.9	1.2	2	3	4	6	10	14	25
>3～6	0.1	0.2	0.4	0.6	1	1.5	2.5	4	5	8	12	18	30
>6～10	0.1	0.25	0.4	0.6	1	1.5	2.5	4	6	9	15	22	36
>10～18	0.15	0.3	0.5	0.8	1.2	2	3	5	8	11	18	27	43
>18～30	0.2	0.4	0.6	1	1.5	2.5	4	6	9	13	21	33	52
>30～50	0.25	0.5	0.6	1	1.5	2.5	4	7	11	16	25	39	62
>50～80	0.3	0.6	0.8	1.2	2	3	5	8	13	19	30	46	74
>80～120	0.4	1	1	1.5	2.5	4	6	10	15	22	35	54	87
>120～180	0.6	1.2	1.2	2	3.5	5	8	12	18	25	40	63	100
>180～250	0.8	1.6	2	3	4.5	7	10	14	20	29	46	72	115
>250～315	1.0	2	2.5	4	6	8	12	16	23	32	52	81	130
>315～400	1.2	2.5	3	5	7	9	13	18	25	36	57	89	140
>400～500	1.5		4	6	8	10	15	20	27	40	63	97	155

注　主参数 D(d) 表示轴、直线、平面等的直径。

表 4-8　　平行度、垂直度、倾斜度公差值表（摘自 GB/T 1184—1996）　　（μm）

主参数 L、d(D)（mm）	公差等级											
	1	2	3	4	5	6	7	8	9	10	11	12
≤10	0.4	0.8	1.5	3	5	8	12	20	30	50	80	120
>10～16	0.5	1	2	4	6	10	15	25	40	60	100	150
>16～25	0.6	1.2	2.5	5	8	12	20	30	50	80	120	200
>25～40	0.8	1.5	3	6	10	15	25	40	60	100	150	250
>40～63	1	2	4	8	12	20	30	50	80	120	200	300
>63～100	1.2	2.5	5	10	15	25	40	60	100	150	250	400
>100～160	1.5	3	6	12	20	30	50	80	120	200	300	500
>160～250	2	4	8	15	25	40	60	100	150	250	400	600
>250～400	2.5	5	10	20	30	50	80	120	200	300	500	800
>400～630	3	6	12	25	40	60	100	150	250	400	600	1000

注　1. 主参数 L 为给定平行度时轴线或平面的长度，或给定垂直度、倾斜度时被测要素的长度。

2. 主参数 D(d) 为给定面对线垂直度时，被测要素的轴（孔）直径。

表 4-9　　同轴度、对称度、圆跳动和全跳动公差值（摘自 GB/T 1184—1996）　　（μm）

主参数 d(D)、B、L（mm）	公差等级											
	1	2	3	4	5	6	7	8	9	10	11	12
≤1	0.4	0.6	1.0	1.5	2.5	4	6	10	15	25	40	60
>1～3	0.4	0.6	1.0	1.5	2.5	4	6	10	20	40	60	120
>3～6	0.5	0.8	1.2	2	3	5	8	12	25	50	80	150
>6～10	0.6	1	1.5	2.5	4	6	10	15	30	60	100	200

续表

主参数 $d(D)$、B、L (mm)	公差等级											
	1	2	3	4	5	6	7	8	9	10	11	12
>10~18	0.8	1.2	2	3	5	8	12	20	40	80	120	250
>18~30	1	1.5	2.5	4	6	10	15	25	50	100	150	300
>30~50	1.2	2	3	5	8	12	20	30	60	120	200	400
>50~120	1.5	2.5	4	6	10	15	25	40	80	150	250	500
>120~250	2	3	5	8	12	20	30	50	100	200	300	600
>250~500	2.5	4	6	10	15	25	40	60	120	250	400	800

注 1. 主参数 $D(d)$ 给定同轴度时轴直径，或给定圆跳动、全跳动时轴（孔）直径。

2. 圆锥体斜向圆跳动公差的主参数为平均直径。

3. 主参数 B 为给定对称度时槽的宽度。

3. 未注几何公差的确定

国家标准几何公差中，对几何公差值分为注出公差和未注公差两类。对于几何公差要求不高，用于一般的机械加工方法和加工设备都能保证计算工精度，或由线性尺寸公差或角度公差所控制的几何公差已能保证零件的要求时，不必将几何公差在图样上注出，而用未注公差来控制。这样既可以简化制图，又突出注出公差的要求。而对于零件几何公差要求较高，或者功能要求允许大于未注公差值，而这个较大的公差值会给工厂带来经济效益时，这个较大的公差值应采用注出公差值。

应当指出，方向公差能自然地用其公差带控制同一要素的形状误差，因此，对于注出方向公差的要素，就不必考虑该要素的未注形状公差。位置公差能自然地用其公差带控制同一要素的形状误差和方向误差，因此对于注出位置公差的要素，就不必考虑该要素的未注形状和方向公差。此外，对于采用相关要求的要素，要求该要素实际轮廓不得超出规定的理想边界，因此所有未对该要素单独注出的几何公差都应遵守这理想边界。

按照 GB/T 1184—K，表 4-10～表 4-13 给出了常用几何公差未注公差的分级和数值。

表 4-10　直线度、平面度未注公差值（摘自 GB/T 1184—1996） (mm)

公差等级	基本长度范围					
	~10	>10~30	>30~100	>100~300	>300~1000	>1000~3000
H	0.02	0.05	0.1	0.2	0.3	0.4
K	0.05	0.1	0.2	0.4	0.6	0.8
L	0.1	0.2	0.4	0.8	1.2	1.6

表 4-11　垂直度未注公差值（摘自 GB/T 1184—1996） (mm)

公差等级	基本长度范围			
	~100	>100~300	>300~1000	>1000~3000
H	0.2	0.3	0.4	0.5
K	0.4	0.6	0.8	1
L	0.6	1	1.5	2

表 4-12 对称度未注公差值（摘自 GB/T 1184—1996） (mm)

公差等级	基本长度范围			
	~100	>100~300	>300~1000	>1000~3000
H	0.5			
K	0.6		0.8	1
L	0.6	1	1.5	2

表 4-13 圆跳动度未注公差值（摘自 GB/T 1184—1996） (mm)

公差等级	基本长度范围
H	0.1
K	0.2
L	0.5

4. 公差原则与公差要求的选择

在何种情况下应选择用何种公差原则与公差要求，必须结合具体的使用要求和工艺条件作具体分析。具体地说，应综合考虑下面几个因素：功能性要求；设备状况；生产批量；操作技能。

第六节 几何误差的检测

学习目标

1. 了解几何误差的评定原则。
2. 了解几何误差检测的方法，并会使用常用的工具对其进行检测。

一、几何误差及其评定

几何误差是指被测要素对其理想要素的变动量。几何误差值小于或等于相应的几何公差值，则认为合格。

1. 形状误差及其评定

形状误差一般是对单一要素而言的，仅考虑被测要素本身的形状的误差。形状误差评定时，理想要素的位置应符合最小条件。所谓最小条件是指被测实际要素对其理想要素的最大变动量为最小。

对于轮廓要素（线面轮廓度除外）符合最小条件的理想要素是指处于实体之外与被测要素相接触，使被测要素对它的最大变量最小，如图 4-91 所示。

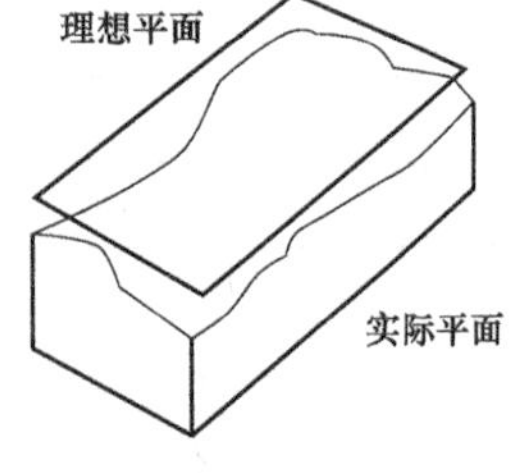

图 4-91 形状误差示例

评定形状误差时，形状误差值的大小可用最小包容区域（简称最小区域）的宽度或直径表示。所谓最小区域，是指包容被测实际要素时，具有最小宽度或直径的包容区，如图 4-92 所示。

最小包容区域评定形状误差值的方法，称为最小区域法，最小区域法则是符合最小条件的评定形状误差的基本方法。按最小区域法评定的形状误差值而且是唯一的，因而评定结果具有权威性。

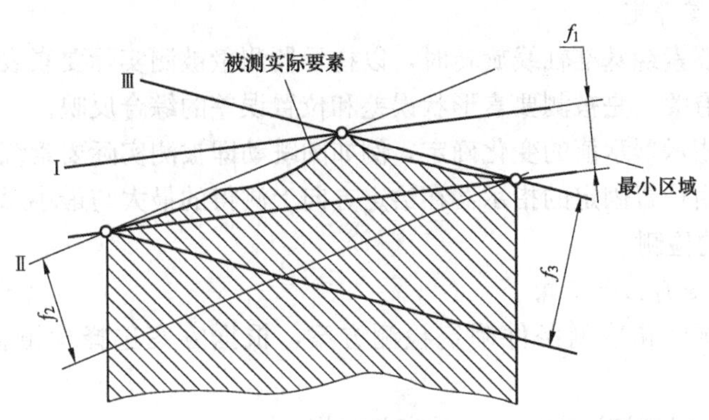

图 4-92　最小区域法定义

2. 方向误差及其评定

方向误差是被测实际要素对一具有确定方向的理想要素的变动量，该理想要素的方向由基准确定。

方向误差值用定向最小包容区域（简称定向最小区域）的宽度或直径表示。定向最小区域是指按理想要素的方向包容被测实际要素时，具有最小宽度或直径的包容区域。理想要素首先要与基准平面保持所要求的方向，然再按此方向来包容实际要素，所形成的最小包容区域，即定向最小区域，如图 4-93 所示。

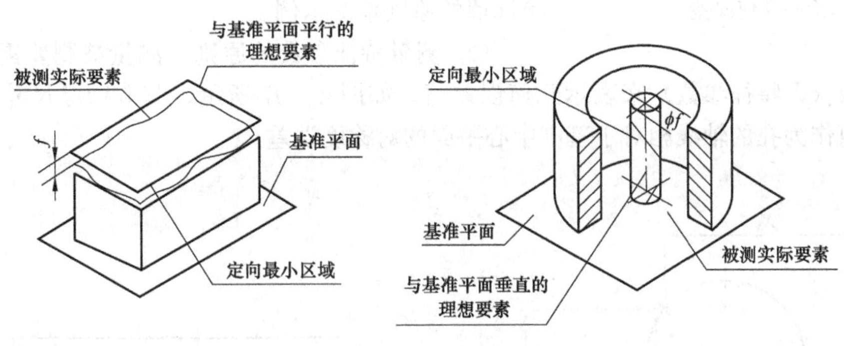

图 4-93　定向最小区域含义

3. 位置误差及其评定

位置误差是被测实际要素对一具有确定位置的理想要素的变动量，该理想要素的位置由基准和理论正确尺寸来确定。

位置误差值用定位最小包容区域（简称定位最小区域）的宽度或直径表示。定位最小区域是指以理想要素定位来包容被测实际要素时，具有最小宽度或直径的包容区域。图 4-94 所示为点的位置度误差。由基准和理论正确尺寸（图中带框尺寸）确定理想点的位置，以该点为圆心作一圆包容被测点，此圆内部区域即为定位最小包容区域，如图 4-94 所示。

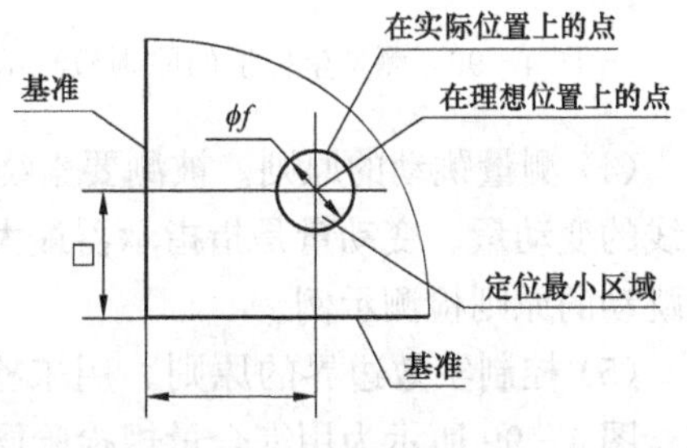

图 4-94　定位最小区域含义

4. 跳动误差及其评定

跳动是当被测要素绕基准轴线旋转时，以指示器测量被测实际要素表面来反映其几何误差，它与测量方法有关，是被测要素形状误差和位置误差的综合反映。

跳动的大小由指示器示值的变化确定，例如圆跳动即被测实际要素绕基准轴线做无轴向移动回转一周时，由位置固定的指示器在给定方向上测得的最大与最小示值之差。

二、几何误差的检测

1. 几何误差检测的三个步骤

(1) 根据误差项目和检测条件确定检测方案，根据方案选择检测器具，并确定测量基准。

(2) 进行测量，得到被测实际要素的有关数据。

(3) 进行数据处理，按最小条件确定最小包容区域，得到几何误差数值。

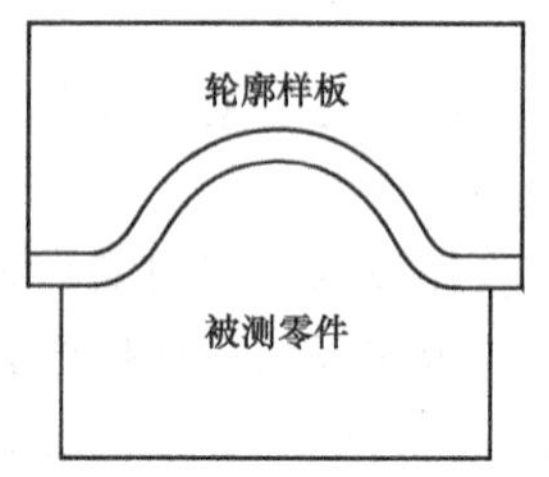

图 4-95 与理想要素比较检测几何误差

2. 几何误差检测的原则

(1) 与理想要素比较的原则。将被测要素与其理想要素相比较，量值由直接发或间接法获得。如图 4-95 所示，用轮廓样板测量轮廓度误差。

(2) 测量坐标值的原则。将被测要素的坐标值（如直角坐标值、极坐标值、圆柱面坐标值），经过数据获得几何误差值。图 4-96 所示为测量直角坐标值即测量坐标值的原则检测示例。

(3) 测量特征参数的原则。测量被测要素上具有代表性的参数（即特征参数）来表示几何误差值。如图 4-97 所示，测取壁厚尺寸 a、b，取它们的差值作为孔的轴线相对于基准中心平面的对称度误差。

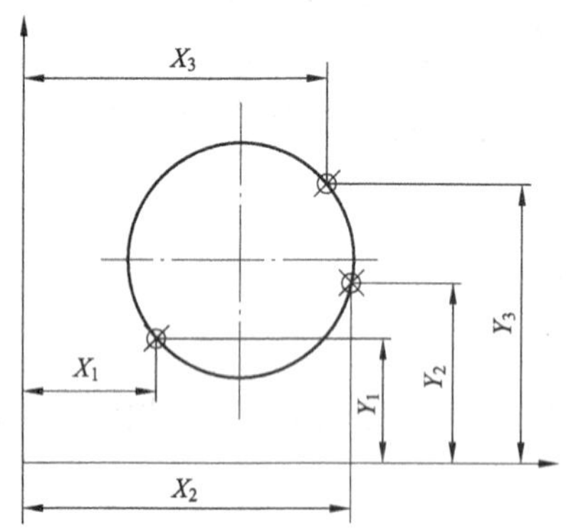

图 4-96 测量坐标值的原则检测示例

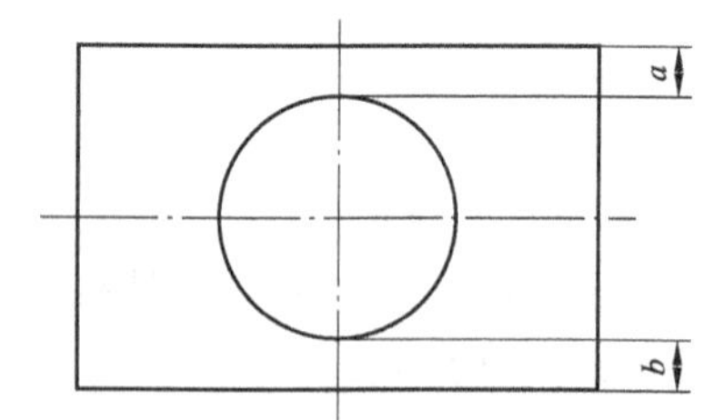

图 4-97 测量特征参数的原则检测示例

(4) 测量跳动的原则。被测要素绕基准轴线回转过程中，沿给定方向测量其对某参考点或线的变动量。变动量是指指示器最大与最小读数之差。图 4-98 所示为测量径向跳动即测量跳动的原则检测示例。

(5) 控制实效边界的原则。用来检验被测实际要素是否超过实效边界，以判断合格与否。图 4-99 所示为用综合量规检验同轴度误差即控制实效边界的原则检测示例。

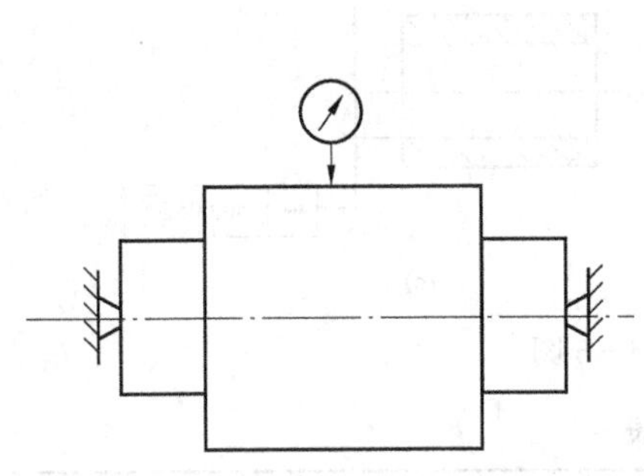
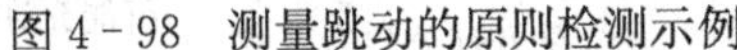

图 4-98　测量跳动的原则检测示例

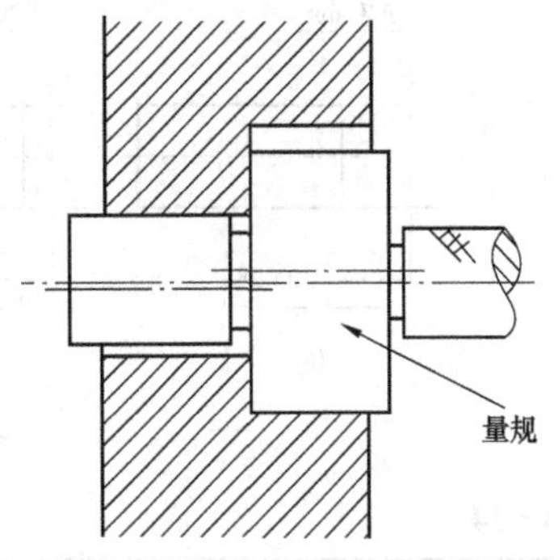

图 4-99　控制实效边界的原则检测示例

【例 4-7】 形状误差的检测、评定示例——直线度误差的检测，如图 4-100 所示。

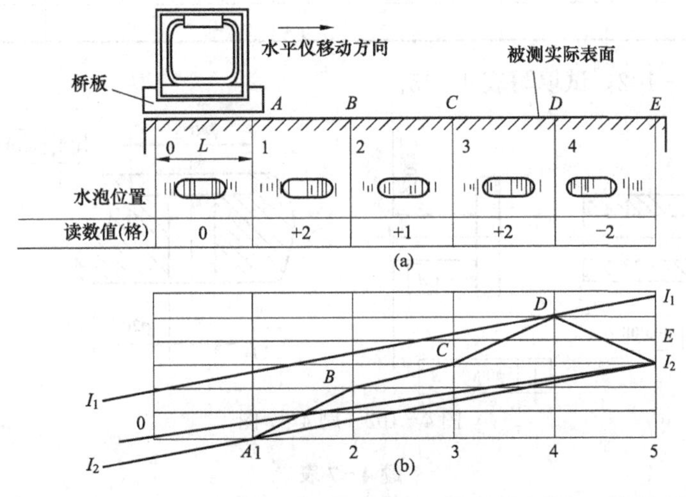

图 4-100　例 4-7 图

按最小条件求直线度误差　　　　　$f'=7.5\mu m$

按两端点连线法求直线度误差　　　$f''=f_1+f_2=9.5\mu m$

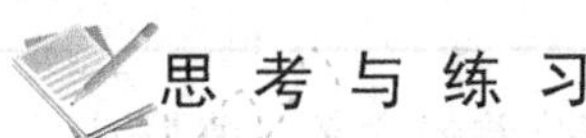

思考与练习

4-1　几何公差特征共有几项？其名称和符号是什么？

4-2　选择几何公差包括哪些内容？什么情况下选择未注公差？如何标注？

4-3　什么是体外作用尺寸？什么是体内作用尺寸？对于内、外表面，其体外、体外作用尺寸的表达式是什么？

4-4　什么是最大或最小实体实效尺寸？对于内、外表面，其最大或最小实体实效尺寸的表达式是什么？

4-5　举例说明什么是可逆要求，有何实际意义。

4-6　读图 4-101，试填写表 4-14。

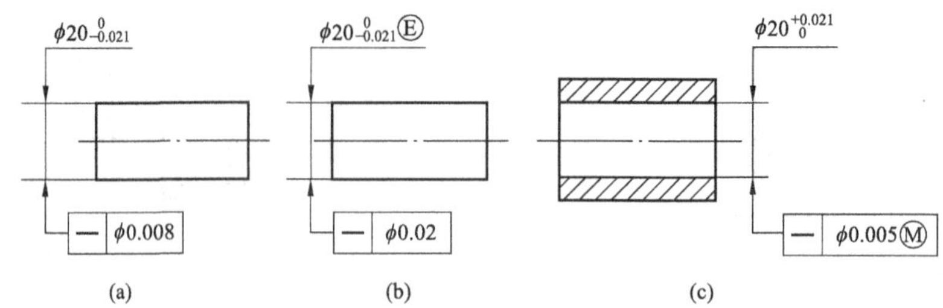

图 4-101 题 4-6 图

表 4-14 **题 4-6 表**

图例	采用公差原则	边界及边界尺寸	给定的几何公差值	可能允许的最大几何误差值
(a)				
(b)				
(c)				

4-7 读图 4-102，试填写表 4-15。

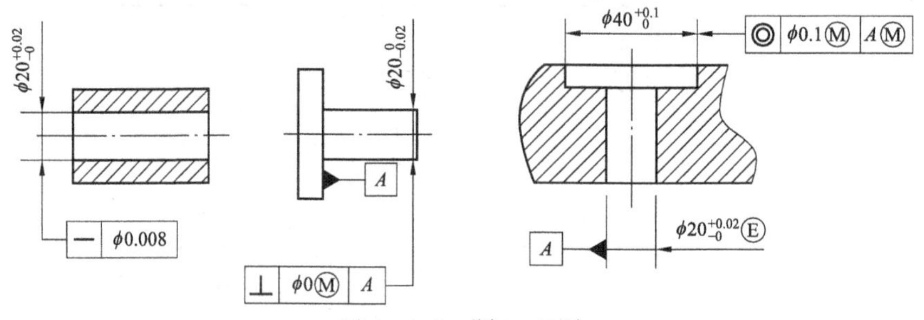

图 4-102 题 4-7 图

表 4-15 **题 4-7 表**

图例	采用公差原则	边界及边界尺寸	给定的几何公差值	可能允许的最大几何误差值
(a)				
(b)				
(c)				

4-8 试解释图 4-103 中各几何公差的含义，填写表 4-16。

表 4-16 **题 4-8 表**

代号	解释代号含义	公差带形状
⌭ 0.01		
↗ 0.025 A-B		
⌯ 0.025 F		
// 0.02 A-B		
↗ 0.025 C-D		
⌭ 0.006		

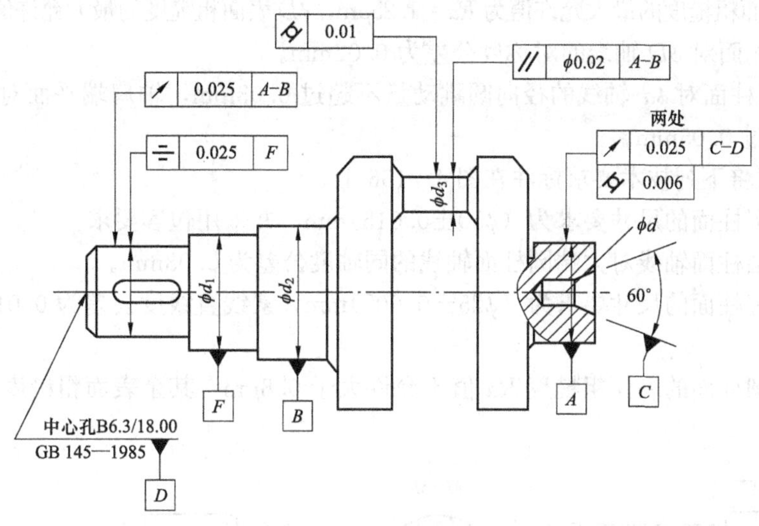

图 4-103 题 4-8 图

4-9 改正图 4-104 中各项几何公差标注上的错误（不得改变几何公差项目）。

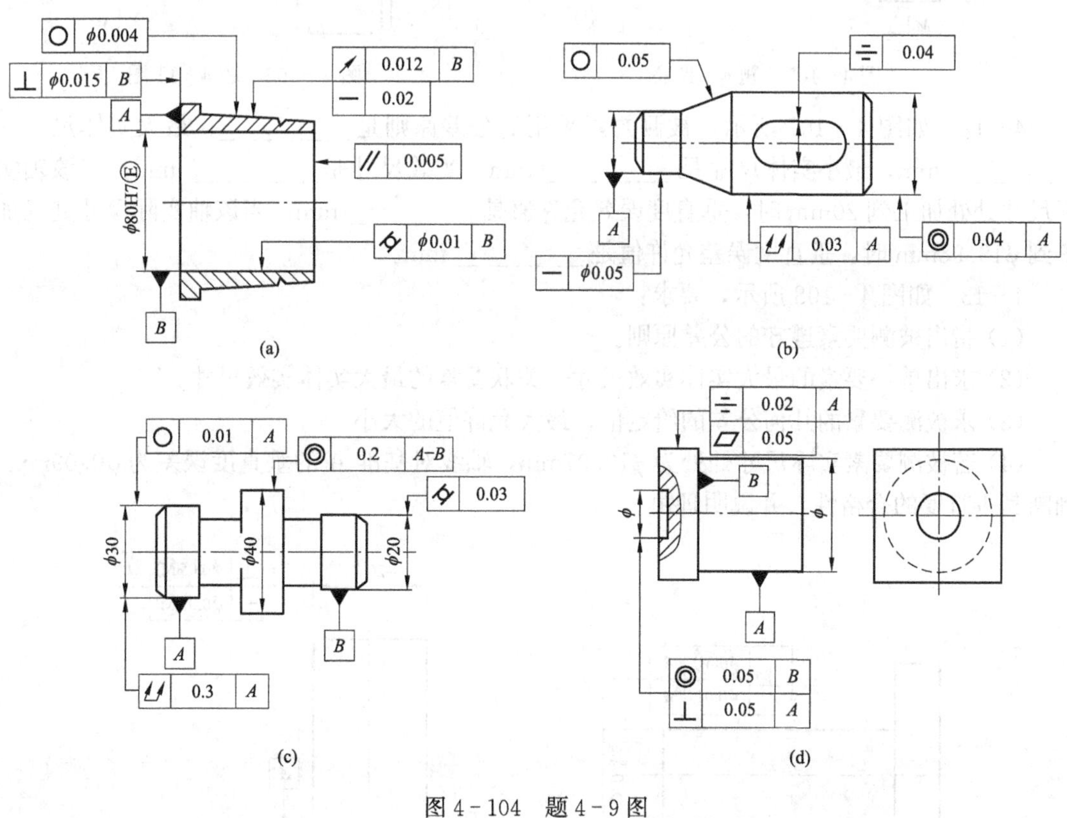

图 4-104 题 4-9 图

4-10 试将下列技术要求标注在图 4-105 上。

(1) ϕd 圆柱面的尺寸为 $\phi 30_{-0.025}^{\ 0}$ mm，采用包容要求，ϕD 圆柱面的尺寸为 $\phi 50_{-0.039}^{\ 0}$ mm，采用独立原则。

(2) ϕd 表面粗糙度的最大允许值为 $Ra=1.25\mu m$，ϕD 表面粗糙度的最大允许值为$Ra=2\mu m$。

(3) 键槽侧面对 ϕD 轴线的对称度公差为 0.02mm。

(4) ϕD 圆柱面对 ϕd 轴线的径向圆跳动量不超过 0.03mm，轴肩端平面对 ϕd 轴线的端面圆跳动不超过 0.05mm。

4-11 试将下列技术要求标注在图 4-106 上。

(1) 大端圆柱面的尺寸要求为 ($\phi 50\pm 0.015$)mm，并采用包容要求。

(2) 小端圆柱面轴线对大端圆柱面轴线的同轴度公差为 0.03mm。

(3) 小端圆柱面的尺寸要求为 ($\phi 25\pm 0.007$)mm，素线直线度公差为 0.01mm，并采用包容要求。

(4) 大端圆柱面的表面粗糙度 Ra 值不允许大于 $0.8\mu m$，其余表面粗糙度 Ra 值不允许大于 $1.6\mu m$。

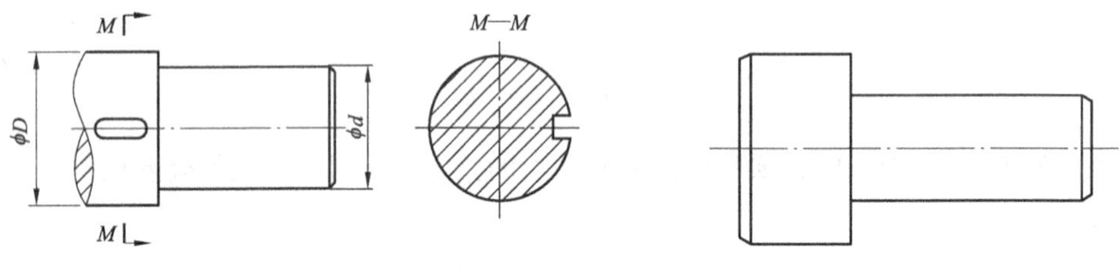

图 4-105 题 4-10 图　　图 4-106 题 4-11 图

4-12 如图 4-107 所示，被测要素采用的公差原则是__________，最大实体尺寸是__________ mm，最小实体尺寸是__________ mm，实效尺寸是__________ mm，当该轴实际尺寸处处加工到 20mm 时，垂直度误差允许值是__________ mm，当该轴实际尺寸处处加工到 $\phi 19.98$mm 时，垂直度误差允许值是__________ mm。

4-13 如图 4-108 所示，要求：

(1) 指出被测要素遵守的公差原则。

(2) 求出单一要素的最大实体实效尺寸，关联要素的最大实体实效尺寸。

(3) 求被测要素的几何公差的给定值，最大允许值的大小。

(4) 若被测要素实际尺寸处处为 $\phi 19.97$mm，轴线对基准 A 的垂直度误差为 $\phi 0.09$mm，判断其垂直度的合格性，并说明理由。

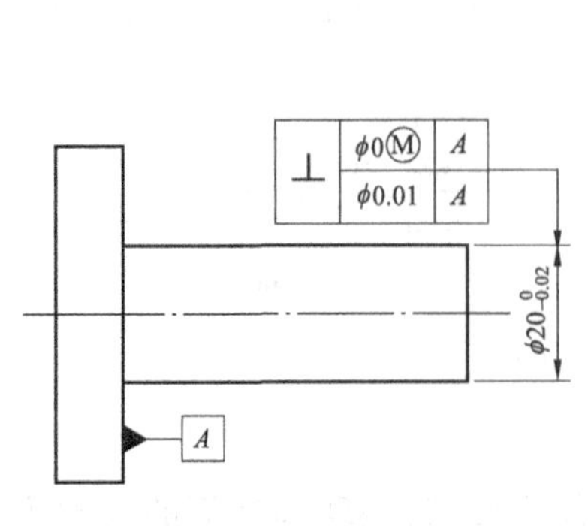

图 4-107 题 4-12 图

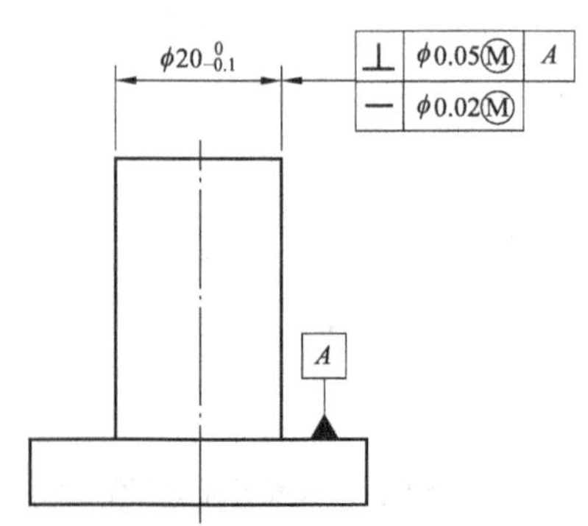

图 4-108 题 4-13 图

第五章 光滑极限量规

孔、轴的尺寸公差与几何公差的关系采用独立原则时，它们的实际尺寸和几何误差分别使用普通计量器具来测量。对于采用包容要求的孔、轴，它们的实际尺寸和形状误差的综合结果应使用光滑极限量规检验。量规的使用极为方便，检验效率高，在机械产品生产中得到广泛应用。

我国发布了 GB/T 3177—2009《产品几何技术规范（GPS） 光滑工件尺寸的检验》、GB/T 1957—2006《光滑极限量规 技术要求》等作为光滑极限量规的设计与使用的技术保证。

第一节 光滑极限量规的基本概念

学习目标

1. 掌握光滑极限量规的功用和使用方法。
2. 了解光滑极限量规的种类。

光滑极限量规是用来检验光滑孔或光滑轴时所用的极限量规的总称，简称量规。量规是一种无刻度定值的专用量具，用它来检验孔、轴时，只能判断孔、轴合格与否，但不能获得孔、轴实际尺寸。量规结构简单、使用方便，省时可靠，因而在大批大量生产时多采用量规进行检验。

一、光滑极限量规的功用

当图样上单一要素的孔和轴采用包容要求时，它们应该使用量规来检验。

检验孔的量规称为塞规，检验轴的量规称为卡规（或环规），如图 5-1 所示。量规又有通规和止规之分，通常成对使用。用量规检验工件时，若通规能通过而止规不能通过，则表示工件合格；反之，若通规不能通过，或止规能够通过，则表示工件不合格。

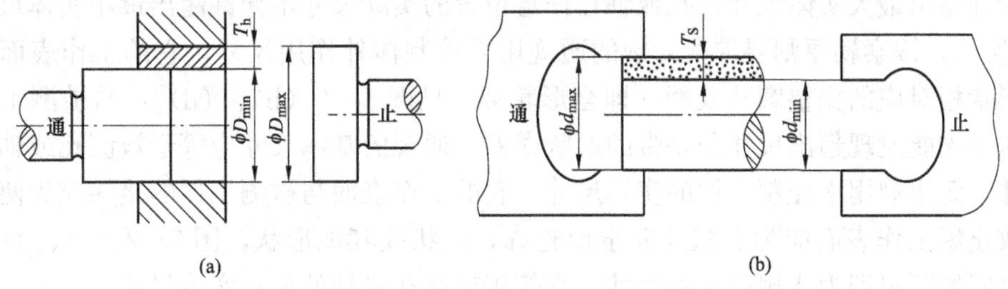

图 5-1 光滑极限量规的通规和止规

(a) 孔用塞规；(b) 轴用卡规

通规按被测孔、轴的最大实体尺寸制造，用来控制工件的体外作用尺寸；止规按被测孔、轴的最小实体尺寸制造，用来控制工件的实际尺寸。

二、光滑极限量规的种类

量规按用途不同可分为工作量规、验收量规和校对量规。

1. 工作量规

工作量规是在零件制造过程中操作者检验工件时所使用的量规。通规用代号 T 表示，止规用代号 Z 表示。

2. 验收量规

验收量规是指在验收工件时检验人员或用户代表使用的量规。验收量规一般不需要另行制造，而是从磨损较多，但未超出磨损极限的工作量规的通规中挑选出来的。这样，操作者自检合格的工件，检验人员验收时也一定合格。

3. 校对量规

校对量规是用来检验工作量规或验收量规的量规。因为孔用量规（塞规）便于用精密量仪测量，不需要校对量规。所以国家标准只对轴用量规（环规、卡规）规定了校对量规。校对量规有三种，见表 5-1。

表 5-1 校 对 量 规

检验对象		量规形状	量规名称	量规代号	用 途	检验合格的标志
轴用工作量规	通规	塞规	校通-通	TT	防止通规制造时尺寸过小	通过
	止规		校止-通	ZT	防止止规制造时尺寸过小	通过
	通规		校通-损	TS	防止通规使用中尺寸磨损过大	不通过

第二节 光滑极限量规的公差带

学习目标

1. 理解光滑极限量规设计原则——泰勒原则的含义及泰勒原则对工作量规的要求。
2. 掌握工作量规公差带的分布规律。

一、光滑极限量规的设计原理

设计量规时应遵守泰勒原则。泰勒原则是指遵守包容要求的单一要素孔或轴的体外作用尺寸不允许超出最大实体尺寸，孔或轴在任意位置的实际尺寸不允许超出最小实体尺寸。如图 5-2 所示，按泰勒原则要求，量规的通规用来控制体外作用尺寸，它的工作表面应是与孔、轴形状相对应的完整圆柱表面［即全形轮廓，见图 5-2 (b)、(d)］，与被测工件为面接触，这样才能发现超出尺寸公差带的形状误差。通规的基本尺寸应等于被测孔或轴的最大实体尺寸。而止规用来控制工件的实际尺寸，它的工作表面与被测工件的接触应为两个点的接触，故止规工作表面应为点状［非全形轮廓，板状或其他形状，图 5-2 (a)、(c)］，且这两点之间的距离即为止规的基本尺寸，它等于被测孔或轴的最小实体尺寸。

如图 5-3 所示，被测孔的实际轮廓超出了尺寸公差带。若按泰勒原则要求，用全形通规检验，不能通过，如图 5-3 (a) 所示；用两点式止规检验，虽然沿 x 方向不能通过，但是沿 y 方向却能通过，如图 5-3 (c) 所示，因此这就能判定该孔不合格。反之，若使用偏离泰勒原则的量规检验，即用两点式通规检验，如图 5-3 (b) 所示，则可能沿 y 方向通过；若用全形止规检验，则不能通过，如图 5-3 (d) 所示。这样一来，由于使用工作表面形状不正确的量具进行检验，就会误判该孔合格。

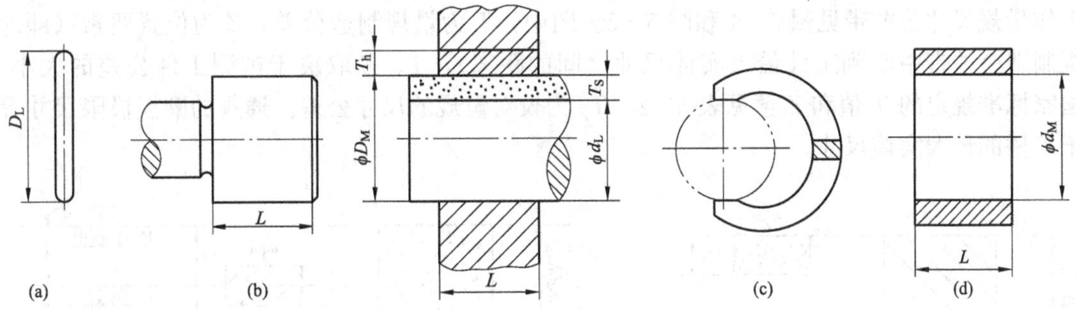

图 5-2 光滑极限量规

(a) 止规；(b) 通规；(c) 止规；(d) 通规（环规）

D_M、D_L—孔的最大、最小实体尺寸；d_M、d_L—轴的最大、最小实体尺寸；L—配合长度

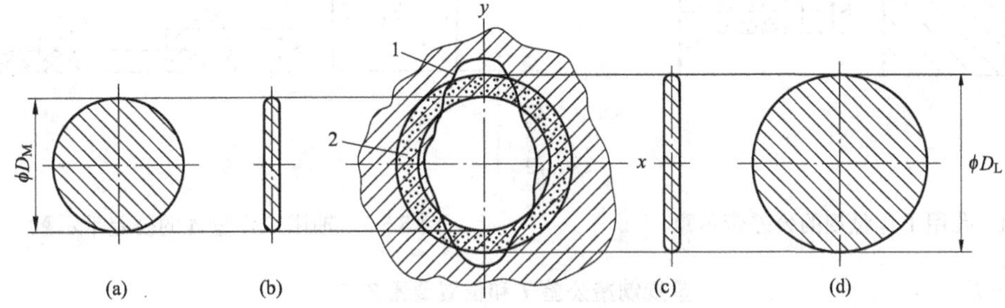

图 5-3 量规工作表面的形状对检验结果的影响

(a) 全形通规；(b) 两点式通规；(c) 两点式止规；(d) 全形止规

1—实际孔；2—孔的尺寸公差带

在量规的实际使用过程中，由于量规制造和使用方面的原因，要求量规形状完全符合泰勒原则是不方便或困难的。因此，国家标准规定，允许在被测工件的形状误差不影响配合性质的条件下，允许使用偏离泰勒原则的量规。例如检验大尺寸的孔和轴时通常分别使用非全形通规（工作表面为非全形圆柱面的塞规、两平行平面的卡规），以代替笨重的全形通规。由于曲轴“弓”字形特殊结构的限制，它的轴径不能使用环规（全形轮廓）检验，只能使用卡规（非全形轮廓）检验。检验小孔时，为了增加止规的刚度且便于制造，可以采用全形止规。检验薄壁零件时，为了防止使用两点式止规另零件变形，也可以使用全形止规。但应注意，使用偏离泰勒原则的量规检验时必须操作正确，避免造成误判。例如，使用非全形通规检验孔或轴时，应在被测孔或轴的全长范围内的若干部位上分别围绕圆周的几个位置进行检验。

二、光滑极限量规的公差带

虽然量规是一种精密的检验工具，其制造精度要求比被测工件的精度高得多，但在制造时也不可避免地会产生误差，因此，国家标准规定了量规的尺寸公差带。

通规在使用过程中要通过合格的被测孔、轴，因而会逐渐磨损。为了使通规具有一定的使用寿命，应留出适当的磨损储量，因此对通规应规定磨损极限。止规通常不通过被测孔、轴，因此不留磨损储量。校对量规也不留磨损储量。

1. 工作量规的公差带

GB/T 1957—2006 规定量规的尺寸公差带不得超出被测孔、轴的公差带。孔用和轴用工作量规尺寸公差带见图 5-4 和图 5-5。图中，T 为量规制造公差，Z 为位置要素（即通规制造公差带中心到工件最大实体尺寸之间的距离），T、Z 取决于被测工件公差的大小，国家标准规定的 T 值和 Z 值见表 5-2。T_p 为校对量规的尺寸公差。通规的磨损极限尺寸等于工件的最大实体尺寸。

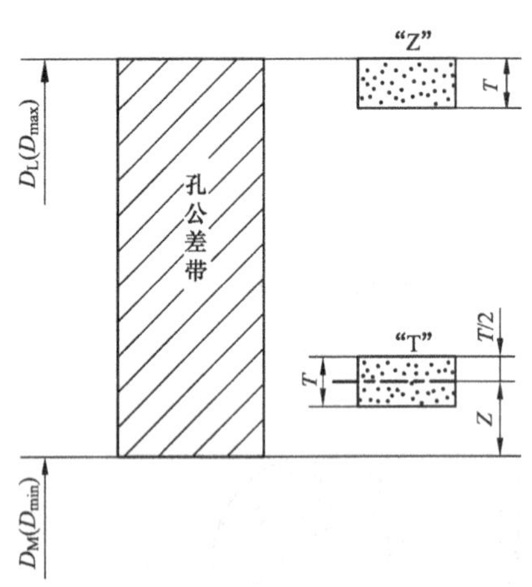

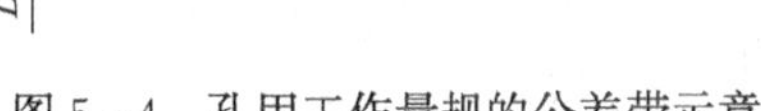

图 5-4 孔用工作量规的公差带示意

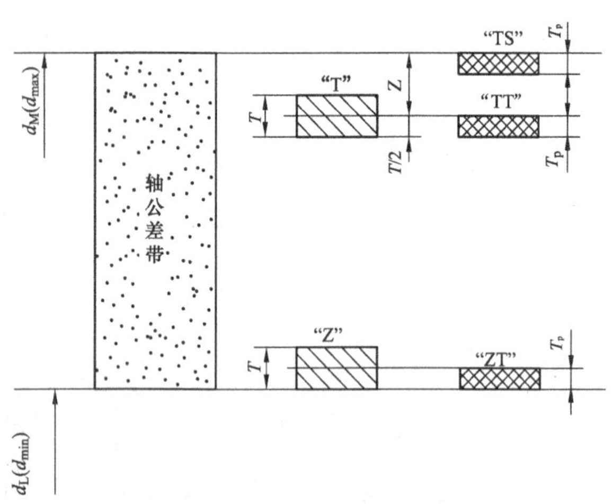

图 5-5 轴用工作量规的公差带示意

表 5-2 量规制造公差 T 和位置要素 Z 值

工件基本尺寸（mm）	IT6			IT7			IT8			IT9			IT10			IT11			IT12		
	IT6	T	Z	IT7	T	Z	IT8	T	Z	IT9	T	Z	IT10	T	Z	IT11	T	Z	IT12	T	Z
～3	6	1	1	10	12	1.6	14	1.6	2	25	2	3	40	2.4	4	60	3	6	100	4	9
>3～6	8	1.2	1.4	12	1.4	2	18	2	2.6	30	2.4	4	48	3	5	75	4	8	120	5	11
>6～10	9	1.4	1.6	15	1.8	2.4	22	2.4	3.2	36	2.8	5	58	3.6	6	90	5	9	150	6	13
>10～18	11	1.6	2	18	2	2.8	27	2.8	4	43	3.4	6	70	4	8	110	6	11	180	7	15
>18～30	13	2	2.4	21	2.4	3.4	33	3.4	5	52	4	7	84	5	9	130	7	13	210	8	18
>30～50	16	2.4	2.8	25	3	4	39	4	6	62	4.6	8	100	6	11	160	8	16	250	10	22
>50～80	19	2.8	3.4	30	3.6	4.6	46	4.6	7	74	5.4	9	120	7	13	190	9	19	300	12	26
>80～120	22	3.2	3.8	35	4.2	5.4	54	5.4	8	87	6	10	140	8	15	220	10	22	350	14	30
>120～180	25	3.8	4.4	40	4.8	6	63	6	9	100	7	12	160	9	18	250	12	25	400	16	35
>180～250	29	4.4	5	46	5.4	7	72	7	10	115	8	14	185	10	20	290	14	29	460	18	40
>250～315	32	4.8	5.6	52	6	8	81	8	11	130	9	16	210	12	22	320	16	32	520	20	45
>315～400	36	5.4	6.2	57	7	9	89	9	12	140	10	18	230	14	25	360	18	36	570	22	50
>400～500	40	6	7	63	8	10	97	10	14	150	11	20	250	16	28	400	20	40	630	24	55

进一步分析可看出，图 5-4 中，孔用工作量规的止规（图中"Z"）公差带的上偏差与被测孔公差带的上偏差相同，而其下偏差必定在被测孔公差带之内，与上偏差的距离为 T；孔用工作量规的通规（图中"T"）公差带在被测孔公差带内上移，通规公差带中心偏离被测孔公差带下偏差的距离为位置要素 Z。图 5-5 中，轴用工作量规的止规（图中"Z"）公差带的下偏差与被测轴公差带的下偏差相同，而其上偏差必定在被测轴公差带之内，与其下偏差的距离为 T；轴用工作量规的通规（图中"T"）公差带在被测轴公差带内下移，通规

公差带中心偏离被测轴公差带上偏差的距离为位置要素 Z。

2. 校对量规的公差带

校对量规的公差带如图 5－5 所示。

(1) 校通-通量规（TT）。用在轴用通规制造时，其作用是防止通规尺寸小于它的最小极限尺寸，故其公差带是从通规的下偏差起向通规公差带内分布。检验时，新的通规能被 TT 校对量规通过，则表示通规合格；若不能通过，则通规不合格。

(2) 校止-通量规（ZT）。用在轴用止规制造时，其作用是防止止规尺寸小于其最小极限尺寸，故其公差带是从止规的下偏差起向止规公差带内分布。检验时，新的止规能被 ZT 校对量规通过，则表示止规合格；若不能通过，则止规不合格。

(3) 校通-损量规（TS）。用于检验使用中的轴用通规是否磨损，其作用是防止通规在使用中超过磨损极限尺寸，故其公差带是从通规的磨损极限（即被测轴的最大实体尺寸）起向通规公差带内分布。检验时，通规不能被 TS 校对量规通过，表示还能继续使用；若通规被 TS 量规通过，则表示该通规已经磨损到极限，应予以报废。

校对量规的尺寸公差 T_p 为工作量规尺寸公差 T 的一半。其形状和位置误差应控制在其尺寸公差带的范围内，即采用包容要求。其工作表面的粗糙度轮廓幅度参数 Ra 值比工作量规小。

第三节　工作量规的设计

学习目标

1. 了解量规的结构形式和技术要求。
2. 掌握工作量规的设计步骤和方法。

一、量规的结构形式

国家标准推荐了量规形式的应用尺寸范围和使用顺序，如图 5－6 所示。量规的结构形式可参见 GB/T 10920—2008《螺纹量规和光滑极限量规　型式与尺寸》及有关资料。图 5－7和图 5－8 分别列举了几种常用孔用、轴用量规的结构形式。

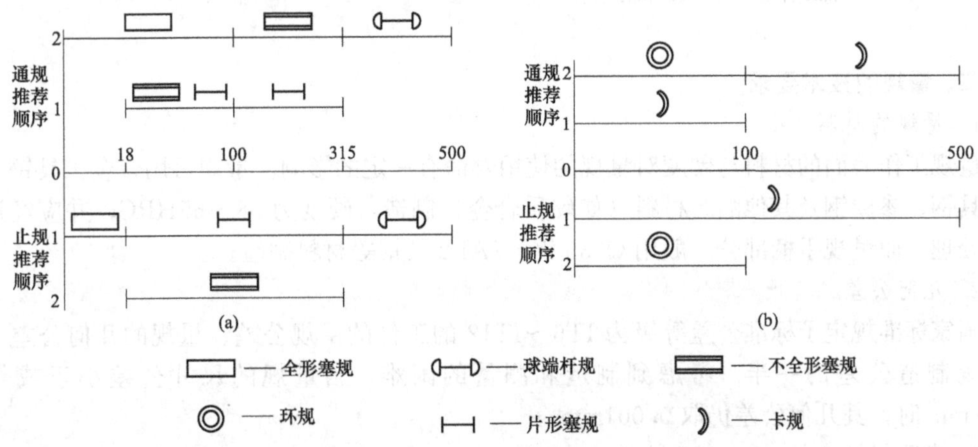

图 5－6　量规形式及应用尺寸范围

(a) 孔用量规形式和应用尺寸范围；(b) 轴用量规形式和应用尺寸范围

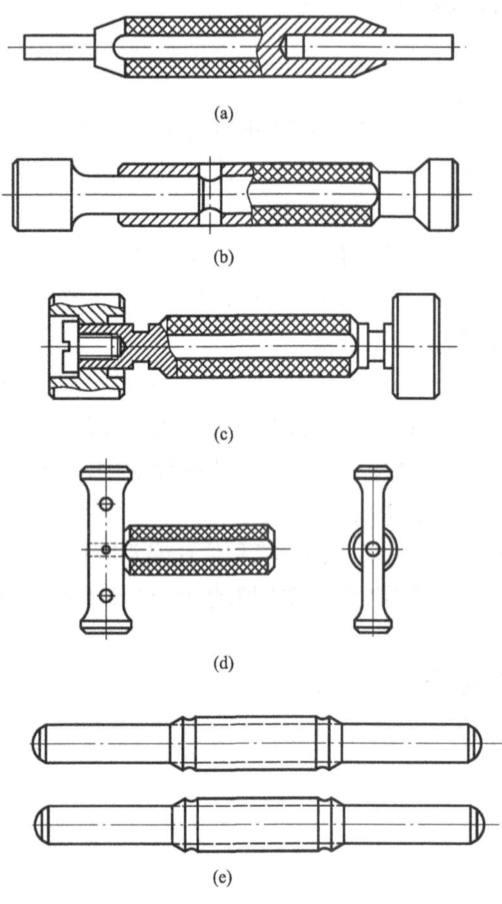

图 5－7 常见孔用量规的结构形式

(a) 针式塞规 (1～6mm)；

(b) 双头锥柄塞规 (3～50mm)；

(c) 双头套式塞规 (30～100mm)；

(d) 单头片形塞规 (100～315mm)；

(e) 球端杆规 (120～500mm)

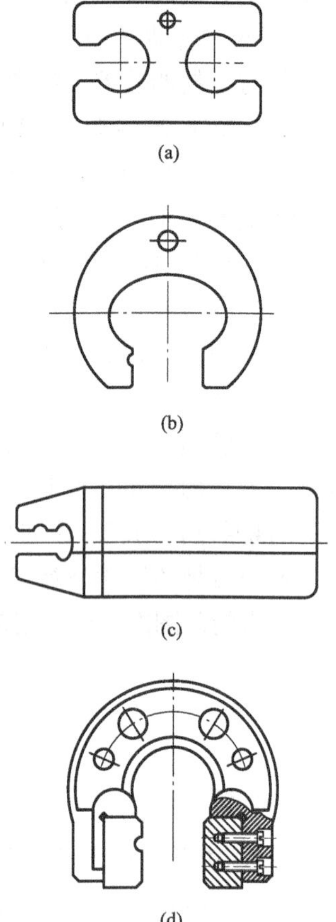

图 5－8 常见轴用量规的结构形式

(a) 双头卡规 (3～10mm)；

(b) 单头卡规 (1～260mm)；

(c) 组合卡规 (1～3mm)；

(d) 铸造镶嵌口单头卡规 (100～500mm)

二、量规的技术要求

1. 量规的材料

量规工作表面的材料与硬度对量规的使用寿命有一定的影响。量规可用合金工具钢、碳素工具钢、渗碳钢及其他耐磨材料（如硬质合金）制造，硬度为 58～65HRC，并应经过稳定性处理。而量规手柄部分一般用 Q235 钢、2AL2 硬铝等材料制造。

2. 几何公差

国家标准规定了标准公差等级为 IT6～IT12 的工件的量规公差。量规的几何公差一般为量规制造公差的一半。考虑到制造和测量的困难，当量规的尺寸公差小于或等于 0.002mm 时，其几何公差仍取 0.001mm。

3. 表面粗糙度

根据被测孔、轴的标准公差等级的高低和基本尺寸的大小，量规工作表面的表面粗糙度

幅度参数 Ra 的值见表 5-3。

表 5-3 量规工作表面的表面粗糙度

工作量规	被测工件基本尺寸（mm）		
	≤120	>120～315	>315～500
	表面粗糙度 Ra（μm）		
IT6 级孔用量规	>0.02～0.04	>0.04～0.08	>0.08～0.16
IT6～IT9 级轴用量规 IT7～IT9 级孔用量规	>0.04～0.08	>0.08～0.16	>0.16～0.32
IT10～IT12 级孔、轴用量规	>0.08～0.16	>0.16～0.32	>0.32～0.63
IT13～IT16 级孔、轴用量规	>0.16～0.32	>0.32～0.63	>0.32～0.63

三、量规工作尺寸计算

量规工作尺寸的计算通常按下列步骤进行：

(1) 根据零件图上标注的被测孔或轴的公差带代号，查出孔或轴的上、下偏差。

(2) 查出工作量规的制造公差 T 和位置要素 Z 的值。

(3) 画出被测工件和工作量规的公差带图，确定量规的上、下偏差，并计算量规的极限尺寸及磨损极限尺寸。

(4) 按量规的常用形式绘制并标注量规图样。

四、量规设计实例

【例 5-1】 设计检验减速器齿轮的 ϕ58H7 基准孔的工作量规的工作尺寸，并确定其几何公差和表面粗糙度参数值，画出量规简图。

解 由表 2-1、表 2-7 可得出 ϕ58H7 孔的极限偏差为

$$ES=+30\mu m，EI=0$$

由表 5-2 查出量规制造公差 T 为 3.6μm，位置要素 Z（即通规制造公差带中心到工件最大实体尺寸之间的距离）为 4.6μm。

按图 5-4，画出孔用工作量规的通规和止规的公差带，如图 5-9 所示。

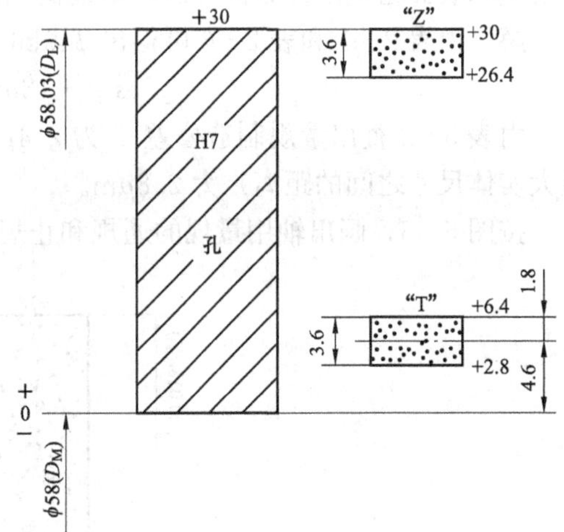

图 5-9 ϕ58H7 孔用工作量规的公差带示意

ϕ58H7 孔用塞规的极限偏差：

通规：上偏差 $=EI+Z+T/2=0+4.6+1.8=+6.4$（μm）

下偏差 $=EI+Z-T/2=0+4.6-1.8=+2.8$（μm）

磨损极限 $=EI=0$

上极限尺寸 $=58+0.0064=58.0064$（mm）

下极限尺寸 $=58+0.0028=58.0028$（mm）

磨损极限尺寸 $=58$mm

所以，孔用塞规的通规尺寸按 $\phi58^{+0.0064}_{+0.0028}$ 制造，允许磨损到 ϕ58mm。

止规：上偏差 $=ES=+30\mu m$

下偏差$=ES-T=+30-3.6=+26.4$（μm）

上极限尺寸$=58+0.03=58.03$（mm）

下极限尺寸$=58+0.0264=58.0264$（mm）

所以，孔用塞规的止规尺寸按$\phi58^{+0.030}_{+0.0264}$mm制造。

塞规圆柱形工作表面的圆柱度公差值和相对素线间的平行度公差值都不得大于塞规制造公差的一半，即它们等于0.0036/2=0.0018mm。由表5-3查得塞规工作表面的表面粗糙度参数值$Ra=0.05$μm。

检验$\phi58$H7孔用的塞规选用锥柄双头塞规，工作部分各项公差的标注如图5-10所示。

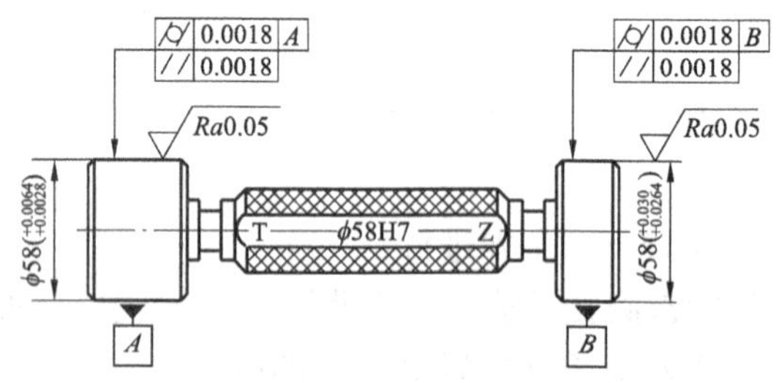

图5-10 孔用塞规简图

【例5-2】 设计检验减速器齿轮轴的$\phi40$k6轴颈的工作量规的工作尺寸，并确定其几何公差和表面粗糙度参数值，画出量规简图。

解 由表2-1和表2-6可得出$\phi40$k6轴颈的极限偏差为

$$es=+18\mu m，ei=+2\mu m$$

由表5-2查出量规制造公差T为2.4μm，位置要素Z（即通规制造公差带中心到工件最大实体尺寸之间的距离）为2.8μm。

按图5-5，画出轴用量规的通规和止规的公差带，如图5-11所示。

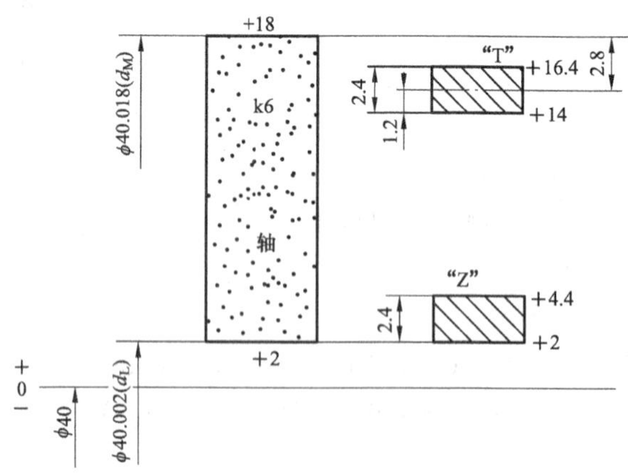

图5-11 $\phi40$k6轴用工作量规的公差带示意

$\phi40$k6轴用卡规的极限偏差：

通规：上偏差$=es-Z+T/2=+18-2.8+1.2=+16.4$（μm）

下偏差$=es-Z-T/2=+18-2.8-1.2=+14$（μm）

磨损极限$=es=+18\mu m$

上极限尺寸$=40+0.0164=40.0164$（mm）

下极限尺寸$=40+0.014=40.014$（mm）

磨损极限尺寸$=40.018$mm

所以，轴用卡规的通规尺寸按 $\phi 40^{+0.0164}_{+0.014}$ 制造，允许磨损到 $\phi 40.018$mm。

止规：上偏差$=ei+T=+2+2.4=+4.4$（μm）

下偏差$=ei=+2\mu m$

上极限尺寸$=40+0.0044=40.0044$（mm）

下极限尺寸$=40+0.002=40.002$（mm）

所以，轴用卡规的止规尺寸按 $\phi 40^{+0.0044}_{+0.002}$ mm 制造。

卡规两平行平面的平面度公差值和平行度公差值都不得大于卡规制造公差的一半，即它们等于 $0.0024/2=0.0012$mm。由表 5－3 查得卡规工作表面的表面粗糙度参数值 $Ra=0.05\mu m$。检验 $\phi 40k6$ 轴颈用的卡规选用单头双极限卡规，工作部分各项公差的标注如图 5－12所示。

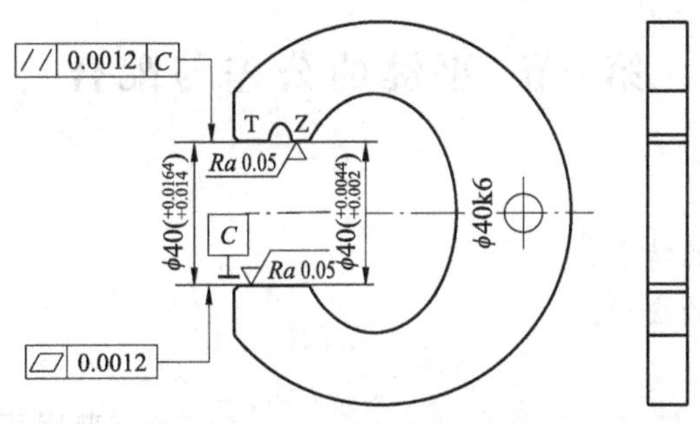

图 5－12　轴用卡规简图

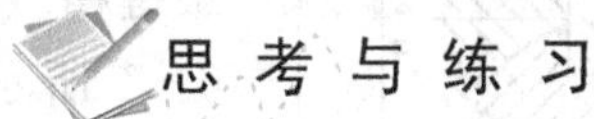

思 考 与 练 习

5－1　试述光滑极限量规的作用和分类。

5－2　量规的通规和止规分别按工件的哪个尺寸制造？各控制工件的哪个尺寸？

5－3　孔、轴用工作量规的通规和止规的公差带的分布特点分别是什么？

5－4　设计工作量规应遵守什么原则？此原则对量规测量面的形式有何要求？在实际应用中是否允许偏离此原则？

5－5　试设计 $\phi 40M8$ 孔用工作量规，并画出量规公差带图。

5－6　试设计 $\phi 40h7$ 轴用工作量规，并画出量规公差带图。

第六章　键、花键的公差与检测

键和花键主要用于轴与轴上传动件（如齿轮、带轮、飞轮、联轴器等）之间实现周向固定以传递转矩的可拆联结。其中，有些还能用做导向联结，如变速箱中变速齿轮花键孔与花键轴的联结。

常用的键联结有平键（包括普通平键和导向平键）、半圆键、切向键和楔键联结，其中平键联结因其制造简单、装拆方便而应用最广。

花键联结分为矩形花键、渐开线花键和三角形花键联结，其中以矩形花键联结应用最广泛。

为满足键和花键联结的使用要求，并保证其互换性，我国发布了 GB/T 1095—2003《平键 键槽的剖面尺寸》、GB/T 1144—2001《矩形花键尺寸、公差和检测》、GB/T 3478—2008《圆柱直齿渐开线花键》等国家标准。

第一节　平键的公差与配合

学习目标

1. 了解平键联结的特点。
2. 掌握平键联结的应用。

一、普通平键和键槽的尺寸

普通平键联结由键、轴键槽和轮毂键槽（孔键槽）三部分组成，如图 6－1 所示。因为键的侧面是工作面，工作时，靠键与键槽的互压传递转矩，所以在普通平键联结中，键和轴键槽、轮毂键槽的宽度 b 是配合尺寸，应规定较严格的配合公差；而其他非配合尺寸，如键的高度 h、长度 L 等，应给予较大的公差。

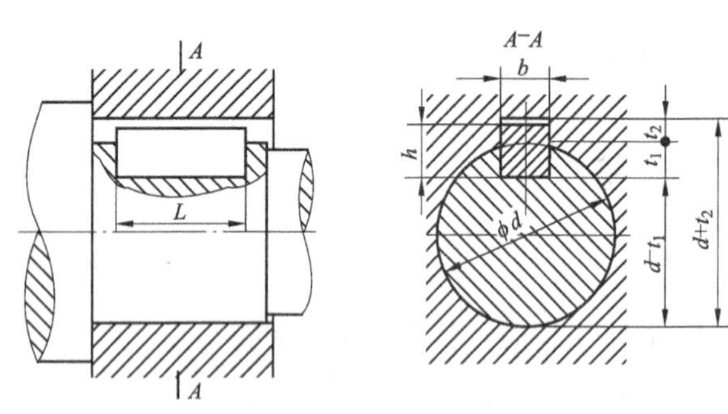

图 6－1　普通平键和键槽的尺寸

二、普通平键联结的公差与配合

1. 普通平键和键槽的尺寸公差

普通平键联结的配合尺寸是键和键槽宽，其配合性质也是以键与键槽宽的配合性质来体现的，其他为非配合尺寸。

普通平键联结由于键侧面同时与轴和轮毂键槽侧面联结，且键是标准件，由型钢制成，因此采用基轴制配合，其公差带如图 6－2 所示。为了保证键与键槽侧面接触良好且便于拆装，键与键槽宽采用过渡配合或小间隙配合。其中，键与轴槽宽的配合应较紧，而键与轮毂槽宽的配合可较松。对于导向平键，要求键与轮毂槽之间做轴向相对移动，要有较好的导向性，因此宜采用具有适当间隙的间隙配合。

GB/T 1095—2003《平键　键槽的剖面尺寸》对键和键宽规定了三种基本联结，配合性质及其应用见表 6-1。键宽 b、键高 h（公差带按 h11）、平键长度 L（公差带按 h14）和轴键槽长度 L（公差带按 H14）的公差值按其公称尺寸从 GB/T 1800.1—2009 中查取，键槽宽 b 及其他非配合尺寸公差规定见表 6-2。

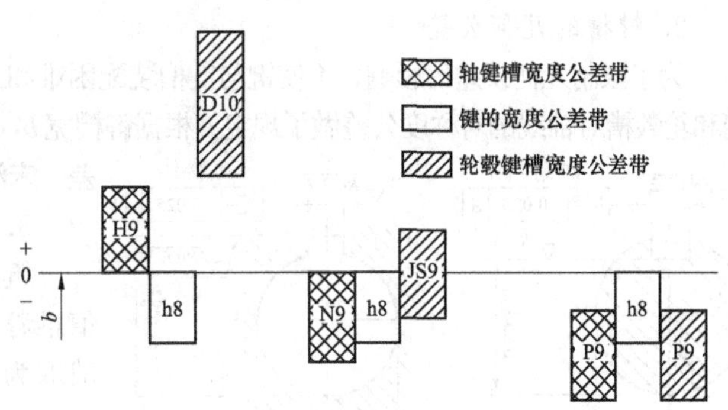

图 6-2　键宽与键槽宽 b 的公差带

表 6-1　普通平键联结的三种配合性质及其应用

配合种类	宽度 b 的公差带			应用范围
	键	轴槽	毂槽	
松联结	h8	H9	D10	主要用于导向平键
正常联结		N9	JS9	单件和成批生产且载荷不大时
紧密联结		P9	P9	传递重载、冲击载荷或双向扭矩时

表 6-2　普通平键的键槽剖面尺寸及极限公差（摘自 GB/T 1095—2003）　（mm）

键	键槽											
公称尺寸 $b\times h$	宽度 b						深度				半径 r	
	公称尺寸 b	偏差					轴 t_1		毂 t_2			
		松联结		正常联结		紧密联结	公称尺寸	极限偏差	公称尺寸	极限偏差	min	max
		轴 H9	毂 D10	轴 N9	毂 Js9	轴和毂 P9						
2×2	2	+0.025 0	+0.060 +0.020	−0.004 −0.029	±0.0125	−0.006 −0.031	1.2	+0.1 0	1.0	+0.1 0	0.08	0.16
3×3	3						1.8		1.4			
4×4	4	+0.030 0	+0.078 +0.030	0 −0.030	±0.015	−0.012 −0.042	2.5		1.8			
5×5	5						3.0		2.3		0.16	0.25
6×6	6						4.0		2.8			
8×7	8	+0.036 0	+0.098 +0.040	0 −0.036	±0.018	−0.015 −0.051	4.0	+0.2 0	3.3	+0.2 0		
10×8	10						5.0		3.3		0.25	0.40
12×8	12	+0.043 0	+0.012 +0.050	0 −0.043	±0.0215	−0.018 −0.061	5.0		3.3			
14×9	14						5.5		3.8			
16×10	16						6.0		4.3			
18×11	18						7.0		4.4			
20×12	20	+0.052 0	+0.149 +0.065	0 −0.052	±0.026	−0.022 −0.074	7.5		4.9		0.40	0.60
22×14	22						9.0		5.4			
25×14	25						9.0		5.4			
28×16	28						10.0		6.4			

注　在实际生产中，由于标注（$d-t_1$）和（$d+t_2$）两个组合尺寸的测量比较方便，因而在图样上，轴槽深度 t_1 和轮毂槽深度 t_2 分别标注上述两尺寸，偏差按相应的 t_1 和 t_2 的偏差选取，但（$d-t_1$）偏差值应取负号。

2. 键槽的几何公差

为了限制几何误差的影响，不使键与键槽装配困难和工作面受力不均等，在国家标准中，对轴槽和轮毂槽对轴线的对称度公差做了规定。根据键槽宽 b，一般按 GB/T 1184—1996《形状和位置公差　未注公差值》中对称度公差 7～9 级选取。

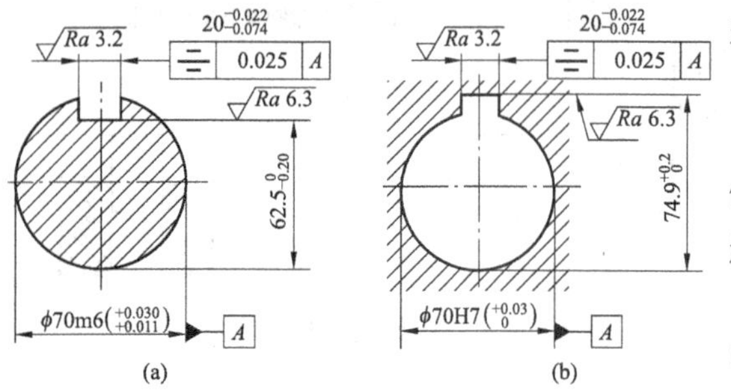

图 6－3　普通平键联结的尺寸和公差标注

3. 键槽的表面粗糙度轮廓要求

键槽的宽度 b 的两侧面的表面粗糙度 Ra 值推荐为 1.6～3.2μm；键槽底面的 Ra 值一般取为 6.3μm。

4. 普通平键联结的尺寸和公差在图样上的标注

图样标注如图 6－3 所示。

第二节　矩形花键的公差与配合

学习目标

1. 了解花键联结的特点。
2. 掌握花键联结的应用。

与键联结相比，花键联结具有下列优点：①定心精度高；②导向性好；③承载能力强。因而在机械中获得广泛应用。

花键联结分为固定联结与滑动联结两种。

花键联结的使用要求为：保证联结强度及传递扭矩可靠；定心精度高；滑动联结还要求导向精度及移动灵活性，固定联结要求可装配性。按齿形的不同，花键分为矩形花键、渐开线花键和三角花键，其中矩形花键应用最为广泛。

一、矩形花键的定心方式

花键有大径 D、小径 d 和键（槽）宽 B 三个主要尺寸参数，若要求这三个尺寸同时起配合定心作用，以保证内、外花键同轴度是很困难的，而且也无必要。因此，为了改善其加工工艺性，只需将其中一个参数加工得较准确，使其起配合定心作用，由于扭矩的传递是通过键和键槽两侧面来实现的，因此，键和槽宽不论是否作为定心尺寸，都要求有较高的尺寸精度。

根据定心要素的不同，可分为三种定心方式：①按大径 D 定心；②按小径 d 定心；③按键宽 B 定心，如图 6－4 所示。

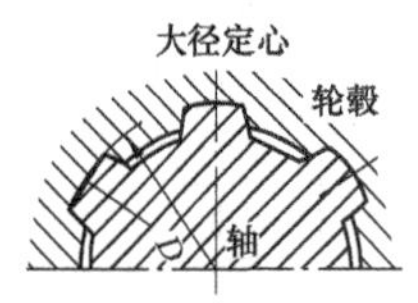

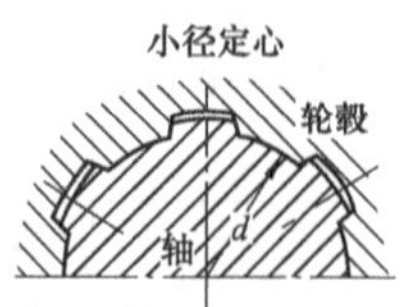

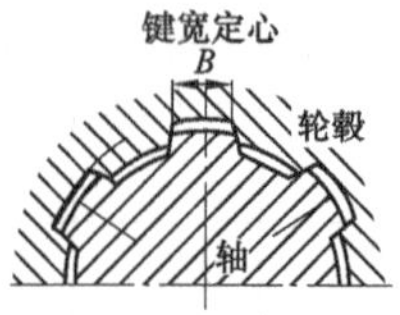

图 6－4　花键的定心方式

GB/T 1144—2001《矩形花键尺寸、公差和检验》规定，矩形花键用小径定心，这是因为小径定心有一系列优点。例如，对于表面硬度要求高（40HRC 以上）的内、外花键，在制造过程中需要通过热处理方式（如淬火）来提高其硬度和耐磨性。而为了修正热处理工艺所造成变形，以及保证定心表面的精度要求（当 $Ra<0.63\mu m$），需进行磨削加工。从磨削加工的工艺性来看，小径便于通过磨削加工达到要求：内花键小径表面可用内圆磨削，外花键小径表面可用成形磨削。因而小径定心的定心精度更高，定心稳定性较好，使用寿命长，有利于产品质量的提高。

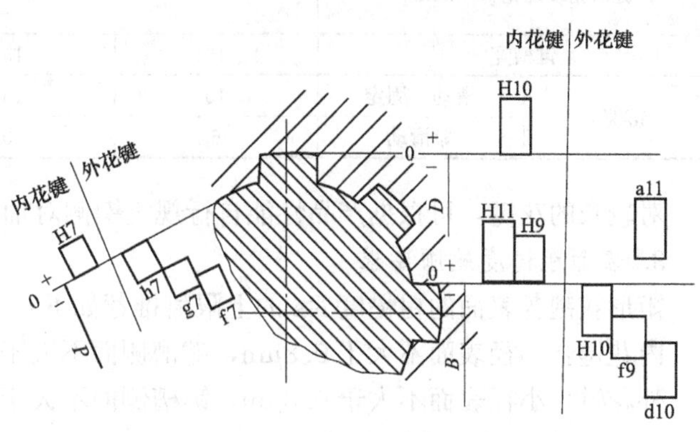

图 6-5　矩形花键的公差带

二、矩形花键联结的公差与配合

1. 尺寸公差带与装配形式

GB/T 1144—2001 规定的小径 d、大径 D 及键（槽）宽 B 的尺寸公差带见图 6-5 和表 6-3。

表 6-3　矩形花键的尺寸公差带与装配形式（摘自 GB/T 1144—2001）

内花键				外花键			装配形式
d	D	B		d	D	B	
		不热处理	要热处理				
一般用							
H7	H10	H9	H11	f7	a11	d10	滑动
				g7		f9	紧滑动
				h7		h10	固定
可精密传动用							
H5	H10	H7、H9		f5	a11	d8	滑动
				g5		f7	紧滑动
				h5		h8	固定
H6				f6		d8	滑动
				g6		f7	紧滑动
				h6		h8	固定

对花键孔规定了拉削后热处理和不热处理两种。标准中规定，按装配形式分滑动、紧滑动和固定三种配合。其区别在于，前两种在工作过程中花键套可在轴上移动。

花键联结采用基孔制，目的是减少拉刀的数量。

对于精密传动用的内花键，当需要控制键侧配合间隙时，槽宽公差带可选用 H7，一般情况下可选用 H9。

当内花键小径公差带为 H6 和 H7 时，允许与高一级的外花键配合。

为保证装配性能要求，小径极限尺寸应遵守包容要求。

各尺寸（D、d 和 B）的极限偏差，可按其公差带代号及公称尺寸由《极限与配合》相应国家标准查出。

2. 几何公差

内、外花键的几何公差要求，主要是位置度公差要求，见表 6-4。

表 6-4 矩形花键的位置度公差 t_1（摘自 GB/T 1144—2001）

键槽宽或键宽 B（mm）		3	3.5～6	7～10	12～18
		t_1（μm）			
键槽宽		10	15	20	25
键宽	滑动、固定	10	15	20	25
	紧滑动	6	10	13	15

对较长的花键，可根据产品性能自行规定键侧对轴线的平行度公差。

3. 表面粗糙度轮廓要求

矩形花键各表面的粗糙度 Ra 的上限值推荐如下：

内花键：小径表面不大于 0.8μm，键槽侧面不大于 3.2μm，大径表面不大于 6.3μm。

外花键：小径表面不大于 0.8μm，键槽侧面不大于 0.8μm，大径表面不大于 3.2μm。

4. 矩形花键的图样标注

矩形花键联结在图纸上的标注，按顺序包括以下项目：键数 N，小径 d，大径 D，键宽 B，花键公差带代号。示例如下：

花键规格：$N\times d\times D\times B$ 6×23×26×6

花键副 $6\times23\dfrac{\text{H7}}{\text{f7}}\times26\dfrac{\text{H10}}{\text{a11}}\times6\dfrac{\text{H11}}{\text{d10}}$ GB/T 1144—2001

内花键 6×23H7×26H10×6H11 GB/T 1144—2001

外花键 6×23f7×26a11×6d10 GB/T 1144—2001

图样标注如图 6-6 所示。

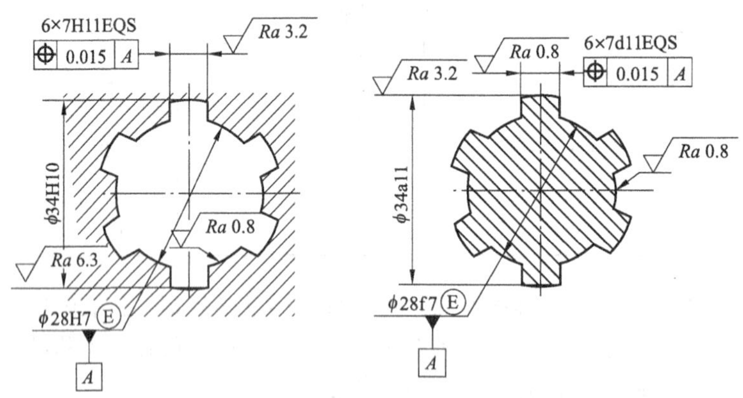

图 6-6 矩形花键联结的尺寸和公差标注

第三节 键和花键的检测

学习目标

1. 了解平键的检测方法。
2. 了解花键的检测方法。

一、普通平键的检测

1. 尺寸的检测

键和键槽的尺寸测量比较简单。在单件、小批生产中可用游标卡尺，千分尺等通用测量工具来测量。在成批大量生产中可用量块或光滑极限量规（见图 6-7）来检验。

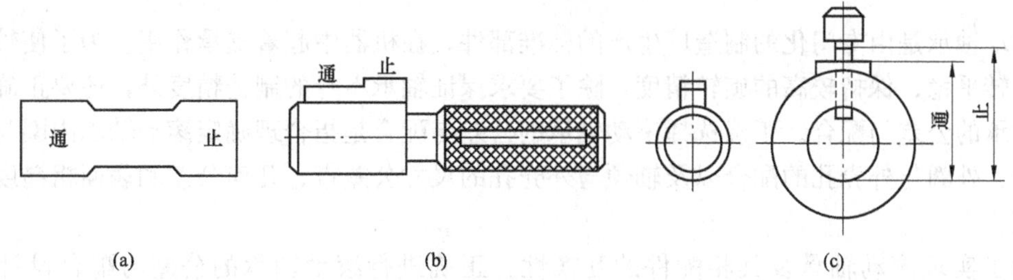

图 6-7　键槽检验用极限量规

(a) 键槽宽尺寸量规；(b) 轮毂槽深极限尺寸量规；(c) 轴槽深极限尺寸量规

2. 键槽对称度误差的检测

键槽对称度误差的检测一般用极限量规来检测。

二、矩形花键的检测

1. 单项检验

单项检验即对定心小径、键宽、大径的三个参数检验，每个参数都有尺寸、位置、表面粗糙度的检验。

2. 综合检验

综合检验适用于大批量生产，采用综合量规进行检验。检验时，先用花键位置量规（检验花键孔时用花键塞规，检验花键轴时用花键环规），如图 6-8 所示，同时检验花键的小径、大径、键宽及大/小径的同轴度误差、各键（键槽）的位置度误差等。若位置量规能自由通过，说明花键是合格的。用位置量规检验合格后，再用单项止端塞规或普通计量器具检验其小径、大径及键槽宽的实际尺寸是否超越其最小实体尺寸。

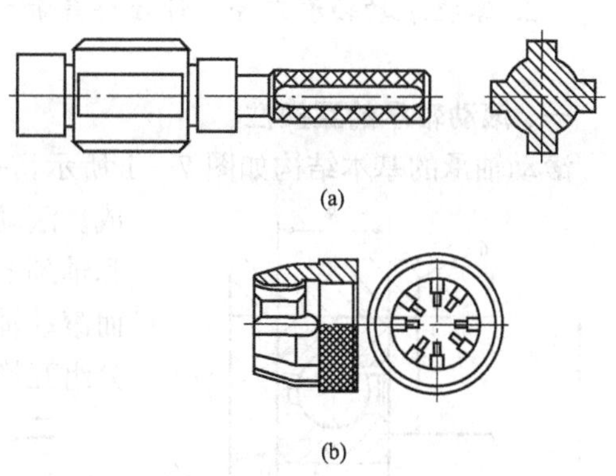

图 6-8　矩形花键检验用极限量规

(a) 花键塞规；(b) 花键环规

思考与练习

6-1　单键与轴槽及轮毂槽的配合有何特点？分为哪几类？如何选择？

6-2　平键联结为什么只对键（槽）宽规定较严的公差？

6-3　矩形花键联结的定心方式有哪几种？如何选择？小径定心有何优点？

6-4　某减速器传递一般扭矩，其中某一齿轮与轴之间通过平键联结来传递扭矩。已知键宽 b=8mm，试确定键宽 b 的配合代号，查出其极限偏差值，并作出公差带图。

第七章　滚动轴承的公差与检测

滚动轴承是由专门化的制造厂生产的标准部件，在机器中起着支承作用。为了使轴承工作时运转平稳、保持较高的旋转精度，除了要求保证轴承本身的制造精度外，还要正确选择滚动轴承的公差与配合。正确选择滚动轴承的公差与配合是指合理确定滚动轴承内圈与轴颈的配合、外圈与外壳孔的配合以及轴颈与外壳孔的尺寸公差带、几何公差和表面粗糙度幅度参数值。

为了实现滚动轴承及其相配件的互换性，正确进行滚动轴承的公差与配合设计，我国发布了 GB/T 307.1—2005《滚动轴承　向心轴承　公差》、GB/T 307.3—2005《滚动轴承　通用技术规则》和 GB/T 275—1993《滚动轴承与轴和外壳的配合》等国家标准。

第一节　滚动轴承的应用与精度等级

学习目标

1. 掌握滚动轴承的公差等级及如何选用。
2. 掌握滚动轴承内径、外径公差带的特点。

一、滚动轴承的互换性

滚动轴承的基本结构如图 7－1 所示，一般由外圈 1、内圈 2、滚动体 3 和保持架 4 组成。滚动轴承的内径 d、外径 D 是其配合尺寸，分别与和轴颈 5 和外壳 6 的孔配合，配合应具有完全互换性。而滚动轴承的内、外圈滚道与滚动体的配合，一般采用分组互换法保证装配精度。

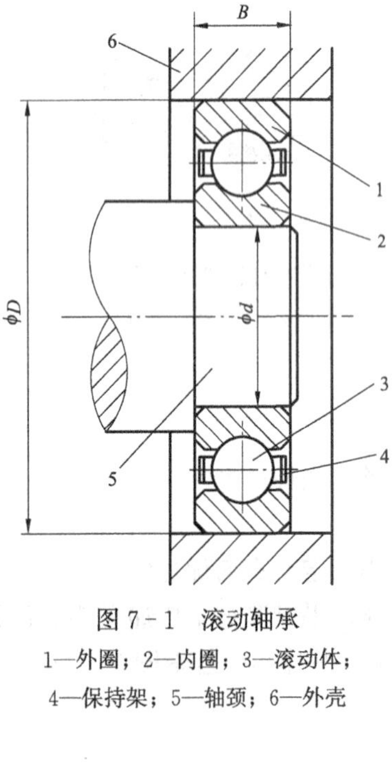

图 7－1　滚动轴承

1—外圈；2—内圈；3—滚动体；4—保持架；5—轴颈；6—外壳

二、滚动轴承的公差等级及其应用

1. 滚动轴承的公差等级

滚动轴承的公差等级是按轴承的尺寸公差大小和旋转精度的高低来分的。轴承的尺寸公差是指轴承内径 d、外径 D、宽度 B 等的尺寸公差；旋转精度是指轴承内、外圈的径向跳动、轴承端面分别对滚道、内孔的跳动等。GB/T 307.3—2005 把向心轴承的公差等级分为 0、6、5、4 和 2 五级，精度依次升高；圆锥滚子轴承公差等级分为 0、6x、5 和 4 共四级；推力轴承分为 0、6、5 和 4 共四级。

2. 各个公差等级的滚动轴承的应用

各个公差等级的滚动轴承的应用范围见表 7－1。

表 7-1　**各个公差等级的滚动轴承的应用范围**

滚动轴承公差等级	应用示例
0 级（普通级）	广泛应用于低、中速及旋转精度要求不高的一般旋转机构中，如普通机床的变速箱、进给箱，汽车、拖拉机的变速箱，普通电动机、压缩机、水泵、农业机械等的旋转机构中
6 级、6x 级（中级） 5 级（较高级）	多用于旋转精度和运转平稳性要求较高或转速较高的旋转机构中，如普通机床主轴轴承和比较精密的仪器、仪表、机械的旋转机构中
4 级（高级）	多用于转速很高或旋转精度要求很高的机床和机器的旋转机构中，如高精度机床的主轴轴系、精密仪器仪表的主要轴承等
2 级（精密级）	多用于精密机械的旋转机构中，如精密坐标镗床、高精度齿轮磨床、数控机床等的主轴轴系

三、滚动轴承内、外径公差带的特点

滚动轴承内圈与轴颈的配合应采用基孔制，外圈与外壳孔的配合采用基轴制。

国家标准规定：

（1）滚动轴承内圈基准孔公差带位于以公称直径 d 为零线的下方，且上偏差为零，如图 7-2 所示。这种特殊的基准孔公差带不同于基本偏差代号为 H 的一般基准孔的公差带（此公差带下偏差为零，位于零线之上）。这里主要考虑轴承配合的特殊需要。因为在多数情况下，轴承内圈要随轴颈一起转动，两者之间必须具有一定过盈，但过盈量又不宜过大，以保证装卸方便，防止内圈应力过大。当基本偏差代号为 k、m、n 等的轴颈与公差带位于零线下方的轴承内圈配合时，就可得到小过盈的配合，可满足使用要求。

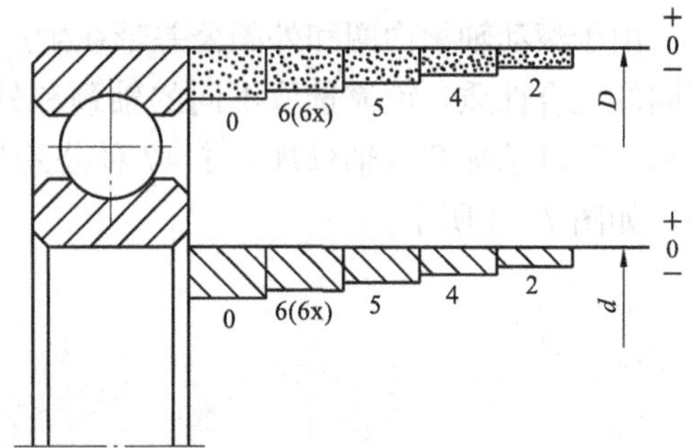

图 7-2　滚动轴承内、外径公差带

（2）滚动轴承外圈基准轴公差带位于以公称直径 D 为零线的下方，且上偏差为零，如图 7-2 所示。该公差带的基本偏差与基本偏差代号为 h 的一般基准轴相同，但这两种公差带的公差数值不同。滚动轴承的精度高，公差数值稍小一些。

滚动轴承的内圈、外圈都是薄壁件，在制造过程中或在自由状态下都容易变形。但是，当轴承与具有正确几何形状的轴颈和外壳孔装配后，这种变形会得到矫正。因此，国家标准规定，在轴承内、外圈任一横截面内测得内孔、外圆柱面的最大和最小直径的平均值对公称直径的实际偏差 Δd_{mp} 和 ΔD_{mp} 分别在内外径公差带内，就认为合格。表 7-2 列出了部分向心轴承 Δd_{mp} 和 ΔD_{mp} 的极限值。

表 7-2　**向心轴承 Δd_{mp} 和 ΔD_{mp} 的极限值**

精度等级			0		6		5		4		2	
基本直径（mm）			极限偏差（μm）									
	大于	到	上偏差	下偏差	上偏差	下偏差	上偏差	下偏差	上偏差	下偏差	上偏差	下偏差
内圈	18	30	0	−10	0	−8	0	−6	0	−5	0	−2.5
	30	50	0	−12	0	−10	0	−8	0	−6	0	−2.5

续表

精度等级			0		6		5		4		2	
基本直径（mm）			极限偏差（μm）									
大于		到	上偏差	下偏差	上偏差	下偏差	上偏差	下偏差	上偏差	下偏差	上偏差	下偏差
外圈	50	80	0	−13	0	−11	0	−9	0	−7	0	−4
	80	120	0	−15	0	−13	0	−10	0	−8	0	−5

第二节　滚动轴承与轴颈、外壳孔的配合

学习目标

1. 了解与滚动轴承相配的轴颈和外壳孔的公差带。
2. 初步掌握轴颈和外壳孔与滚动轴承配合的选用及其他技术要求的确定。

一、与滚动轴承配合的轴颈和外壳孔的常用公差带

由于滚动轴承内圈和外圈公差带在生产中已经确定，因此与轴颈和外壳孔的配合要获得不同的配合性质，就靠选取不同的轴颈和外壳孔的公差带来决定。GB/T 275—1993 对与 0 级和 6 级轴承配合的轴颈规定了 17 种公差带，如图 7-3 所示；对外壳孔规定了 16 种公差带，如图 7-4 所示。

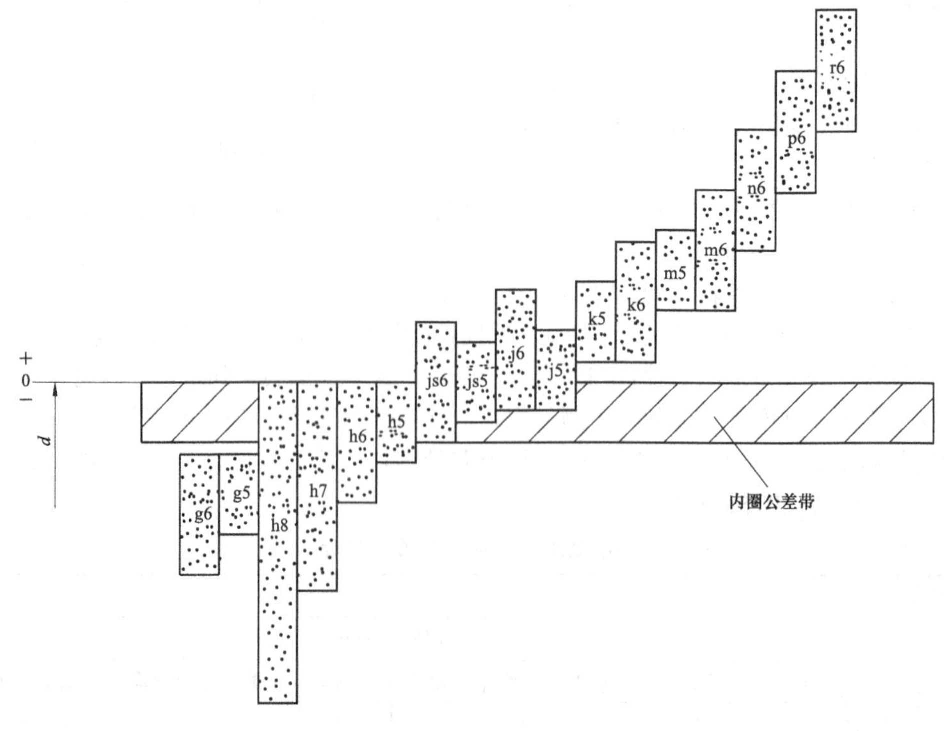

图 7-3　与滚动轴承配合的轴颈常用公差带

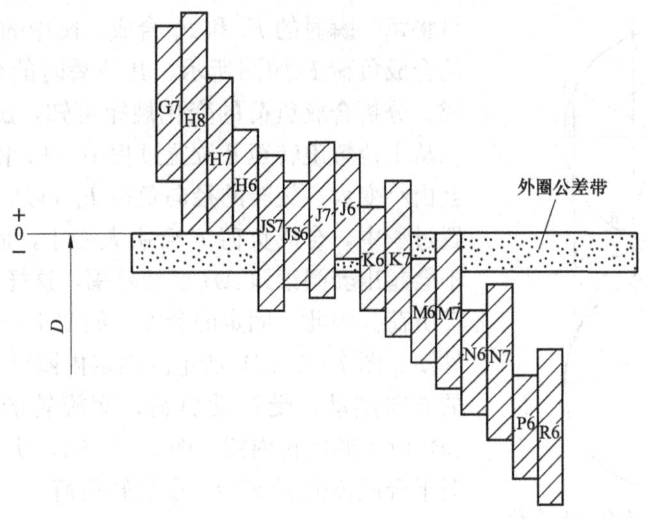

图 7-4　与滚动轴承配合的外壳孔的常用公差带

二、滚动轴承与轴颈、外壳孔配合的选择

正确选择轴承的配合，对保证机器正常运转，提高轴承使用寿命、充分发挥其承载能力影响很大。轴承与轴颈、外壳孔的配合的选择就是确定轴颈和外壳孔的公差带。选择时应考虑以下因素：

1. 轴承套圈相对于负荷方向的运转状态

作用在轴承上的径向负荷，一般有两种情况：一是只有一个大小和方向均固定的径向负荷 F_r，称为定向负荷（如皮带拉力或齿轮的作用力），如图 7-5（a）、（b）所示；二是在一个定向负荷作用的同时还有一个旋转负荷 F_c（如转动离心力），如图 7-5（c）、（d）所示。

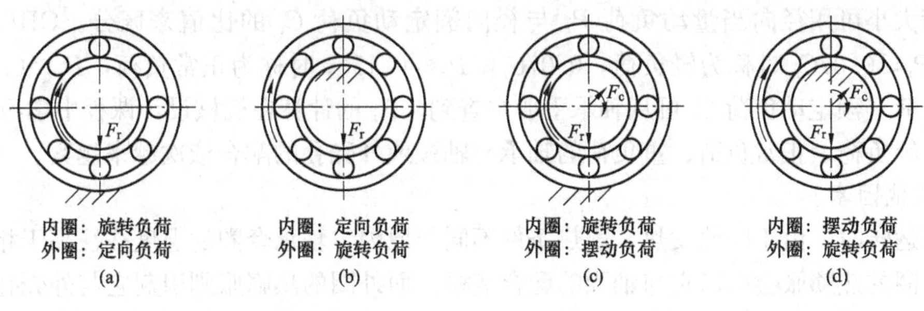

图 7-5　轴承套圈承受的负荷类型

由于轴承套圈（内圈或外圈）的转动方式不同，套圈所受径向负荷存在着以下三种情况：

（1）套圈受旋转负荷。套圈相对于径向负荷旋转，径向负荷依次作用在套圈的整个圆周滚道上。如图 7-5（a）中的内圈和图 7-5（b）中的外圈均受到一个旋转的径向负荷 F_r 的作用。

（2）套圈受定向负荷。套圈相对于负荷方向固定，径向负荷始终作用在套圈滚道的某一固定区域上。如图7-5（a）所示的固定外圈和图 7-5（b）所示的固定内圈的某一区域均受到一个方向一定的径向负荷 F_r 的作用。

（3）套圈受摆动负荷。如图 7-5（c）、（d）所示，套圈承受定向负荷 F_r 和一个旋转负荷 F_c，受两者的合成负荷 F 的作用。如图 7-6 所示，当 $F_r > F_c$ 时，按照平行四边形法则，

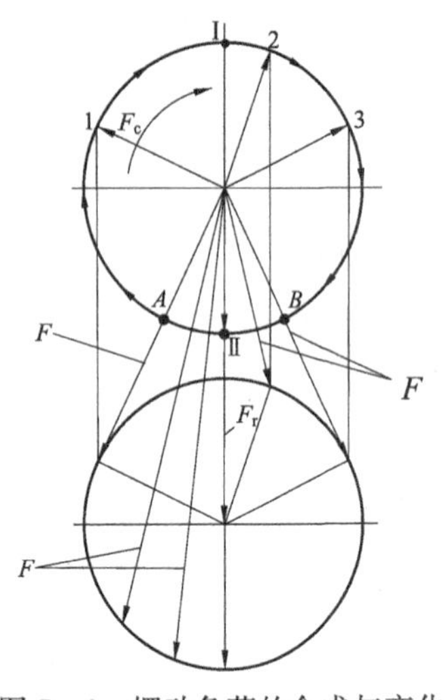

图 7-6 摆动负荷的合成与变化

可将每一瞬时的 F_r 和 F_c 合成，图中的 1、2、3 三个瞬时的合成负荷 F 如图所示，其他瞬时的合成负荷可依此合成。分析合成负荷的变化规律可知，旋转的径向负荷 F_c 在从Ⅰ位置旋转至Ⅱ位置过程中，F_r 和 F_c 的合成负荷 F 会由小变大；旋转的径向负荷 F_c 再从Ⅱ位置旋转到Ⅰ位置过程中，合成负荷 F 会由大变小，而且 F 的作用方向不会超出套圈滚道 AB 区域范围，这样的合成负荷称为摆动负荷。因此，固定的套圈，如图 7-5（c）所示的固定外圈、图 7-5（d）所示的固定内圈就相对于合成负荷 F 的方向摆动，受摆动负荷；而旋转的套圈，如图 7-5（c）所示的旋转内圈、图 7-5（d）所示的旋转外圈就相对于合成负荷 F 旋转，受旋转负荷。

轴承套圈所受负荷不同，配合的松紧程度也应不同。

当套圈承受旋转负荷时，该套圈与轴颈或外壳孔的配合应紧些，一般选用具有小过盈的配合或过盈概率较大的过渡配合。配合紧一些，就能使旋转的套圈与轴颈或外壳孔固定成一体，避免它们产生相对滑动，从而实现套圈滚道均匀磨损。

当套圈承受定向负荷时，该套圈与轴颈或外壳孔的配合应稍松些，一般选用具有平均间隙较小的过渡配合或具有极小间隙的配合。这样在摩擦力矩的带动下，套圈与轴颈或外壳孔之间可以做非常缓慢的相对滑动，从而避免套圈滚道局部区域磨损严重，提高轴承的使用寿命。

当套圈承受摆动负荷时，该套圈与轴颈或外壳孔的配合的松紧程度，一般与套圈受旋转负荷时选用的配合相同或稍松一些。

2. 负荷的大小

负荷大小可用径向当量动负荷 P_r 与径向额定动负荷 C_r 的比值来区分。GB/T 275—1993 将 $P_r \leqslant 0.07C_r$ 时称为轻负荷，$0.07C_r \leqslant P_r \leqslant 0.15C_r$ 时称为正常负荷，$P_r > 0.15C_r$ 时称为重负荷。额定动负荷 C_r 可从轴承手册中查到。P_r 的计算在机械设计课程中学习过。

承受轻负荷、正常负荷、重负荷的轴承与轴颈或外壳孔的配合依次越来越紧。

3. 其他因素

轴承运转时，由于摩擦发热、散热条件不同等原因，轴承套圈的温度往往高于相配件的温度。内圈的热膨胀会引起它与轴颈的配合变松，而外圈的热膨胀则引起它与外壳孔的配合变紧。因此当轴承工作温度高于 100℃时，应对所选择的配合做适当修正。

当轴承的旋转速度较高，又要承受冲击振动载荷时，轴承的配合最好选用具有小过盈或较紧的配合。对重型机械用的大型或特大型轴承，考虑轴承安装与拆卸的方便，宜采用较松的配合。如果既要求装拆方便，又需紧配合时，可采用分离型轴承，或采用内圈带锥孔、带紧定套和推卸套的轴承。

选用轴承配合时，还应使所选轴颈和外壳孔的标准公差等级与轴承公差等级相协调。与 0 级、6 级轴承配合的轴颈一般为 IT6 级，外壳孔一般为 IT7 级，对旋转精度和运转平稳性有较高要求的工作条件，轴颈应为 IT5 级，外壳孔应为 IT6 级。

综上所述，影响滚动轴承配合选用的因素较多，通常采用类比法来确定。表 7-3、表 7-4分别列出了与向心轴承内圈配合的轴颈公差带和与向心轴承配合的外壳孔公差带，供选用时参考。

表 7-3　　与向心轴承配合的轴颈公差带

运转状态		负荷状态	深沟球轴承、调心球轴承和角接触球轴承	圆柱滚子轴承和圆锥滚子轴承	调心滚子轴承	公差带
说明	举例		轴承公称内径（mm）			
旋转的内圈负荷及摆动负荷	一般通用机械、电动机、机床主轴、泵、内燃机、直齿轮传动装置、铁路机车车辆轴箱、破碎机等	轻负荷	≤18 >18～100 >100～200 —	— ≤40 >40～140 >140～200	— ≤40 >40～140 >140～200	h5 j6① k6① m6①
		正常负荷	≤18 >18～100 >100～140 >140～200 >200～280 — —	— ≤40 >40～100 >100～140 >140～200 >200～400 —	— ≤40 >40～65 >65～100 >100～140 >140～280 >280～500	j5、js5 k5② m5② m6 n6 p6 r6
		重负荷		>50～140 >140～200 >200	>50～100 >100～140 >140～200 >200	n6③ p6 r6 r7
固定的内圈负荷	静止轴上的各种轮子、张紧轮、绳轮、振动筛、惯性振动器	所有负荷	所有尺寸			f6① g6 h6 j6
仅有轴向负荷		所有尺寸				j6、js6

① 对精度有较高要求的场合，应该选用 j5、k5、m5、f5 以分别代替 j6、k6、m6、f6。

② 圆锥滚子轴承、角接触球轴承配合对游隙的影响不大，可以选用 k6、m6 分别代替 k5、m5。

③ 重负荷下轴承游隙应选用大于 0 组的游隙。

表 7-4　　与向心轴承配合的外壳孔公差带

运转状态		负荷状态	其他状况		公差带①	
说明	举例				球轴承	滚子轴承
固定的外圈负荷	一般机械、铁路机车车辆轴箱、电动机、泵、曲轴主轴承	轻、正常、重负荷	轴向容易移动	轴处于高温度下工作	G7	
				采用剖分式外壳	H7	
		冲击负荷	轴向能移动，采用整体式或剖分式外壳		J7、JS7	
摆动负荷		轻、正常负荷				
		正常、重负荷	轴向不移动，采用整体式壳		K7	
		冲击负荷			M7	
旋转的外圈负荷	张紧滑轮、轮毂轴承	轻负荷			J7	K7
		正常负荷			K7、M7	M7、N7
		重负荷			—	N7、P7

① 并列公差带随尺寸的增大从左至右选择；对旋转精度要求较高时，可相应提高一个标准公差等级。

三、轴颈和外壳孔的其他技术要求

轴颈和外壳孔的尺寸公差带确定以后，为了保证轴承的工作性能，GB/T 275—1993 对它们分别规定了几何公差（轴颈和外壳孔表面的圆柱度公差、轴肩及外壳孔端面的端面圆跳动公差）和表面粗糙度参数值，见表 7-5 和表 7-6。

表 7-5 轴颈和外壳孔的几何公差

基本尺寸（mm）		圆柱度 t				端面圆跳动 t_1			
		轴颈		外壳孔		轴肩		外壳孔肩	
		轴承公差等级							
		0	6（6x）	0	6（6x）	0	6（6x）	0	6（6x）
大于	至	公差值（μm）							
—	6	2.5	1.5	4	2.5	5	3	8	5
6	10	2.5	1.5	4	2.5	6	4	10	6
10	18	3.0	2.0	5	3.0	8	5	12	8
18	30	4.0	2.5	6	4.0	10	6	15	10
30	50	4.0	2.5	7	4.0	12	8	20	12
50	80	5.0	3.0	8	5.0	15	10	25	15
80	120	6.0	4.0	10	6.0	15	10	25	15
120	180	8.0	5.0	12	8.0	20	12	30	20
180	250	10.0	7.0	14	10.0	20	12	30	20
250	315	12.0	8.0	16	12.0	25	15	40	25
315	400	13.0	9.0	18	13.0	25	15	40	25
400	500	15.0	10.0	20	15.0	25	15	40	25

表 7-6 轴颈和外壳孔的表面粗糙度参数值

轴颈或外壳孔的直径（mm）		轴颈或外壳孔的公差等级								
		IT7			IT6			IT5		
		表面粗糙度参数值（μm）								
大于	至	Rz	Ra		Rz	Ra		Rz	Ra	
			磨	车		磨	车		磨	车
—	80	10	1.6	3.2	6.3	0.8	1.6	4	0.4	0.8
80	500	16	1.6	3.2	10	1.6	3.2	6.3	0.8	1.6
端面		25	3.2	6.3	25	3.2	6.3	10	1.6	3.2

四、设计实例

现有一圆柱齿轮减速器，小齿轮轴要求较高的旋转精度，装有 0 级单列深沟球轴承（d=50mm，D=110mm），减速器工作时此轴承有时要承受冲击载荷。轴承的额定动负荷 C_r=32 000N，经计算轴承所受径向当量动负荷 P_r=4000N。试用类比法确定轴颈和外壳孔的公差带代号，画出公差带图，并确定轴颈和外壳孔的几何公差值和表面粗糙度值，并将它们分别标注在装配图和零件图上。

按给定条件，可计算得 $P_r=0.125C_r$，因 $0.07C_r<P_r<0.15C_r$，所以该轴承负荷状态属于正常负荷，且有时要受冲击负荷。内圈相对于负荷方向旋转，外圈相对于负荷方向固定。参考表 7-3 和表 7-4，查得轴颈公差带为 k5，考虑到轴承为 0 级，精度较低，故选 k6；外壳孔公差带为 J7。

从表 7-2 中查出，轴承内外单一平面平均直径的上、下偏差，再从表 2-1、表 2-6、表 2-7 中可得出 k6、J7 的上、下偏差，从而画出公差带图，如图 7-7 所示。

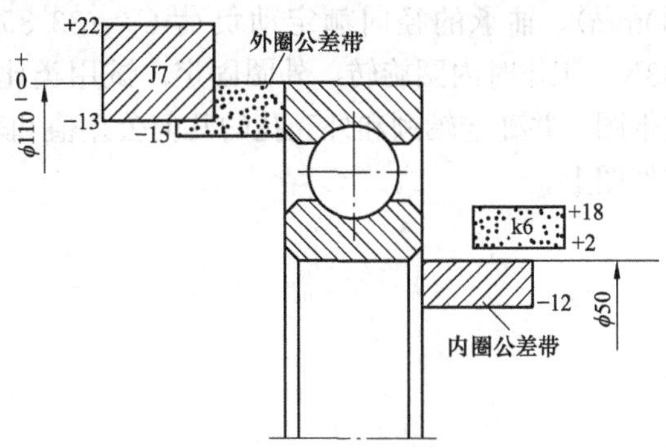

图 7-7 轴承内、外圈与轴颈及外壳孔配合的公差带

从图 7-7 中可知，内圈与轴为过盈配合，$Y_{min}=-0.002$mm，$Y_{max}=-0.030$mm；外圈与外壳孔为过渡配合，$X_{max}=+0.037$mm，$Y_{max}=-0.013$mm。

查表 7-5 得，轴颈的圆柱度公差为 0.004mm，外壳孔的圆柱度误差为 0.010mm；轴肩的端面圆跳动公差为 0.012mm，外壳孔肩的端面圆跳动公差为 0.025mm。

查表 7-6 得，粗糙度要求：轴颈 $Ra\leqslant0.8\mu$m，轴肩 $Ra\leqslant3.2\mu$m，外壳孔 $Ra\leqslant1.6\mu$m，外壳孔肩 $Ra\leqslant3.2\mu$m。

将选择的各项公差要求标注在图上，如图 7-8 所示。

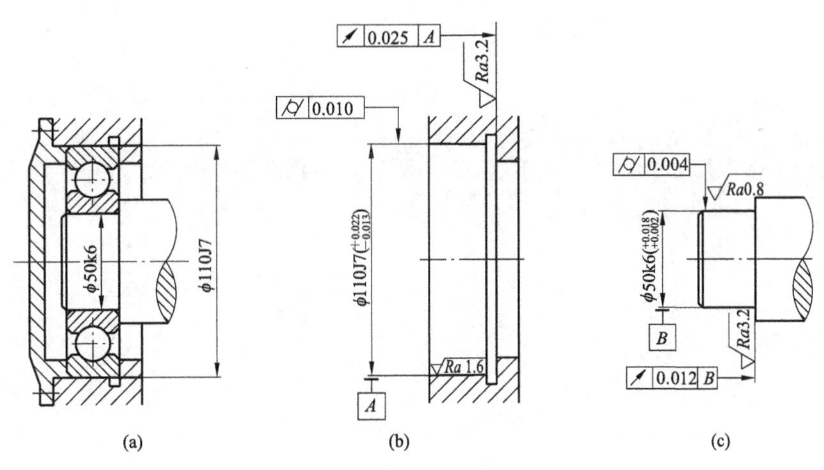

图 7-8 轴颈和外壳孔公差在图样上标注示例

(a) 装配图；(b) 外壳上轴承孔部分的图样；(c) 轴颈部分的图样

思考与练习

7-1 滚动轴承的精度有哪几个等级？哪个等级应用最广泛？

7-2 滚动轴承与轴颈、外壳孔的配合分别采用何种基准制？

7-3 滚动轴承内圈内孔及外圈外圆柱面公差带分别与一般基孔制的基准孔及一般基轴制的基准轴公差带有何不同？

7-4　选择轴承与轴、外壳孔配合时主要考虑哪些因素？

7-5　某单级直齿圆柱齿轮减速器输出轴上安装两个0级深沟球轴承（d=55mm，D=100mm），轴承的径向额定动负荷 C_r=33 354N，经计算轴承所受径向当量动负荷 P_r=883N，工作时内圈旋转，外圈固定。试用类比法确定轴颈和外壳孔的公差带代号，画出公差带图，并确定轴颈和外壳孔的几何公差值和表面粗糙度值，并将它们分别标注在装配图和零件图上。

第八章　普通螺纹的公差与检测

第一节　螺纹的基本概念

学习目标

1. 掌握螺纹的种类和主要几何参数。
2. 重点掌握螺纹的大径、中径、小径、螺距、牙侧角等参数。

螺纹加工产生的误差不可避免，但若误差过大将直接影响螺纹的正常连接与互换性，误差过小使得螺纹加工成本上升。因此，要分析导致误差的因素和实现互换的条件，并对误差加以规范与限制。

一、螺纹的分类与使用要求

螺纹结合在机械制造及装配安装中是广泛采用的一种结合形式，按用途不同可分为两大类。

(1) 连接螺纹。连接螺纹主要用于紧固和连接零件，因此又称为紧固螺纹，如米制普通螺纹是使用最广泛的一种。要求其有良好的旋入性和连接的可靠性。牙型为三角形。

(2) 传动螺纹。传动螺纹主要用于传递动力或精确位移，要求具有足够的强度和保证精确的位移。传动螺纹牙型有梯形、矩形等。机床中的丝杆、螺母常用梯形牙型，而在滚动螺旋副（滚珠丝杆副）则采用单、双圆弧轨道。

本章主要讨论普通螺纹。

二、普通螺纹拧合的基本要求

普通螺纹，常用于机械设备、仪器仪表中，用于连接和紧固零部件，为使其实现规定的功能，必须满足以下要求：

(1) 可旋入性。可旋入性是指同规格的内、外螺纹在装配时不经挑选就能在给定的轴向长度内全部旋合。

(2) 连接可靠性。连接可靠性是指用于连接和紧固时，应具有足够的连接强度和紧固性，确保机器或装置的使用性能。

三、普通螺纹的基本牙型与几何参数

1. 螺纹的基本牙型

螺纹的基本牙型，可分为三角螺纹、梯形螺纹、锯齿形螺纹、矩形螺纹等。螺纹的种类、牙型及代号和使用要求，见表 8－1。

表 8－1　　螺纹的种类、牙型及代号和使用要求

种　　类			牙型及代号	使 用 要 求
连接螺纹	普通螺纹		三角形　M	良好的旋合性、密封性及连接的可靠性
	管螺纹	密封	三角形　R	
		非密封	三角形　G	

续表

种类		牙型及代号	使用要求
传动螺纹	梯形	三角形 Tr	传递位移的准确性、传递动力的可靠性
	锯齿形	锯齿形 B	
	矩形	矩形	

2. 螺纹的主要几何参数

在通过螺纹轴线的剖面内，按规定的削平高度截去原始三角形的顶部和底部形成螺纹牙型，如图 8-1（a）所示。该牙型全部尺寸均为基本尺寸，称为基本牙型。

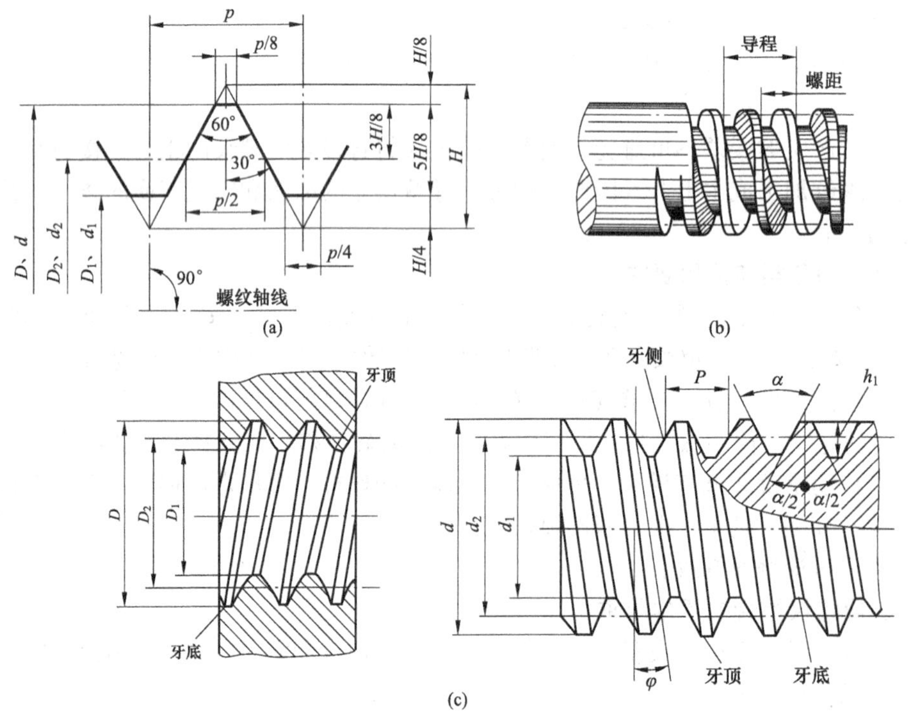

图 8-1 普通螺纹的基本尺寸

(a) 基本牙型；(b) 双线螺纹的螺距与导程；(c) 内、外螺纹

螺纹的主要参数有牙型、公称直径、线数、螺距、旋向等。其具体定义及代号见表 8-2，普通螺纹的基本尺寸见表 8-3。

表 8-2 普通螺纹的基本几何参数

参数	代号		定义
	内螺纹	外螺纹	
原始三角形高度	H		原始等边三角形顶点到底边的垂直距离
牙型角	α		在螺纹牙型上相邻两牙侧间的夹角 普通螺纹的理论牙型角 α 为 60°，牙型半角 α/2 为 30°

续表

参数		代号		定义
		内螺纹	外螺纹	
螺纹直径	螺纹大径	D	d	与外螺纹牙顶或内螺纹牙底相重合的假想圆柱面的直径 国家标准规定大径作为螺纹的公称直径
	螺纹小径	D_1	D_1	与外螺纹牙底或内螺纹牙顶相重合的假想圆柱面的直径
	螺纹中径	D_2	D_3	牙型宽与牙槽宽度相等处的一个假想圆柱面的直径
	顶径	D_1	d	与外螺纹牙顶或内螺纹牙顶相重合的假想圆柱面的直径
螺距		P		相邻两牙在中径线上对应两点间的轴向距离
导程		P_h		同一条螺旋线上相邻两牙的中径线上对应两点间的轴向距离 对单线螺纹，$P_h=P$；对多线螺纹，$P_h=np$，如图 8-1（b）所示
旋合长度		L		内、外螺纹沿轴线方向相互旋合部分的长度，如图 8-2 所示
螺纹升角		ϕ		在中径圆柱上螺旋线的切线与垂直于螺纹轴线的平面的夹角
单一中径		D_{2s}	d_{2s}	指母线通过牙型上牙槽宽等于基本螺距一半处的一个假想圆柱面的直径，如图 8-3所示； 当螺距无误差时，单一中径就是中径； 当螺距有误差时，单一中径可近似视为实际中径

表 8-3　　普通螺纹的基本尺寸　　(mm)

公称直径（大径）D、d	螺距 P	中径 D_2、d_2	小径 D_1、d_1	公称直径（大径）D、d	螺距 P	中径 D_2、d_2	小径 D_1、d_1
6	1 0.75	5.350 5.513	4.917 5.188	14	2 1.5 1.25 1	12.701 13.026 13.188 13.350	11.835 12.376 12.647 12.917
7	1 0.75	6.350 6.513	5.917 6.188	15	1.5 1	14.026 14.350	13.376 13.917
8	1.25 1 0.75	7.188 7.350 7.513	6.647 6.917 7.188	16	2 1.5 1	14.701 15.026 15.350	13.835 14.376 14.917
9	1.25 1 0.75	8.188 8.350 8.513	7.647 7.917 8.188	17	1.5 1	16.026 16.350	15.376 15.917
10	1.5 1.25 1 0.75	9.026 9.188 9.350 9.513	8.376 8.647 8.917 9.188	18	2.5 2 1.5 1	16.376 16.701 17.026 17.350	15.294 15.835 16.376 16.917
11	1.5 1 0.75	10.026 10.350 10.513	9.376 9.917 10.188	20	2.5 2 1.5 1	18.376 18.701 19.026 19.350	17.294 17.835 18.376 18.917
12	1.75 1.5 1.25 1	10.863 11.026 11.188 11.350	10.106 10.376 10.647 10.917	22	2.5 2 1.5 1	20.376 20.701 21.026 21.350	19.294 19.835 20.376 20.917

续表

公称直径（大径）D、d	螺距 P	中径 D_2、d_2	小径 D_1、d_1	公称直径（大径）D、d	螺距 P	中径 D_2、d_2	小径 D_1、d_1
24	3 2 1.5 1	22.051 22.701 23.026 23.350	20.752 21.835 22.376 22.917	27	3 2 1.5 1	25.051 25.701 26.026 26.350	23.752 24.835 25.376 25.917
25	2 1.5 1	23.701 24.026 24.350	22.835 23.376 23.917	28	2 1.5 1	26.701 27.026 27.350	25.835 26.376 26.917
26	1.5	25.026	24.376	30	3.5 3 2 1.5 1	27.727 28.051 28.701 29.026 29.350	26.211 26.752 27.835 28.376 28.917

螺纹的旋合长度如图 8-2 所示，螺纹的单一中径如图 8-3 所示。

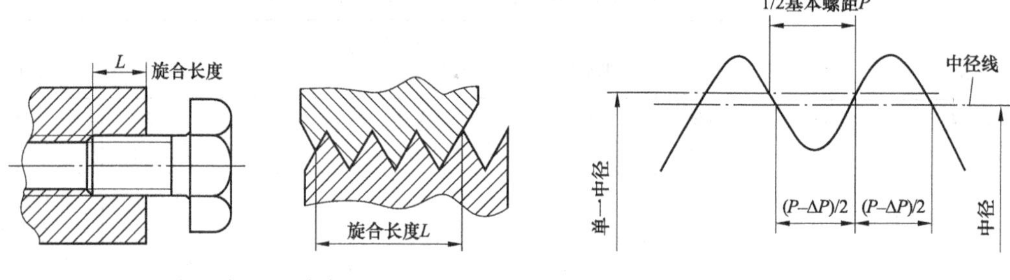

图 8-2　螺纹的旋合长度　　图 8-3　螺纹的单一中径

3. 普通螺纹的标记

螺纹的完整标记由螺纹代号、螺纹公差代号和旋合长度 3 部分组成，各部分间用“—”隔开：

牙型代号公称直径×螺距（导程线数)—中、顶径公差带代号—旋合长度代号—旋向。

内、外螺纹在零件图上的标记（标注)，如图 8-4 和图 8-5 所示。

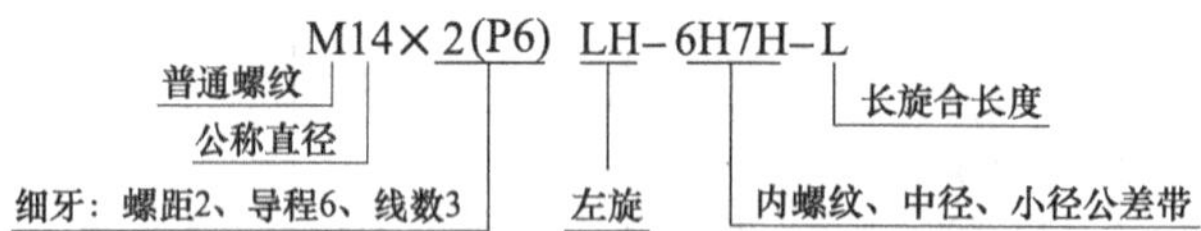

图 8-4　内螺纹在零件图上的标记

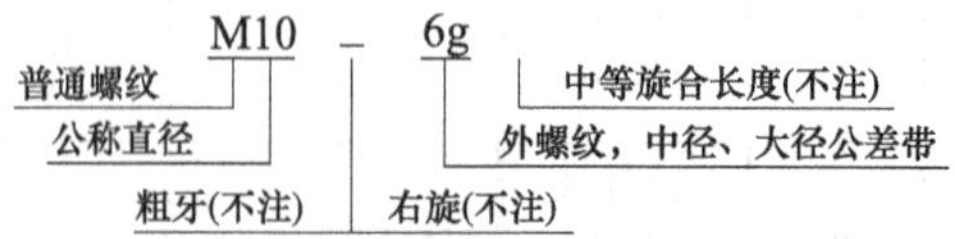

图 8-5　外螺纹在零件图上的标记

装配图上，螺纹公差带代号用斜线分开，分子为内螺纹公差带代号、分母为外螺纹公差带代号，如图 8-6 所示。

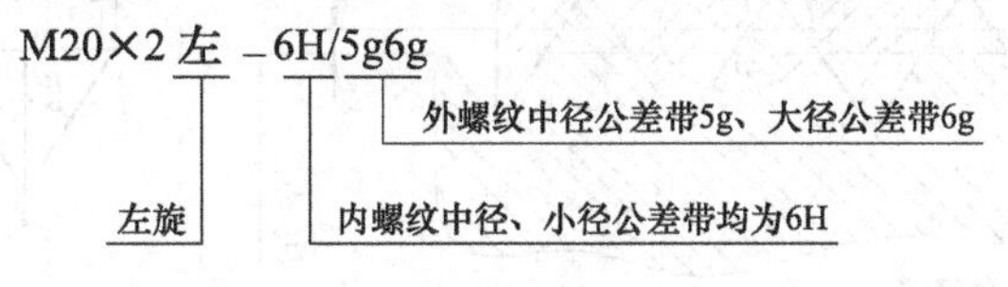

图 8-6　螺纹在装配图上的标记

第二节　普通螺纹几何参数对互换性的影响

学习目标

1. 了解螺纹各种几何参数对螺纹互换性的影响。
2. 理解螺纹存在偏差，都会使螺纹结合产生干涉而无法旋合。
3. 重点掌握螺距偏差及牙型半角偏差在中径上的当量。

保证螺纹互换性的基本要求是：螺纹应具有良好的可旋合性和连接的可靠性。

影响螺纹互换性的因素有螺纹的大径、中径、小径、螺距、牙型半角等处的误差。由于螺纹的大径和小径处留有间隙，一般不会影响配合性质。而内、外螺纹在中径处旋合，是依靠旋合后牙侧面接触的均匀性来实现连接的。因此，影响螺纹互换性的主要因素是中径误差、螺距误差和牙型半角误差。

一、螺纹直径对互换性的影响

中径误差是指实际中径与理论中径之差。

若内螺纹中径过小、外螺纹中径过大，则影响旋合性；反之（内螺纹中径过大、外螺纹中径过小），将影响连接强度。

二、螺距误差对互换性的影响

螺距误差是指实际螺距与理论螺距之差，它包括局部误差和累积误差 ΔP_{Σ}。后者与旋合长度有关，是主要影响因素，会导致内、外螺纹在旋合时发生干涉。

如图 8-7 所示，假设一对内、外螺纹连接，中径及牙型角均无误差，内螺纹是理想牙型。在旋合长度内，外螺纹出现累积误差 ΔP_{Σ}，外螺纹的螺距累积误差使旋合时产生干涉而无法旋合，此时相当于使外螺纹中径增大了一个数值，此值称为螺距误差的中径当量 f_{p}。为了使产生螺距累积误差的外螺纹可旋入理想的内螺纹中去，应把外螺纹中径减少一个中径当量 f_{p} 数值。

从三角形 abc 中可知，中径当量 f_{p} 的计算公式为

$$f_{\mathrm{p}} = |\Delta P_{\Sigma}| \times \cot(\alpha/2) \quad (\mathrm{mm}) \tag{8-1}$$

对于普通螺纹，$\alpha/2=30°$，则

$$f_{\mathrm{p}} = 1.732|\Delta P_{\Sigma}| \quad (\mathrm{mm}) \tag{8-2}$$

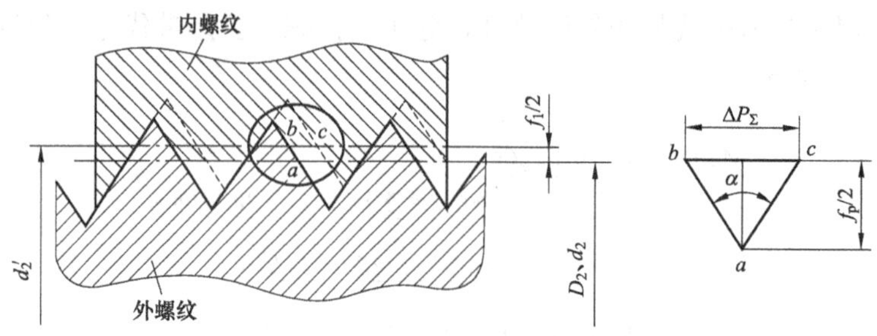

图 8-7 螺距误差引起的干涉现象

三、螺纹牙型半角误差对互换性的影响

牙型半角误差是指实际牙型半角与理论牙型半角之差。如果牙型半角产生误差，内、外螺纹旋合时就会发生干涉。

假设一对内、外螺纹连接，中径及螺距均无误差，内螺纹是理想牙型。外螺纹的半角误差使旋合时产生干涉而无法旋合，此时相当于使外螺纹中径增大一个数值，此值称为半角误差的中径当量 $f_{\alpha/2}$。为了使产生半角误差的外螺纹可旋入理想的内螺纹中去，应把外螺纹中径减少一个中径当量 $f_{\alpha/2}$ 数值。

假定内螺纹具有基本牙型，内、外螺纹的中径与螺距分别相同，仅外螺纹的牙型半角有误差，并分别为 $\Delta\frac{\alpha}{2_{左}}<0$，$\Delta\frac{\alpha}{2_{右}}<0$，明显内、外因干涉而无法旋合。图 8-8 所示为牙型半角对互换性的影响及外螺纹中径减小后的旋合情况。图中用粗实线表示具有基本牙型的内螺纹，用双点画线表示具有牙型半角误差的外螺纹牙型。为了使稍有牙型半角误差的外螺纹仍能旋入具有基本牙型的内螺纹中，须将外螺纹中径减小一个数值 $f_{\alpha/2}$。图 8-8 中细实线表示外螺纹中径减小一个数值 $f_{\alpha/2}$ 后与内螺纹旋合情况。

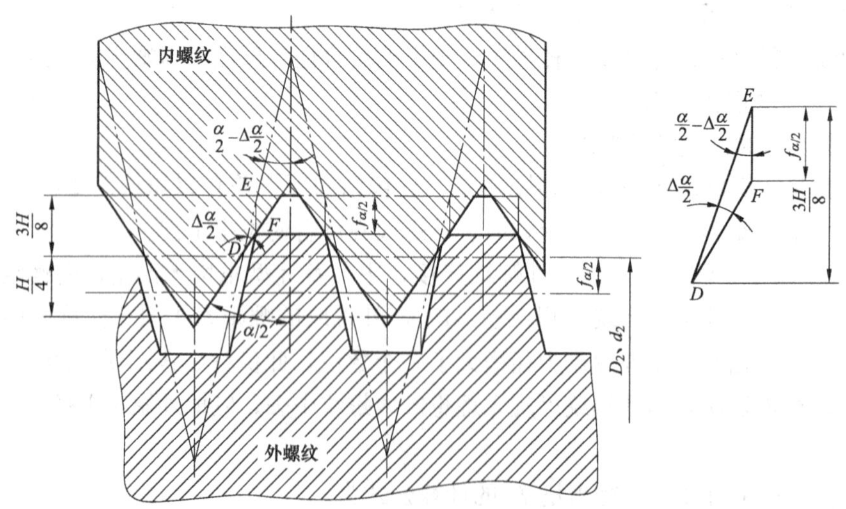

图 8-8 半角误差引起的干涉现象

四、螺纹中径合格性判断条件

1. 作用中径

作用中径（$D_{2作用}$、$d_{2作用}$）是指在规定的旋合长度内，恰好包容实际螺纹的一个假想螺

纹的中径。这是在螺距误差、牙型半角误差综合影响下形成的实际中径，是螺纹旋合时起作用的中径。

(1) 外螺纹的作用中径。假设内螺纹为理想牙型，当产生了螺距误差、牙型半角误差的外螺纹与其旋合时，使旋合变紧，其效果好像是外螺纹增大了。这个增大的中径就是与内螺纹旋合时起作用的中径，它等于外螺纹的单一中径与螺距、牙型半角误差在中径上的当量之和，即

$$d_{2m}=d_{2s}+(f_p+f_{\alpha/2})\quad(mm)\tag{8-3}$$

(2) 内螺纹的作用中径。同理，假设外螺纹为理想牙型，当与产生螺距误差、牙型半角误差的内螺纹旋合时，使旋合也变紧，其效果好像是内螺纹减小了。这个减小的中径就是与外螺纹旋合时起作用的中径，它等于外螺纹的单一中径与螺距、牙型半角误差在中径上的当量之差，即

$$D_{2m}=D_{2s}-(f_p+f_{\alpha/2})\quad(mm)\tag{8-4}$$

显然，为了使内、外螺纹能够自由旋合，应保证 $D_{2m}\geqslant d_{2m}$。

2. 中径合格性判断条件

由上述可知，作用中径是用来判断螺纹可旋合性的中径，若外螺纹作用中径比内螺纹大，则使螺纹难以旋合；若外螺纹作用中径比内螺纹小，而外螺纹实际中径小于内螺纹，虽能旋合，但是，太松将影响螺纹的连接强度。因此，在螺纹加工中应将作用中径及实际中径（单一中径）限制在一定范围内。

从保证螺纹连接的要求出发，螺纹中径的合格性条件应遵循泰勒原则（包容要求），即螺纹的作用中径不能超越最大实体中径，任意位置的实际中径（单一中径）不能超越最小实体中径。

对外螺纹，应满足

$$d_{2m}\leqslant d_{2max},\ d_{2s}\geqslant d_{2min}\tag{8-5}$$

对内螺纹，应满足

$$D_{2m}\geqslant D_{2min},\ D_{2s}\leqslant D_{2max}\tag{8-6}$$

中径合格性条件示意图，如图 8-9 所示。

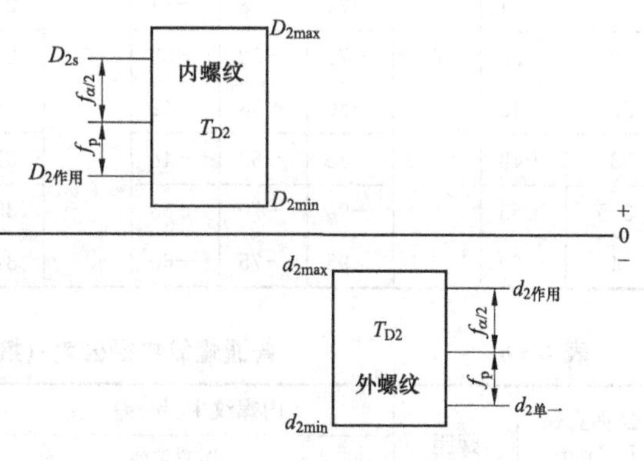

图 8-9　中径合格性条件示意

第三节　普通螺纹的公差与配合

学习目标

1. 理解普通螺纹公差配合国家标准。
2. 根据螺纹代号查表，确定内、外螺纹大径、中径和小径的极限偏差。
3. 掌握内、外螺纹大径、中径和小径极限尺寸的计算。

一、普通螺纹的公差带

螺纹公差带由公差等级（大小）和基本偏差（位置）决定。螺纹公差带以基本牙型轮廓

为零线沿基本牙型的牙侧、牙顶、牙底分布，且中、顶径偏差在垂直于螺纹轴线的方向计量。

1. 螺纹的公差等级

国家标准规定的螺纹中径、顶径公差等级见表 8－4。

表 8－4　　普通螺纹公差等级（摘自 GB/T 197—2003）

螺纹直径	公差等级	螺纹直径	公差等级
内螺纹小径	4、5、6、7、8	外螺纹小径	4、6、8
内螺纹大径	4、5、6、7、8	外螺纹大径	3、4、5、6、7、8、9

其中，3 级精度最高，9 级精度最低，一般 6 级为基本级。各级公差值，见表 8－5 和表 8－6。

表 8－5　　普通螺纹基本偏差和顶径公差（摘自 GB/T 197—2003）　　（μm）

螺距 P（mm）	内螺纹的基本偏差 EI		外螺纹的基本偏差 es				内螺纹小径公差 T_{D1} 公差等级					外螺纹大径公差 T_d 公差等级		
	G	H	e	f	g	h	4	5	6	7	8	4	6	8
1	+26		−60	−40	−26		150	190	236	300	375	112	180	280
1.25	+28		−63	−42	−28		170	212	265	335	425	132	212	335
1.5	+32		−67	−45	−32		190	236	300	375	475	150	236	375
1.75	+34		−71	−48	−34		212	265	335	425	530	170	265	425
2	+38	0	−71	−52	−38	0	236	300	375	450	600	180	280	450
2.5	+42		−80	−58	−42		280	355	450	560	710	212	335	530
3	+48		−85	−63	−48		315	400	500	630	800	236	375	600
3.5	+53		−90	−70	−53		355	450	560	710	900	265	425	670
4	+60		−95	−75	−60		375	475	600	750	950	300	475	750

表 8－6　　普通螺纹中径公差（摘自 GB/T 197—2003）　　（μm）

公称直径 D（mm）		螺距 P（mm）	内螺纹中径公差 T_{D2} 公差等级					外螺纹中径公差 T_{d2} 公差等级						
>	≤		4	5	6	7	8	3	4	5	6	7	8	9
5.6	11.2	0.75	85	106	132	170	—	50	63	80	100	125	—	—
		1	95	118	150	190	236	56	71	90	112	140	180	224
		1.25	100	125	160	200	250	60	75	95	118	150	190	236
		1.5	112	140	180	224	280	67	85	106	132	170	212	265
11.2	22.4	1	100	125	160	200	250	60	75	95	118	150	190	236
		1.25	112	140	180	224	280	67	85	106	132	170	212	265
		1.5	118	150	190	236	300	71	90	112	140	180	224	280
		1.75	125	160	200	250	315	75	95	118	150	190	236	300
		2	132	170	212	265	335	80	100	125	160	200	250	315
		2.5	140	180	224	280	355	85	106	132	170	212	265	335

续表

公称直径 D（mm）		螺距 P（mm）	内螺纹中径公差 T_{D2}					外螺纹中径公差 T_{d2}						
			公差等级					公差等级						
>	≤		4	5	6	7	8	3	4	5	6	7	8	9
22.4	45	1	106	132	170	212	—	63	80	100	125	160	200	250
		1.5	125	160	200	250	315	75	95	118	150	190	236	300
		2	140	180	224	280	355	85	106	132	170	212	265	335
		3	170	212	265	335	425	100	125	160	200	250	315	400
		3.5	180	224	280	355	450	106	132	170	212	265	335	425
		4	190	236	300	375	475	112	140	180	224	280	355	450
		4.5	200	250	315	400	500	118	150	190	236	300	375	475

对牙底处内螺纹的大径和外螺纹的小径不规定具体公差值，而只规定内、外螺纹牙底实际轮廓不得超过基本偏差所确定的最大实体牙型，即保证在旋合时不发生干涉。

2. 螺纹的基本偏差

螺纹的基本偏差是指公差带两极限偏差中靠近零线的那个偏差，它确定了公差带相对基本牙型的位置。由于螺纹连接的配合性质只能是间隙配合，故内螺纹的基本偏差是下偏差（EI），外螺纹的基本偏差是上偏差（es）。

GB/T 197—2003 对内螺纹规定了两种基本偏差，其代号为 G、H，如图 8-10（a）、（b）所示。对外螺纹规定了 4 种基本偏差，其代号为 e、f、g、h，如图 8-10（c）、（d）所示。普通螺纹的基本偏差值见表 8-7。

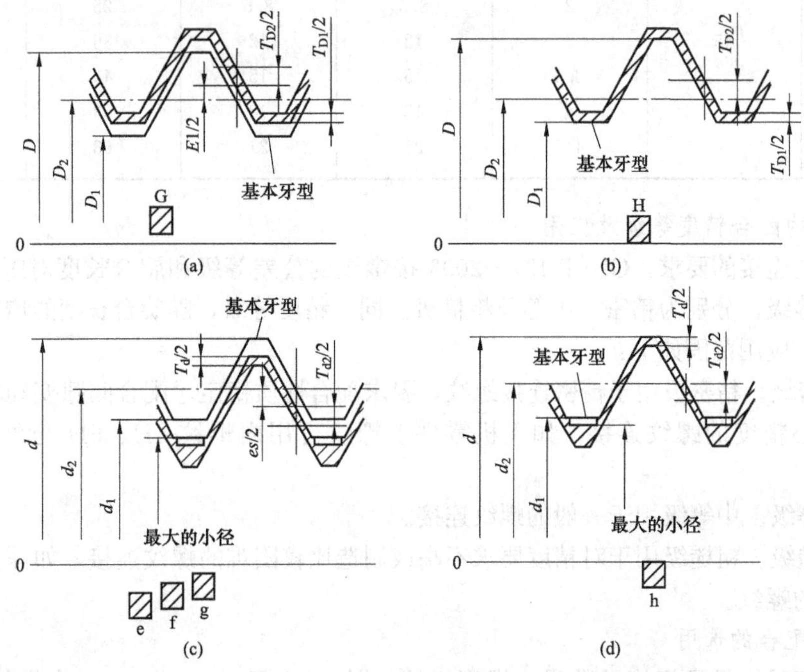

图 8-10　内、外螺纹的基本偏差

二、螺纹旋合长度、螺纹公差带和配合的选用

1. 螺纹的旋合长度

国家标准规定了长、中、短等 3 种旋合长度，分别用代号 L、N、S 表示，其数值见表 8－7。一般情况下选用中等旋合长度 N，只有当结构或强度上需要时，才用短旋合长度 S 或长旋合长度 L。

表 8－7　螺纹旋合长度（摘自 GB/T 197—2003） （mm）

公称直径 D、d		螺距 P	旋合长度			
			S	N		L
>	≤		≤	>	≤	>
5.6	11.2	0.75	2.4	2.4	7.1	7.1
		1	3	3	9	9
		1.25	4	4	12	12
		1.5	5	5	15	15
11.2	22.4	1	3.8	3.8	11	11
		1.25	4.5	4.5	13	13
		1.5	5.6	5.6	16	16
		1.75	6	6	18	18
		2	8	8	24	24
		2.5	10	10	30	30
22.4	45	1	4	4	12	12
		1.5	6.3	6.3	19	19
		2	8.5	8.5	25	25
		3	12	12	36	36
		3.5	15	15	45	45
		4	18	18	53	53
		4.5	21	21	63	63

2. 螺纹的配合精度等级及应用

根据螺纹连接的要求，GB/T 197—2003 按螺纹的公差等级和旋合长度对螺纹规定了 3 种配合精度等级，分别为精密、中等及粗糙级。同一精度等级，随旋合长度的增加，公差等级相应降低。应用范围如下：

（1）精密级。精密级用于精密连接螺纹，要求配合性质稳定、配合间隙变动较小、需要保证一定定心精度的螺纹连接，如飞机零件上螺纹可用内螺纹 4H、5H 与外螺纹 4h 相配合。

（2）中等级。中等级用于一般的螺纹连接。

（3）粗糙级。粗糙级用于对精度要求不高或制造比较困难的螺纹连接，如深盲孔攻螺纹或热轧棒上的螺纹。

3. 螺纹配合的选用

为减少刀具、量具规格及数量，提高经济效益，GB/T 197—2003 对内螺纹规定了 11 个选用公差带，对外螺纹规定了 13 个选用公差带。

内、外螺纹配合时选用范围如下：

(1) 间隙为零的配合 H/h。通常用于内、外螺纹具有较高的同轴度，并有足够的接触高度和结合强度的场合。

(2) 较小间隙的配合 H/g 或 G/h 。用于要保证间隙，需要拆卸方便的螺纹。

(3) 小间隙配合 H、G 与 e、f、g。

1) 用于需要镀层的螺纹，其基本偏差按所需镀层厚度确定。内螺纹较难镀层，涂镀对象主要是外螺纹，当镀层厚度为 10、20、30μm 时，可分别选用 e、f、g 与 H 组成配合。当内、外螺纹均需要涂镀时，可采用 G/e、G/f。

2) 用于高温条件下工作的螺纹，应保证足够间隙以防卡死。可根据工作时的温度来确定配合，一般当温度低于 450℃时可选 H/g，温度高于 450℃时可选 H/f、H/e。

三、螺纹的表面结构特征要求

螺纹牙型表面的轮廓算术平均偏差 Ra 主要根据中径公差等级来确定。螺纹牙型表面粗糙度参数的推荐值见表 8-8。

表 8-8　螺纹牙型表面的轮廓算术平均偏差 *Ra*　(μm)

工　件	螺纹中径公差等级		
	4、5	6、7	7、8、9
	Ra 不大于		
螺栓、螺钉、螺母	1.6	3.2	3.2～6.3
轴及套上的螺纹	0.8～1.6	1.6	3.2

四、螺纹在图纸上的标注

1. 单个螺纹的标记

完整的螺纹标记由普通螺纹标记、螺纹公称直径、细牙螺纹螺距、中径公差代号、顶径公差代号、旋合长度代号、左旋螺纹标记组成，如图 8-11 所示。

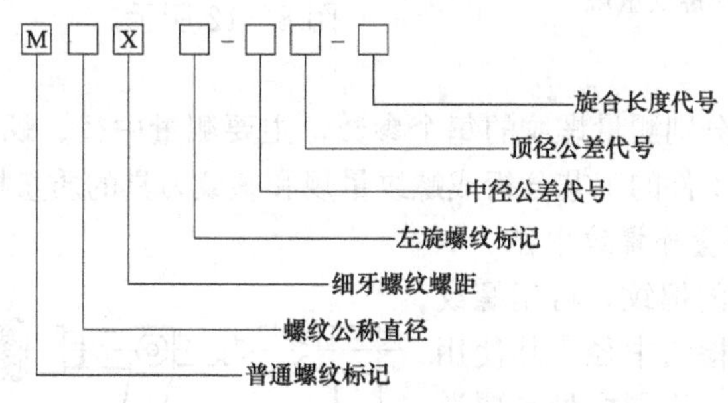

图 8-11　单个螺纹的标记

当螺纹是粗牙螺纹时，螺距不写出；当螺纹为左旋时，在左旋螺纹标记位置写 LH 字样，右旋螺纹则不标出；当螺纹的中径和顶径公差带相同时，合写为一个；当螺纹旋合长度为中等时，不写出；当旋合长度需要标出具体值时，应在旋合长度代号标记位置写出其具体值。

2. 螺纹配合在图样上的标记

标注螺纹配合时，内、外螺纹公差代号用斜线分开，左边为内螺纹公差代号，右边为外螺纹公差代号。

第四节 螺纹的检测

学习目标

1. 掌握螺纹的检测方法。
2. 会用螺纹量规和光滑极限量规综合检测螺纹的合格性。
3. 掌握几种螺纹单项测量的方法。

螺纹的检测可分为综合检验和单项测量。

一、综合检验

在实际生产中，通常采用螺纹量规和光滑极限量规联合检验螺纹的合格性。用卡规来检验外螺纹的大径，螺纹环规通端用来检验外螺纹作用中径和小径的最大极限尺寸，应有完整的牙型，其螺纹长度要与被测螺纹旋合长度相当（至少等于被测工件旋合长度的80%）。螺纹环规通端旋过被测螺纹为合格。螺纹环规止端只用来检验外螺纹实际中径是否超过外螺纹中径的最小极限尺寸，螺纹环规止端不应旋过合格的螺纹，但可以旋入不超过两个螺距的旋合量。为了消除螺距偏差和牙型半角偏差的影响，螺纹环规止端做成截短牙型，且螺纹圈数只有2～3.5圈。

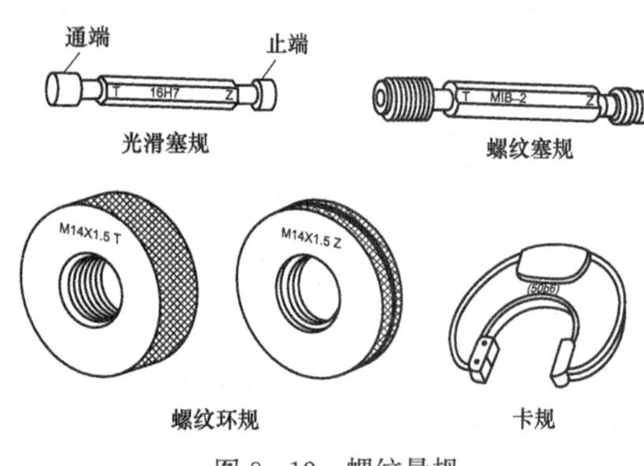

图8-12 螺纹量规

光滑塞规用来检验内螺纹的小径，螺纹塞规通端用来检验内螺纹作用中径和大径的最小极限尺寸，应有完整的牙型和与被测螺纹相当的螺纹长度。螺纹塞规止端只用来检验内螺纹实际中径，采用截短牙型和较少的螺纹圈数，旋合量要求与螺纹环规相同，如图8-12所示。

二、单项测量

单项测量，一般是分别测量螺纹的每个参数，主要测量中径、螺距、牙型半角和顶径。单项测量主要用于螺纹工件的工艺分析或螺纹量规和螺纹刀具的质量检查。

1. 用螺纹千分尺测量外螺纹中径

对于精度要求不高的螺纹，可用螺纹千分尺（见图8-13）检测中径。其使用方法与外径千分尺相同，不同之处是要选用专用测头。每对测头只能测量一定螺距范围的螺纹中径。

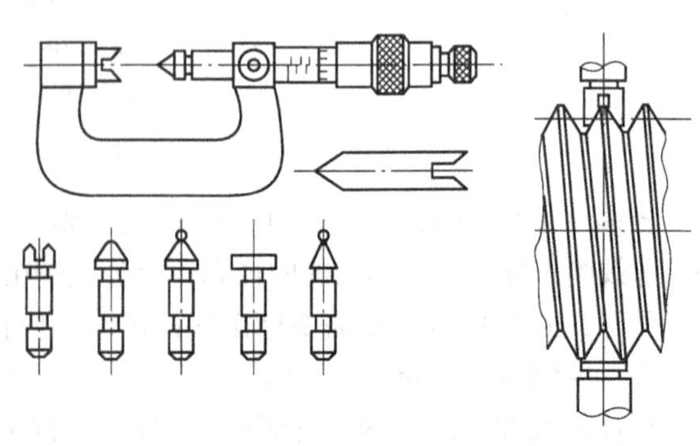

图8-13 螺纹千分尺

用螺纹千分尺测量螺纹中径的测量误差主要来源于被测螺纹的螺距误差、牙型半角的误差及螺纹千分尺本身的误差。螺纹千分尺的误差来源于测量压力和可换测头侧端角度的误差、圆锥测头工作面曲线和三棱测头工作面二等分线的重合性误差、千分尺螺旋机构的误差等。

由于上述误差因素，用螺纹千分尺测量螺纹中径的测量误差一般为0.10～0.15mm。

2. 三针法

三针法测量螺纹中径是一种较精密的间接测量法。测量时，将三根直径相同、精度很高的量针放入被测螺纹的牙槽中，用测量外尺寸的量具测量尺寸 M（见图8-14），由螺纹各参数的几何关系，换算出被测螺纹的单一中径 $d_{2单一}$。

三针法测量螺纹中径的步骤如下：

(1) 根据被测螺纹的中径，正确选择最佳量针。

(2) 在尺座上安装好杠杆千分尺和三针，并校正仪器零位，如图8-15所示。

(3) 将三针放入螺纹牙槽中，用杠杆千分尺进行测量，读出 M 值。

(4) 在同一截面相互垂直的两个方向上，测出尺寸 M，取其平均值。

(5) 计算螺纹单一中径，并判断合格性。

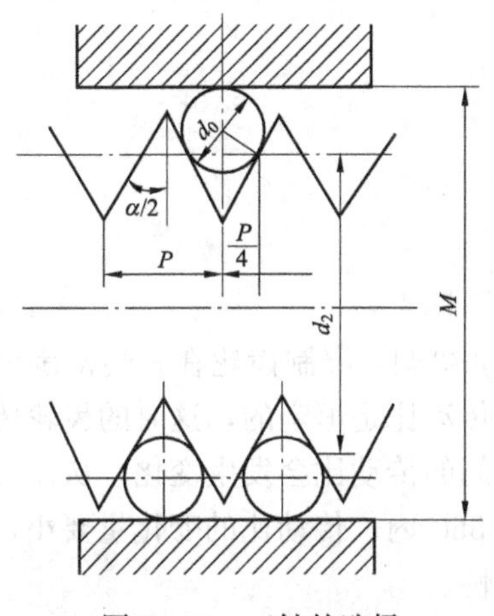

图8-14　三针的选择

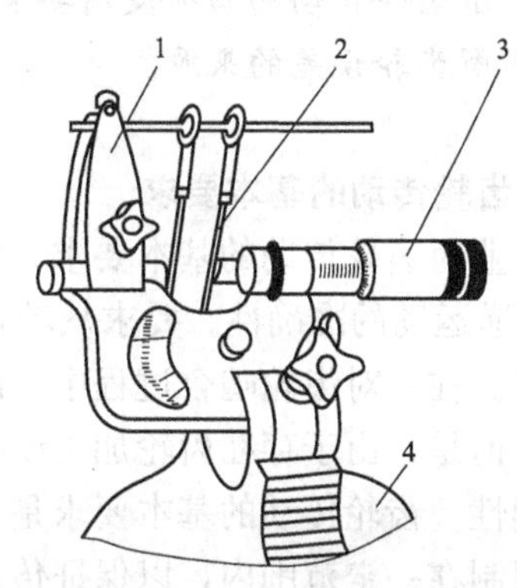

图8-15　三针法测量螺纹中径

1—三针挂架；2—三针；3—千分尺；4—底座

3. 用工具显微镜测量螺纹各参数

用工具显微镜测量属于影像法测量，能测量螺纹的各种参数，如测量螺纹的大径、中径、小径、螺距、牙型半角等。各种精密螺纹，如螺纹量规、丝杠、螺杆、滚刀等，都可以在工具显微镜上进行测量。测量时可参阅有关仪器使用说明资料。

思考与练习

8-1　螺纹公差与尺寸公差一样吗？

8-2　螺纹的基本偏差与尺寸的基本偏差一样吗？

8-3　螺纹的尺寸精度怎样分级？如何选用？

8-4　螺纹配合精度如何分级？如何选用？

8-5　解释下列标注的含义：

(1) M10—5；　(2) M16—5H6H—30；　(3) M20×1—5H/5g6g；

(4) M10×1左—6g—20；　(5) M20×1—5H/5g6g—S；　(6) M24—6H。

第九章　圆柱齿轮的公差与检测

齿轮传动在机器和仪器仪表中应用极为广泛，是一种重要的机械传动形态，通常用来传递运动或动力。齿轮传动的质量与齿轮的制造精度和装配精度密切相关。因此，为了保证齿轮传动质量，就要规定相应的公差，并进行合理的检测。由于渐开线圆柱齿轮应用最广，所以本章主要介绍渐开线圆柱齿轮的精度设计及检测方法。

第一节　渐开线圆柱齿轮传动精度的基本概念

学习目标

1. 了解齿轮传动的四项使用要求。
2. 了解齿轮误差的来源。

一、对齿轮传动的基本要求

现代工业对齿轮传动的基本要求，归纳起来有以下四点：

(1) 传递运动的准确性。要求从动轮与主动轮运动协调，限制齿轮在一转范围内传动比的变化幅度。在一对齿轮啮合过程中，两齿轮之间的传动比是恒定的，这时的齿轮传递运动是准确的。但是，由于存在齿轮加工误差，两齿轮之间的传动比会发生变化，从而影响传递运动的准确性。齿轮传动的基本要求是，齿轮在一转360°内，传动比的变化量要小，即最大转角误差限制在一定范围内，以保证传递运动的准确性。

(2) 传动的平稳性。要求瞬间传动比的变化幅度小。也就是要求齿轮在一齿范围内，传动比的变动量小，即齿轮传动瞬时速比变化不能过大，以免引起冲击、噪声和振动，甚至导致整个齿轮的破坏。

(3) 载荷分布的均匀性。载荷分布的均匀性就是要求齿轮啮合时，齿面接触良好，使齿面上的载荷分布均匀，避免载荷集中于局部齿面，使齿面磨损加剧，影响齿轮的使用寿命。

(4) 侧隙的合理性。齿轮啮合时，非工作齿面间应有一定的间隙，以便存储润滑油、补偿齿轮受力后的弹性塑性变形、受热变形及制造和安装中产生的误差，以防止齿轮在传动中出现卡死和烧伤，保证齿轮正常运转。

二、齿轮加工误差来源

齿轮传动的用途和工作条件不同，对上述四方面的要求也各不相同。例如，精密机床的分度齿轮和测量仪器的读数装置中的齿轮传动，无线电设备的调谐装置、控制系统中的齿轮传动，其特点是传动功率小、模数小和转速低，主要要求传递运动要准确。机床、汽车、飞机的变速齿轮和汽轮机的减速齿轮，其特点是圆周速度高、传递功率大，主要要求传动平稳、振动小、噪声小。矿山机械、起重机械、轧钢机等低速动力齿轮，其特点是载荷大、传动功率大、转速低，主要要求啮合齿面接触良好，载荷分布均匀。高速或重载齿轮的变形大，要求较大的侧隙；而分度和读数齿轮，要求正、反转空程小，所以侧隙要小。

齿轮加工通常采用范成法（又称展成法），如滚齿、插齿、磨齿等。用范成法切削加工渐开线圆柱齿轮，齿轮的加工误差来源于组成工艺系统的机床、夹具、刀具和齿坯本身的误差及安装、调整误差。如图 9-1 所示，齿坯安装在加工机床的心轴上，但齿坯的几何中心和心轴中心不重合，存在一个偏心距 e，称为几何偏心。同时，滚齿时，由于机床分度蜗轮的偏心（e_K），使工作台带动旋转的齿坯在一转范围内时快时慢的旋转，称为运动偏心。无论几何偏心还是运动偏心，都会使齿轮在加工中产生误差。另外，分度蜗杆的转速误差、滚刀的齿形角度误差、滚刀的进刀方向与轮齿的理想方向不一致、滚刀的径向进刀量等因素，都会引起齿轮的加工误差。

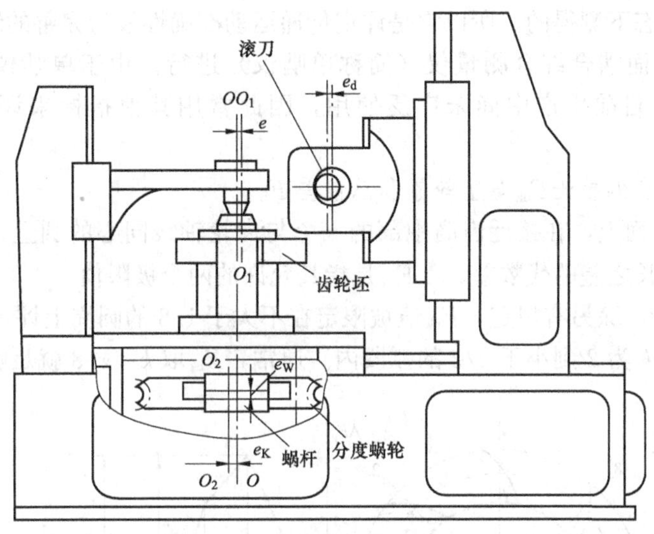

图 9-1　滚齿加工示意

第二节　齿轮精度的评定指标及检测

学习目标

1. 掌握影响齿轮传动四项使用要求的各项偏差指标。
2. 明确每项评定指标的代号、定义、作用及检测方法。

在齿轮标准中齿轮误差、偏差统称为齿轮偏差，将偏差与公差共用一个符号表示，例如 F_a 既表示齿廓总偏差，又表示齿廓总公差。单项要素测量所用的偏差符号由小写字母（如 f）加上相应的下标组成；而表示若干单项要素偏差组成的“累积”或“总”偏差所用的符号，采用大写字母（如 F）加上相应的下标表示。

一、影响齿轮传动准确性的偏差及检测

1. 切向综合总偏差 F_i'

F_i'是指被测齿轮与理想精确的测量齿轮单面啮合检验时，在被测齿轮一转内，齿轮分度圆上实际圆周位移与理论圆周位移的最大差值，如图 9-2 所示。

F_i'反映了几何偏心、运动偏心及基节偏差、齿廓形状偏差等影响的综合结果，而且是在

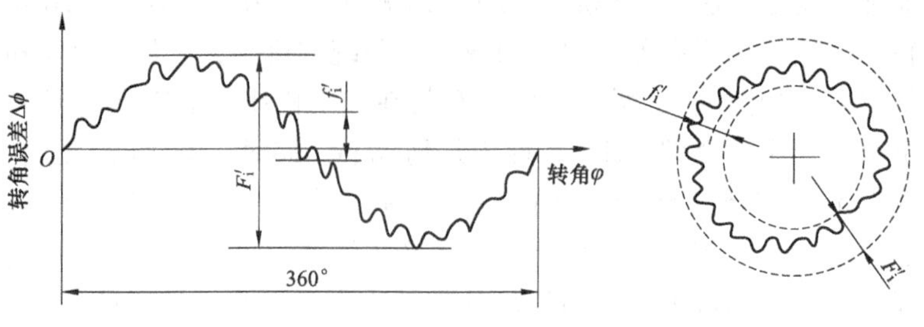

图 9-2　切向综合误差

近似于齿轮工作状态下测得的，所以它是评定传递运动准确性较为完善的综合指标。

F'_i的测量用单面啮合综合测量仪（简称单啮仪）进行。由于单啮仪的制造精度要求很高，价格昂贵，目前生产中尚未广泛使用，因此常用其他指标来评定传递运动的准确性。

2. k 个齿距累积偏差$\pm F_{pk}$与齿轮累积总偏差 F_p

F_{pk}是指在端平面上，在接近齿高中部的一个与齿轮轴线同心的圆上，任意 k 个齿距的实际弧长与理论弧长之差的代数差。$\pm F_{pk}$是指其允许的两个极限值。

如图 9-3 所示，除另有规定，F_{pk}值被限定在不大于 1/8 的圆周上评定。因此，F_{pk}的允许值适用于齿距数 k 为 2 到小于 $z/2$ 的弧段内。通常，F_{pk}取 $k=z/8$ 就足够了。

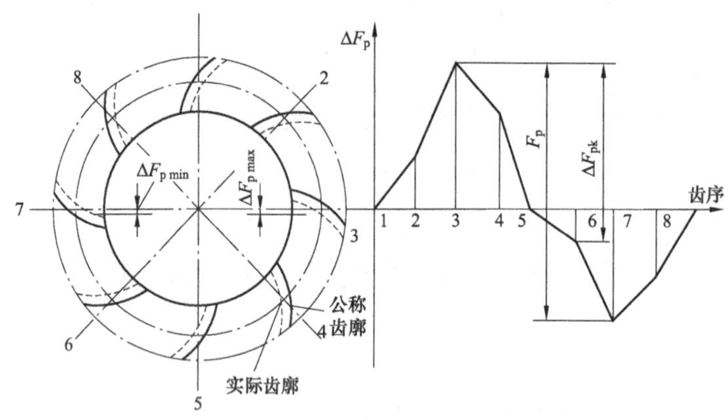

图 9-3　齿距累积误差

齿距累积总偏差 F_p 是指齿轮同侧齿面任意弧段（$k=1$ 至 $k=z$）内的最大齿距累积偏差。它表现为齿距累积偏差曲线的总幅值。

齿距累积总偏差主要是由滚切齿形过程中几何偏心和运动偏心造成的。它能反映齿轮一转中偏心误差引起的转角误差，因此 F_p（F_{pk}）可代替 F'_i作为评定齿轮运动准确性的指标。但 F_p 是逐齿测得的，每齿只测一个点；F'_i是在连续运转中测得的，更加全面。由于 F_p 的测量可用较普及的齿距仪、万能测齿仪等仪器，因此是目前工厂中常用的一种齿轮运动精度的评定指标。

测量齿距累积误差通常采用相对法，可用万能测齿仪或齿距仪进行测量。首先以被测齿轮上任一实际齿距作为基准，将仪器指示表调零，然后沿整个齿圈依次测出其他实际齿距与作为基准的齿距的差值（称为相对齿距偏差），经过数据处理求出 F_p（同时也可求得单个齿

距偏差 f_{pt}）。

3. 径向跳动 F_r

齿轮径向跳动 F_r 是齿轮一转范围内，测头（球形、圆柱形、砧形）相继置于每个齿槽内时，从它到齿轮曲线的最大和最小径向距离之差。检查中，测头在近似齿高中部与左、右齿面接触，如图 9－4 所示。

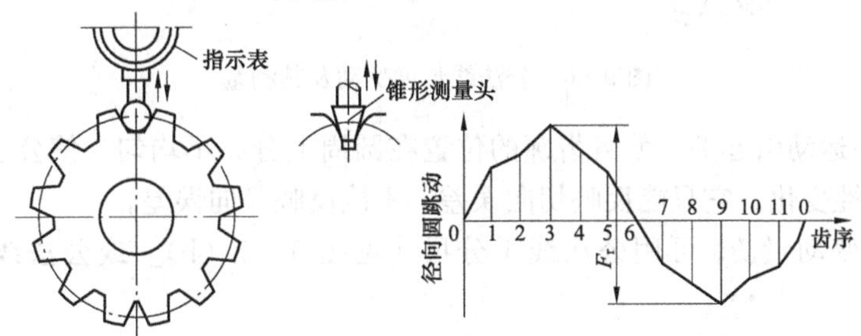

图 9－4　径向跳动误差

F_r 主要是由几何偏心引起的，不能反映运动偏心，它以齿轮一转为周期，属于长周期径向误差，所以它必须与能揭示切向误差的单项指标组合，才能全面评定传递运动准确性。径向跳动 F_r 可以在齿轮跳动检查仪上进行检查。

4. 径向综合总偏差 F_i''

F_i''是指在径向（双面）综合检验时，产品齿轮的左、右齿面同时与测量齿轮接触，并转过一整圈时出现的中心距最大值和最小值之差。

F_i''的测量用双面啮合综合检查仪（简称双啮仪）进行，如图 9－5 所示。

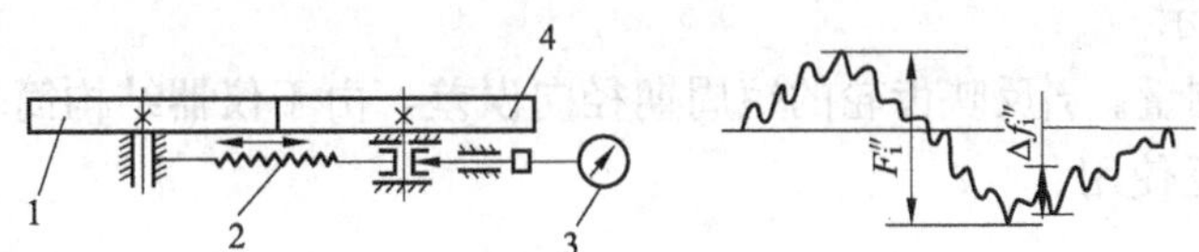

图 9－5　径向综合误差的测量

1—测量齿轮；2—弹簧；3—指示表；4—被测齿轮

若齿轮存在径向误差（如几何偏心）及短周期误差（如齿形误差、基节误差等），则齿轮与测量齿轮双面啮合的中心距会发生变化。

F_i''主要反映径向误差，由于 F_i''的测量操作简便，效率高，仪器结构比较简单，因此在成批生产时普遍应用。但其也有缺点，测量时被测齿轮齿面与理想精确测量齿轮啮合，与工作状态不完全符合。F_i''只能反映齿轮的径向误差，不能反映切向误差，所以 F_i''并不能确切、充分地用来评定齿轮传递运动的准确性。

5. 公法线长度变动量 F_w

F_w 是指在齿轮转一周范围内，实际公法线长度最大值与最小值之差，如图 9－6 所示。

$$F_w = W_{max} - W_{min}$$

在齿轮新标准中没有 F_w 此项参数，但从我国的齿轮实际生产情况看，经常用 F_r 和 F_w 组合来代替 Fp 或 F_i'，这样检验成本不高且行之有效，故在此保留供参考。

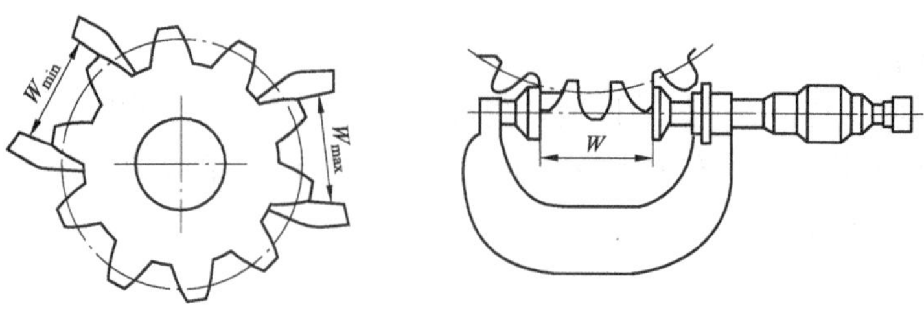

图 9-6　公法线长度变动及其测量

F_w 是由偏心运动引起的，使各齿廓的位置在圆周上分布不均匀，使公法线长度在齿轮转一圈中呈周期性变化。它只能反映切向误差，不能反映径向误差。

公法线长度变动量 F_w 可用公法线千分尺［见图 9-7（b）］或公法线指示卡规进行测量。

二、影响齿轮传动平稳性的偏差及检测

1. 一齿切向综合偏差 f_i'

f_i'是指在一个齿距内的切向综合偏差。如图 9-2 所示，在一个齿距角内，过偏差曲线的最高、最低点作与横坐标平行的两条直线，它们之间的距离即为 f_i'。

f_i'反映齿轮一齿内的转角误差，在齿轮一转中多次重复出现，是评定齿轮传动平稳性精度的一项指标。

f_i'与切向综合总偏差一样，用单啮仪进行测量。

2. 一齿径向综合偏差 f_i''

f_i''是指被测齿轮在径向（双面）综合检验时，对应一个齿距角（360°/z）的径向综合偏差值，如图 9-4 所示。

f_i''采用双啮仪测量。f_i''反映齿轮的短周期径向误差，由于仪器结构简单，操作方便，所以在成批生产中广泛使用。

3. 齿形误差 F_f

齿形误差指在齿轮端截面上，齿形工作部分内（齿顶倒棱部分除外），包容实际齿形的最近两条设计齿形间的法向距离，如图 9-7 所示。齿形误差 F_f 一般用渐开线检查仪测量。由于齿形误差破坏了齿轮的正确啮合，使瞬时速比发生变化，影响传动平稳性，它是评定传动平稳性的单项指标。

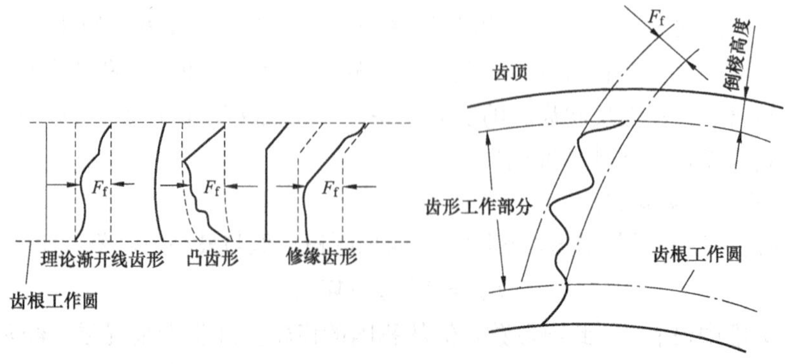

图 9-7　齿形误差

4. 基节偏差 f_{pb}

基节偏差指实际基节与公称基节之差。实际基节是基圆柱切平面所截两相邻同侧齿面交线之间的法向距离，如图 9-8 所示。

基节偏差用基节仪、万能测齿仪、万能工具显微镜等测量。基节偏差使齿轮在一转中多次重复出现撞击、加速、减速，影响了传动平稳性，它是评定传动平稳性的单项指标。

5. 齿距偏差 f_{pt}

齿距偏差指在分度圆上，实际齿距与公称齿距之差，如图 9-9 所示。

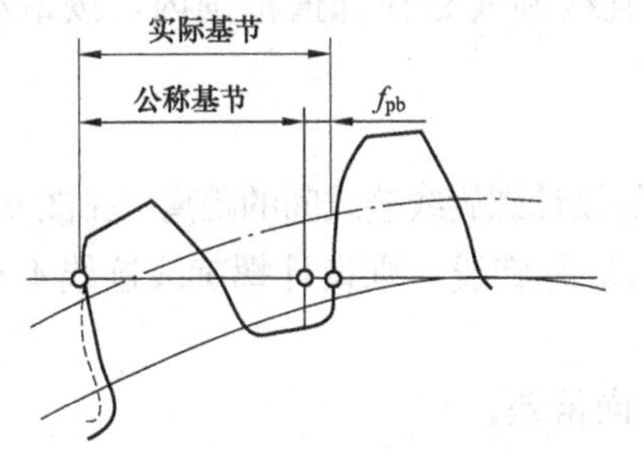

图 9-8　基节偏差

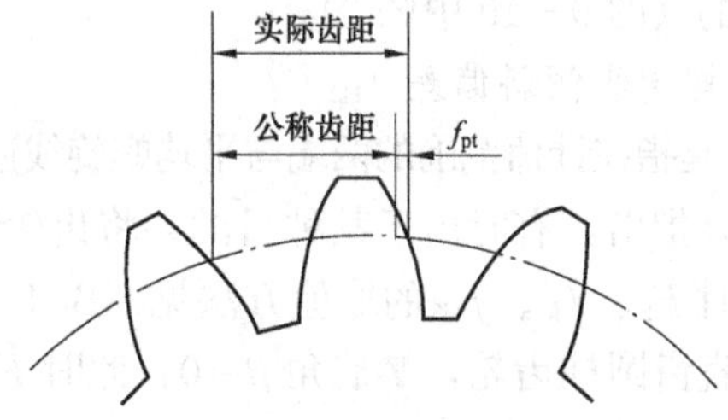

图 9-9　齿距偏差

齿距偏差在齿距仪上测量。若齿形是由同一基圆所形成的正确渐开线，则基节 P_b 与齿距 P_t 的关系为

$$P_b = P_t \cos\alpha \quad (9-1)$$

式（9-1）说明基节、齿距与压力角的误差与基节偏差、齿距偏差和齿形误差三者之间存在一定的关系，所以齿距偏差也是评定传动平稳性的单项指标。

三、影响齿轮载荷分布均匀性的偏差及检测

1. 螺旋线总偏差 F_β

F_β 是指在计值范围内，包容实际螺旋线迹线的两条设计螺旋线迹线间的距离，如图 9-10所示。

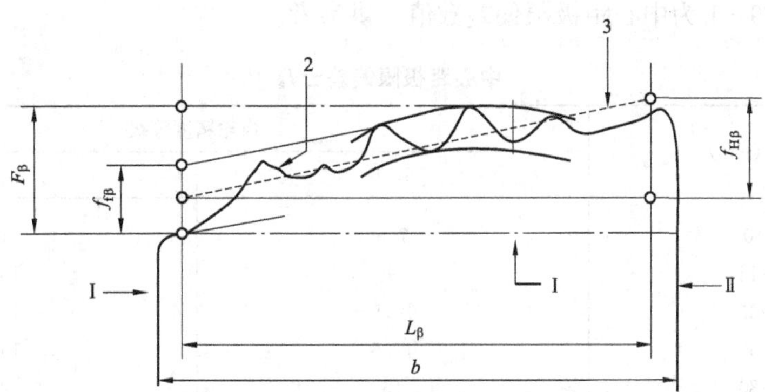

图 9-10　螺旋线偏差展开图

该项偏差主要是影响齿轮面接触精度。

在螺旋线检查仪上测量非修行螺旋线的斜齿轮螺旋线偏差，原理是将被测齿轮的实际螺旋线与标准的理论螺旋线逐点进行比较，并用所得的差值在记录纸上画出偏差曲线图，如图 9-10 所示。没有螺旋线偏差的螺旋线展开后应该是一条直线（设计螺旋线迹线），即图中

的 1。如果没有 F_β 偏差，仪器的记录笔应该走出一条与 1 重合的直线，而当存在 F_β 偏差时，则走出一条曲线 2（实际螺旋线迹线）。齿轮从基准面Ⅰ到非基准面Ⅱ的轴向距离为齿宽 b。齿轮 b 两端各减去 5%的齿宽或减去一个模数长度后得到的两者中最小值是螺旋线计值范围 L_β，过实际螺旋线迹线最高点和最低点作与设计螺旋线迹线平行的两条直线的距离即为 F_β。

有时为了某种目的，还可对 F_β 进一步细分为 $f_{f\beta}$和 $f_{H\beta}$两项偏差，它们不是必检项目。

2. 螺旋线形状偏差 $f_{f\beta}$

对于非修行的螺旋线来说，$f_{f\beta}$是在计值范围内，包容实际螺旋线迹线的与平均螺旋线迹线平行的两条直线间距离（见图 9-10）。平均螺旋线迹线是在计值范围内，按最小二乘法确定的（图 9-10 中的 3）。

3. 螺旋线倾斜偏差 $f_{H\beta}$

$f_{H\beta}$是指在计值范围的两端与平均螺旋线迹线相交的设计螺旋线迹线间的距离（见图 9-10）。

应该指出，有时出于某种目的，将齿轮设计成修形螺旋线，则设计螺旋线迹线不再是直线，此时 F_β、$f_{f\beta}$、$f_{H\beta}$的取值方法见 GB/T 10095.1。

对直齿圆柱齿轮，螺旋角 $\beta=0$，此时 F_β 称为齿向偏差。

第三节　齿轮副的精度指标和侧隙指标

学习目标

1. 掌握齿轮副中心距极限偏差。
2. 掌握侧隙的意义。

一、齿轮副的精度

1. 中心距极限偏差 $\pm f_a$

$\pm f_a$ 是指在齿轮副的齿宽中间平面内，实际中心距与公称中心距之差。$\pm f_a$ 主要影响齿轮副侧隙。表 9-1 为中心距极限偏差数值，供参考。

表 9-1　　中心距极限偏差 $\pm f_a$　　（μm）

中心距 a (mm)	齿轮精度等级	
	5、6	7、8
≥6～10	7.5	11
>10～18	9	13.5
>18～30	10.5	16.5
>30～50	12.5	19.5
>50～80	15	23
>80～120	17.5	27
>120～180	20	31.5
>180～250	23	36
>250～315	26	40.5
>315～400	28.5	44.5
>400～500	31.5	48.5

2. 轴线平行度偏差 $f_{\Sigma\delta}$、$f_{\Sigma\beta}$

如果一对啮合的圆柱齿轮的两条轴线不平行，形成了空间的异面（交叉）直线，则将影响齿轮的接触精度，因此必须加以控制，如图 9－11 所示。

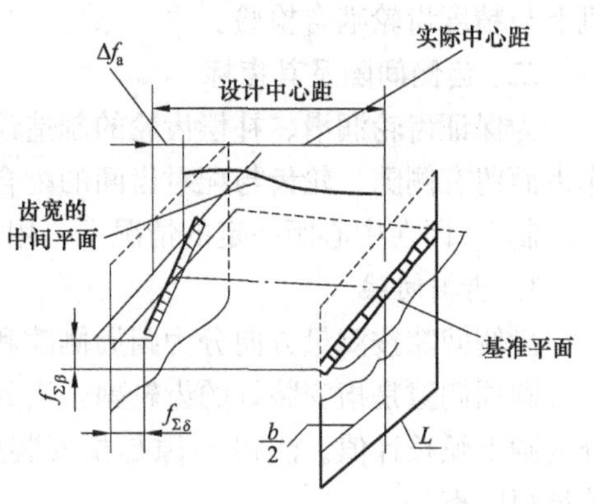

图 9－11　轴线平行度偏差

轴线平面内的平行度偏差 $f_{\Sigma\delta}$ 是在两轴线的公共平面上测量的；垂直平面上的平行度偏差 $f_{\Sigma\beta}$ 是在与轴线公共平面相垂直平面上测量的。$f_{\Sigma\delta}$ 与 $f_{\Sigma\beta}$ 的最大推荐值为

$$f_{\sum\beta} = 0.5\left(\frac{L}{b}\right)F_{\beta}$$

$$f_{\sum\delta} = 2f_{\sum\beta}$$

式中　L——轴承跨距；

b——齿宽。

3. 接触斑点

齿轮副的接触斑点是指安装好的齿轮副，在轻微制动下，运转后齿面上分布的接触擦亮痕迹。对于在齿轮箱体上安装好的配对齿轮所产生的接触斑点大小，可用于评估齿面接触精度。也可以经被测齿轮安装在机架上与测量齿轮在轻载下测量接触斑点，可评估装配后齿轮螺旋线精度和齿廓精度。图 9－12 所示为接触斑点分布示意。其中，b_{c1} 为接触斑点的较大长度，b_{c2} 为接触斑点的较小长度，h_{c1} 为接触斑点的较大高度，h_{c2} 为接触斑点较小高度。表 9－2给出了装配后齿轮副接触斑点的最低要求。

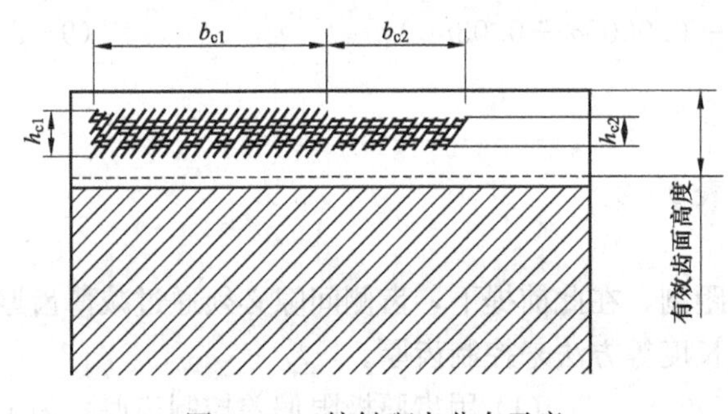

图 9－12　接触斑点分布示意

表 9－2　对于中、大模数齿轮最小侧隙的推荐数据　(mm)

模数 m_n	中心距 α					
	50	100	200	400	800	1600
1.5	0.09	0.11	—	—	—	—
2	0.10	0.12	0.15	—	—	—
3	0.12	0.14	0.17	0.24	—	—
5	—	0.18	0.21	0.28	—	—
8	—	0.24	0.27	0.34	0.47	—
12	—	—	0.35	0.42	0.55	—
18	—	—	—	0.54	0.67	0.94

接触斑点的检验方法比较简单，对大规格齿轮更具有现实意义，因为较大规格的齿轮副一般是在安装好的传动中检验的。对成批生产的机床、汽车、拖拉机等中小齿轮允许在啮合

机上与精度齿轮啮合检验。

二、齿侧间隙及其指标

为保证齿轮润滑、补偿齿轮的制造误差、安装误差、热变形等造成的误差，必须在非工作齿面留有侧隙。轮齿与配对齿间的配合相当于圆柱齿孔、轴的配合，这里采用的是“基中心距制”，即在中心距一定的情况下，用控制轮齿齿厚的方法获得必要的侧隙。

1. 齿侧间隙

齿侧间隙按测量方向分为圆周侧隙和法向侧隙。

圆周侧隙是指安装好的齿轮副，当其中一个齿轮固定时，另一个齿轮圆周的晃动量，以分度圆上弧长计值。法相 *ce* 隙是指安装好的齿轮副，当工作齿面接触时，非工作齿面之间的最短距离。

测量法相侧隙需在基圆切线方向，也就是在啮合线方向上测量，一般可以通过压铅丝方法来测量，即齿轮啮合过程中在齿间放入一段铅丝，啮合处取出压扁的铅丝测量其厚度。也可以用塞尺直接测量法相侧隙。

2. 最小侧隙 j_{bnmin} 的确定

齿轮传动时，必须保证有足够的最小侧隙，以保证齿轮机构正常工作。对于用黑色金属材料齿轮和黑色金属材料箱体的齿轮传动，工作时齿轮节圆线数度小于 15m/s，其箱体、轴和轴承都采用常用的商业制造公差，最小侧隙计算公式为

$$j_{bnmin} = 2/3(0.06 + 0.0005\alpha + 0.03m_n) \qquad (9-2)$$

式中 α——中心距；

m_n——法向模数。

按式（9－2）计算所得出的推荐数据见表 9－2。

3. 齿侧间隙的获得和检验项目

如前所述，齿轮轮齿的配合采用基中心距制，在此前提下，齿侧间隙必须通过减薄齿厚来获得，由此还可以派生出通过控制公法线长度等方法来控制齿厚。

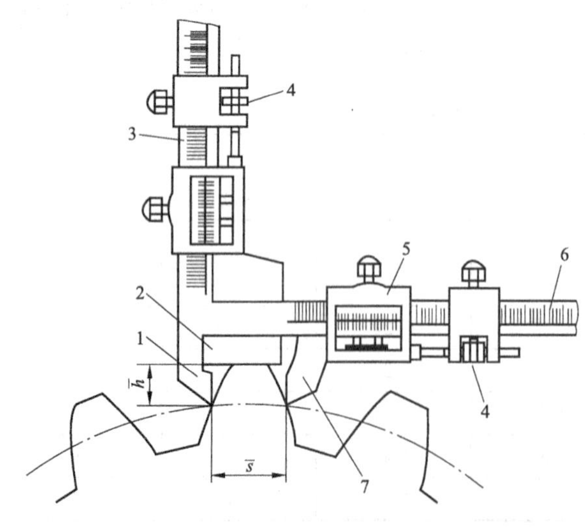

图 9－13 齿厚的测量

1—固定量爪；2—高度定位尺；3—垂直游标尺；4—调整螺母；5—游标框架；6—水平游标尺；7—活动量爪

（1）用齿厚极限偏差控制齿厚。为了获得最小侧隙 j_{bnmin}，齿厚应保证有最小减薄量，它是由分度圆齿厚上偏差 E_{sns} 形成的，如图 9－13 所示。对于 E_{sns} 的确定，可以参考同类产品的设计经验后其他有关资料选取，当缺少此方面资料时可参考下述方法计算选取。

当主动轮与被动轮齿厚都做成最小值即做成上偏差时，可获得最小侧隙 j_{bnmin}。通常取两齿轮的齿厚上偏差相等，此时

$$j_{bnmin} = 2|E_{sns}|\cos\alpha_n$$

按公式求得的 E_{sns} 应取负值。

齿厚公差 T_{sn} 大体上与齿轮精度无关，如对最大侧隙有要求，就必须进行

计算。齿厚公差的选择要适当，公差过小势必增加齿轮制造成本；公差过大会使侧隙加大，使齿轮正反转时空行程过大。

为了使齿侧间隙不至于过大，在齿轮加工中还需要根据加工设备的情况适当的控制齿厚下偏差。若齿厚偏差合格，则实际齿厚偏差应处于齿厚公差带内。

一般用齿厚游标卡尺测量分度圆弦齿厚，如图 9－13 所示。用齿厚游标卡尺测量分度圆弦齿厚以齿顶圆定位测量，因受齿顶圆偏差影响，测量精度较低，故适用于较低精度的齿轮测量或模数较大的齿轮测量。

测量时，先将齿厚卡尺的高度游标尺调至对应于分度圆弦齿高$\bar{h}$位置，再用宽度游标尺测出分度圆弦齿厚$\bar{s}$值，将其与理论值比较即可得到齿厚偏差E_{sn}。

(2) 用公法线平均长度极限偏差控制齿厚。齿轮齿厚的变化必然引起公法线长度的变化。测量公法线长度同样可以控制齿侧间隙。公法线长度的上偏差和下偏差与齿厚偏差有如下关系：

$$E_{bns} = \cos\alpha_n E_{sns}$$

$$E_{bni} = \cos\alpha_n E_{sni}$$

公法线平均长度极限偏差可用公法线千分尺或公法线指示卡规进行测量，如图 9－6 所示。直齿轮测量公法线时的卡量齿数k通常可按下式计算

$$k = \frac{z}{9} + 0.5 \quad (取相近的整数)$$

非变位的齿形角为 20°的直齿轮公法线长度为

$$W_k = m[2.952(k - 0.5) + 0.014z]$$

第四节　渐开线圆柱齿轮精度标准及检测

学习目标

1. 掌握齿轮精度等级及其选择。
2. 会查用各项齿轮偏差数值。
3. 能根据生产情况合理选择齿轮偏差的检验组。

GB/T 10095.1—2001 和 GB/T 10095.2—2001 对齿轮规定了精度等级及各项偏差的允许值。

一、精度等级及其选择

国家标准对单个齿轮规定了 13 个精度等级，分别用阿拉伯数字 0、1、2、…、12 表示。其中，0 级精度最高，依次降低，12 级精度最低。其中，5 级精度为基本等级，是计算其他等级偏差允许值的基础。0～2 级目前加工工艺尚未达到标准要求，是为将来发展而规定的特别精密的齿轮；3～5 级为高精度齿轮；6～8 级为中等精度齿轮；9～12 级为低精度（粗糙）齿轮。

二、精度等级的选择

按齿轮公差控制的各项误差对传动性能的主要影响，将齿轮的各项公差分成三个组，选择时应考虑传动的用途、运转条件及其他技术要求。

(1) 传动准确性。对机床分度链、仪器读数系统及控制系统减速装置的齿轮，应选择较高精度等级，而一般机械传动，则可选中等精度或较低的精度等级。

(2) 圆周速度越高，振动的频率也越高，有可能加大振幅以致破坏正常工作，降低使用寿命，所以圆周速度高应选取高的精度等级。

(3) 载荷的大小。载荷较大，则应选取高的精度等级。

齿轮副中两个齿轮的精度可以取相同等级，也允许取不相同等级。如果取不相同精度等级，则按其中精度等级较低者确定齿轮副的精度等级。

表 9-3 给出了各精度等级齿轮的适用范围和切齿方法，供选择时参考。

表 9-3　　齿轮精度等级的选用（供参考）

精度等级	圆周速度 v（m/s）		面的终加工	工作条件
	直齿	斜齿		
3 级（极精密）	≤40	≤75	特别精密的磨削和研齿，用精密滚齿或单边剃齿后大多数不经淬火的齿轮	要求特别精密或在最平稳且无噪声的特别高速下工作的齿轮传动；特别精密机构中的齿轮；特别高速传动；检测 5～6 级齿轮用的测量齿轮
4 级（特别精密）	≤35	≤70	精密磨齿；用精密滚刀和挤齿或单边剃齿后的大多数齿轮	特别精密分度机构中或在最平稳且无噪声的特别高速下工作的齿轮传动；高速透平传动；检测 7 级齿轮用的测量齿轮
5 级（高精密）	≤20	≤40	精密磨齿；大多数用精密滚刀加工，进而挤齿或剃齿的齿轮	精密分度机构中或要求极平稳且无噪声高速下工作的齿轮传动；精密机构用齿轮；透平齿轮传动；检测 8～9 级齿轮用的测量齿轮
6 级（高精密）	≤15	≤30	精密磨齿或剃齿	要求最高效率且无噪声的高速下平稳工作的齿轮传动或分度机构的齿轮传动；特别重要的航空、汽车齿轮；读数装置用特别精密传动的齿轮
7 级（精密）	≤10	≤15	无需热处理，仅用精确刀具加工的齿轮；淬火齿轮必须精整加工（磨齿、挤齿等）	增速和减速用齿轮传动，金属切削机床送刀机构用齿轮；高速减速器用齿轮，航空、汽车用齿轮，读数装置用齿轮
8 级（中精密）	≤6	≤10	不磨齿，不必光整加工或对研	无须特别精密的一般机械制造用齿轮；飞机、汽车制造业中不重要的齿轮，起重机构用齿轮；农业机械中的重要齿轮通用减速器用齿轮
9 级（较低精度）	≤2	≤4	无须特殊光整工作	用于粗糙工作的齿轮

三、检验项目的选用

选择检验组时，应根据齿轮的规格、用途、生产规模、精度等级、齿轮加工方式、计量仪器、检验目的等因素综合分析、合理选择。

(1) 齿轮加工方式。不同的加工方式产生不同的齿轮误差。例如，滚齿加工时，机床分度蜗轮偏心产生公法线长度变动偏差，而磨齿加工时则由于分度机构误差将产生齿距累积偏差，故应根据不同的加工方式采用不同的检验项目。

(2) 齿轮精度。齿轮精度低，机床精度可足够保证，由机床产生的误差可不检验。齿轮精度高可选用综合性检验项目，反映全面情况。

(3) 检验目的。终结检验应选用综合性检验项目，工艺检验可选用单项指标以便分析误差原因。

(4) 齿轮规格。直径不大于 400mm 的齿轮可放在固定仪器上进行检验。大尺寸齿轮一般将量具放在齿轮上进行单项检验。

(5) 生产规模。大批量应采用综合性检验项目，以提高效率，小批单件生产一般采用单项检验。

(6) 设备条件。选择检验项目时还应考虑工厂仪器设备条件及习惯检验方法。

齿轮精度标准 GB/T 10095.1—2001、GB/T 10095.2—2001 及其指导性技术文件中给出的偏差项目虽然很多，但作为评价齿轮质量的客观标准，齿轮质量的检验项目应该主要是单项指标，即齿距偏差、齿廓总偏差、螺旋线总偏差及齿厚偏差。标准中给出的其他参数，一般不是必检项目，而是根据供需双方具体要求协商确定的，其中体现了设计第一的思想。

思考与练习

9-1　齿轮传动有哪些使用要求？

9-2　齿轮精度等级分几级？如何表示精度等级？粗、中、高和低精度等级大致是从几级到几级？

9-3　齿轮传动中的侧隙有什么作用？用什么评定指标来控制侧隙？

9-4　齿轮副精度的评定指标有哪些？

9-5　如何选择齿轮的精度等级？从哪几个方面考虑选择齿轮的检验项目？

第十章　尺　寸　链

第一节　尺寸链的基本概念

学习目标

1. 了解尺寸链的概念及其组成和种类。
2. 熟悉尺寸链图。

在机械设计制造中，为了保证机器能装配互换，且达到预定的工作性能要求，除了需要进行运动、强度、刚度等的计算外，还需要进行几何精度的分析和计算，以确定机器零件的尺寸公差和几何公差等，这样的问题都可以归纳为尺寸链问题。尺寸链的分析与计算对合理地分配各零件的公差，分析结构设计的合理性，选择经济合理的加工和装配方式，降低产品成本，保证产品质量等都有重大的作用。

一、尺寸链及其组成

1. 尺寸链

在机器装配或零件加工过程中，由相互连接的尺寸形成封闭的尺寸组称为尺寸链，如图 10-1～图 10-3 所示。图 10-1 所示为孔和轴形成的间隙配合，间隙由孔径和轴径决定，其关系为 $A_0=D-d$，孔径、轴径和间隙三个尺寸形成简单的装配尺寸链；图 10-2 所示为由阶梯轴的三个阶梯长度和总长度四个尺寸形成的零件尺寸链，其关系为 $A_0=A_1+A_2+A_3$；图 10-3 所示为三个圆之间的角度形成的简单角度尺寸链，其关系为 $\alpha_0=\alpha_1-\alpha_2$，$\alpha_0$、$\alpha_1$、$\alpha_2$ 均以角度值表示。

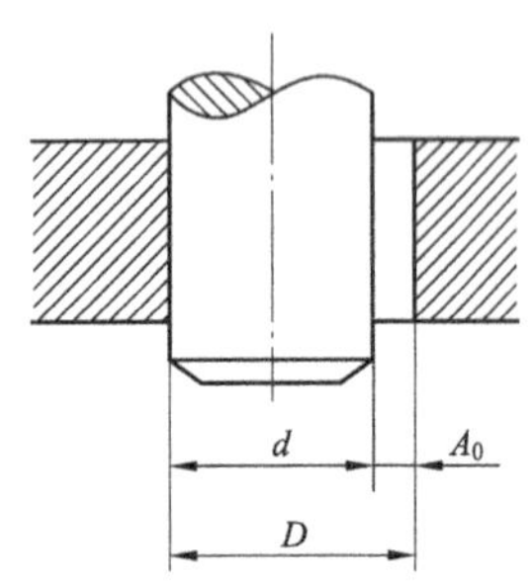

图 10-1　装配尺寸链

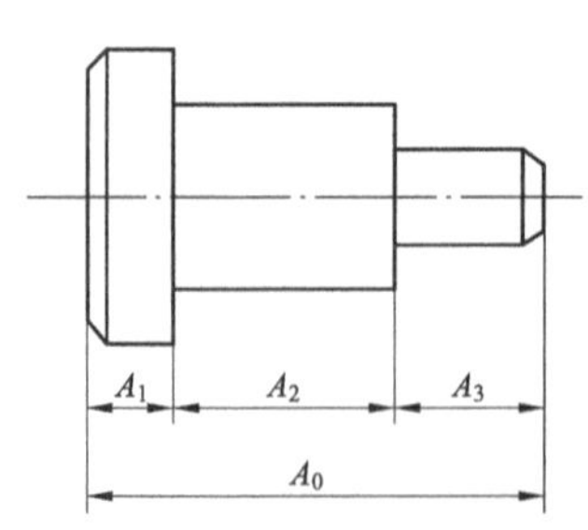

图 10-2　零件尺寸链

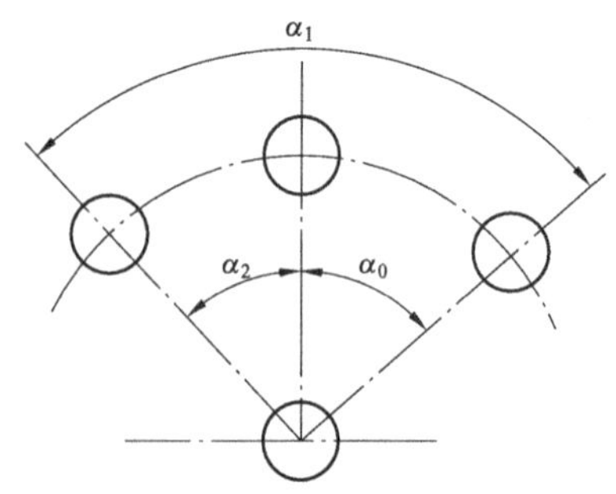

图 10-3　角度尺寸链

2. 环

环是列入尺寸链中的每一个尺寸，如图 10-1 所示的 D、d、A_0 和图 10-2 所示的 A_1、A_2、A_3、A_0，环可分为封闭环和组成环。

(1) 封闭环。尺寸链中在装配过程或加工过程最后形成的一环，如图 10-1 和图 10-2

所示的 A_0，图 10－3 所示的 α_0。

(2) 组成环。除封闭环以外的环，如图 10－1 所示的 D、d 和图 10－2 所示的 A_1、A_2、A_3，组成环又可分为增环和减环。

1) 增环。尺寸链中的组成环，由于该环的变动引起封闭环同向变动，即该环增大时，封闭环也增大，该环减小时，封闭环也减小，如图 10－1 所示的 D 和图 10－2 所示的 A_1、A_2、A_3。

2) 减环。尺寸链中的组成环，由于该环的变动引起封闭环反向变动，即该环增大时封闭环减小，该环减小时封闭环增大，如图 10－1 所示的 d 和图 10－3 所示的 α_2。

3) 协调环。尺寸链中预先选定的某一组成环，可以通过改变其大小或位置使封闭环达到规定的要求，如图 10－4 所示的 A_2。

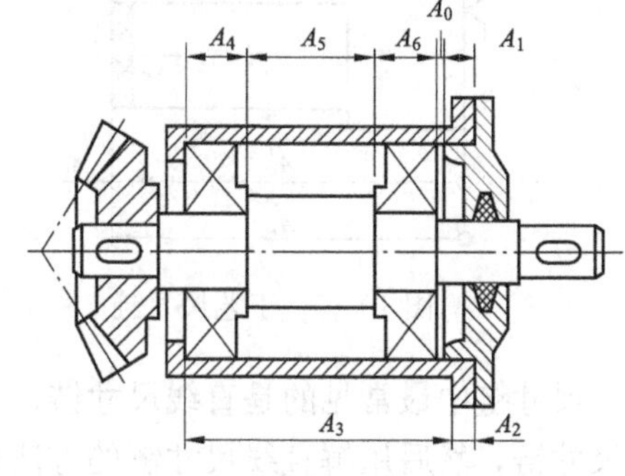

图 10－4 协调环

3. 传递系数

传递系数是表示组成环对封闭环影响大小的系数，尺寸链中封闭环与组成环的关系可表示为 $A_0=f(A_1, A_2, \cdots, A_m)$，其中，$A_1$、$A_2$、…、$A_m$ 组成环，A_0 为封闭环，则各组成环的传递系数，就是封闭环函数对各组成环所求的偏导数。设第 i 个组成环的传递系数为 ξ_i，则 $\xi_i=\partial f/\partial A_i$，对于增环，$\xi_i$ 为正值；对于减环，ξ_i 为负值，如图 10－4 所示的尺寸链，$A_0=A_3+A_2-A_1-A_4-A_5-A_6$，则 ξ_2、ξ_3 为 $+1$，ξ_1、ξ_4、ξ_5、ξ_6 为 -1。

二、尺寸链的种类

根据尺寸链的几何特征、功能要求、误差性质及环的相互关系与相互位置等，可将尺寸链分为以下几类：

1. 长度尺寸链与角度尺寸链

(1) 长度尺寸链。全部环为长度尺寸的尺寸链，如图 10－1、图 10－2 和图 10－4 所示的尺寸链。

(2) 角度尺寸链。全部环为角度尺寸的尺寸链，如图 10－3 所示的尺寸链。

2. 装配尺寸链、零件尺寸链与工艺尺寸链

(1) 装配尺寸链。全部组成环为不同零件所形成的尺寸链，如图 10－1 和图 10－4 所示的尺寸链。

(2) 零件尺寸链。全部组成环为同一零件设计尺寸所形成的尺寸链，如图 10－2 所示的尺寸链。

(3) 工艺尺寸链。全部组成环为同一零件工艺尺寸所形成的尺寸链，如图 10－5 所示的尺寸链。

3. 直线尺寸链、平面尺寸链与空间尺寸链

(1) 直线尺寸链。全部组成环平行于封闭环的尺寸链，如图 10－1 和图 10－4 所示的尺寸链。

(2) 平面尺寸链。全部组成环位于一个或几个平行平面内，但某些组成环不平行于封闭环的尺寸链，如图 10－6 所示的尺寸链。

(3) 空间尺寸链。组成环位于几个不平行平面内的尺寸链。

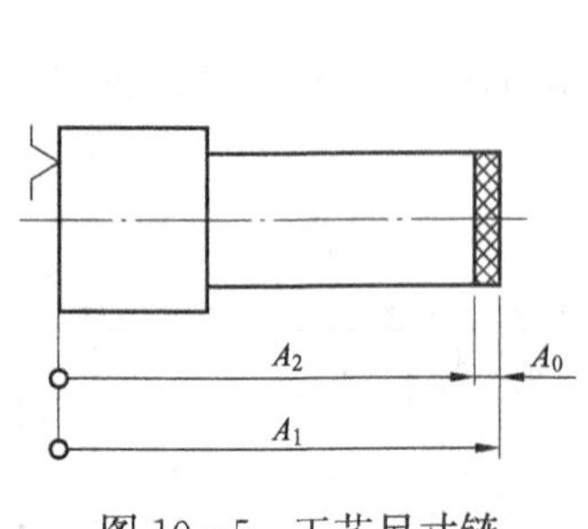

图 10－5　工艺尺寸链

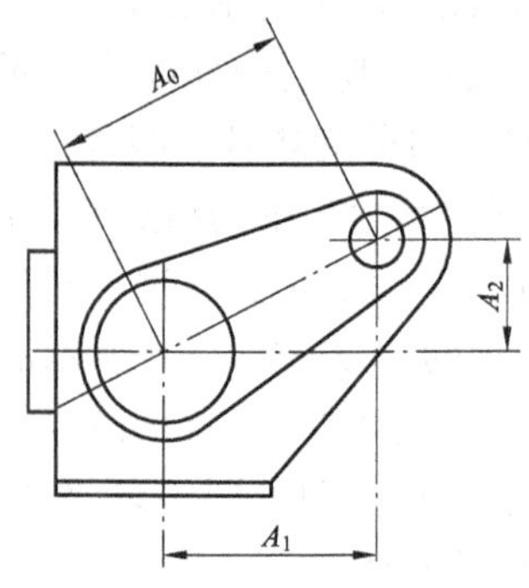

图 10－6　平面尺寸链

尺寸链中最常见的是直线尺寸链，平面尺寸链和空间尺寸链则常用坐标投影法转换为直线尺寸链，然后用解直线尺寸链的方法求解。

三、尺寸链图

尺寸链图就是为表示尺寸链各环的关系，用尺寸线和尺寸界线组成互相连接的封闭图形，如图 10－1～图 10－6 所示，通常用 A、B、C、…字母表示长度环，用 α、β、γ、…字母表示角度环。环的特征符号见表 10－1。

表 10－1　　环的特征符号

环的特征		符号	图例	环的特征		符号	图例
长度环	距离			角度环	平行		
	偏移				垂直		
	偏心				倾斜		
	矢径				角度		

四、尺寸链的计算

尺寸链的计算可分为校核计算与设计计算。当已知各组成环的公差及极限偏差，需要计算封闭环的公差及极限偏差时，属于校核计算，是公差控制问题。当已知封闭环的公差及极限偏差，需要确定各组成环的公差及极限偏差时，则属于设计计算，是公差分配问题。

尺寸链的校核计算就是根据已知的各组成环的公差及极限偏差来计算封闭环的公差大小及极限偏差的位置，看其是否能够满足封闭环的设计要求。这类公差最常用的计算方法为极值法与统计法，也称完全互换法与大数互换法。

尺寸链的设计计算就是根据技术要求，对封闭环公差提出的要求来计算各组成环的公差及极限偏差。这类计算最常见的是等公差法和等精度法。此外，还有综合因子法、经济准则法、最优化方法等。

第二节 极 值 法 计 算

学习目标

1. 掌握极值法解尺寸链的方法。
2. 掌握极值法解尺寸链的步骤。

极值法解尺寸链就是由各组成环的极限尺寸和公差计算封闭环的极限尺寸和公差。按这种方法计算尺寸链，在装配过程中能够保证完全互换。

一、基本公式

设尺寸链的组成环数为 n，其中，增环有 m 个，减环有 $n-m$ 个，A_0 为封闭环，A_i、ξ_i 分别为第 i 个组成环及其传递系数，则各环的基本尺寸之间、极限尺寸之间、极限偏差之间、公差之间有以下的基本计算公式。

1. 封闭环的基本尺寸

$$A_0=\sum_{i=1}^{m}|\xi_i|A_i-\sum_{i=m+1}^{n}|\xi_i|A_i \tag{10-1}$$

2. 封闭环的极限尺寸

$$A_{0\max}=\sum_{i=1}^{m}|\xi_i|A_{i\max}-\sum_{i=m+1}^{n}|\xi_i|A_{i\min} \tag{10-2}$$

$$A_{0\min}=\sum_{i=1}^{m}|\xi_i|A_{i\min}-\sum_{i=m+1}^{n}|\xi_i|A_{i\max} \tag{10-3}$$

3. 封闭环的极限偏差

将式（10-2）和式（10-3）分别减去式（10-1），得

$$ES_0=\sum_{i=1}^{m}|\xi_i|ES_i-\sum_{i=m+1}^{n}|\xi_i|EI_i \tag{10-4}$$

$$EI_0=\sum_{i=1}^{m}|\xi_i|EI_i-\sum_{i=m+1}^{n}|\xi_i|ES_i \tag{10-5}$$

4. 封闭环的公差

将式（10-2）减去式（10-3），或式（10-4）减去式（10-5），得

$$T_0 = \sum_{i=1}^{m} |\xi_i| T_i + \sum_{i=m+1}^{n} |\xi_i| T_i = \sum_{i=1}^{n} |\xi_i| T_i \qquad (10-6)$$

由式（10-1）～式（10-6）可知，当尺寸链中所有增环的传递系数都等于+1，所有减环的传递系数都等于-1时，封闭环的基本尺寸等于所有增环基本尺寸之和与所有减环基本尺寸之和的差；封闭环的最大极限尺寸等于所有增环最大极限尺寸之和与所有减环最小极限尺寸之和的差；封闭环的最小极限尺寸等于所有增环最小极限尺寸之和与所有减环最大极限尺寸之和的差；封闭环的上偏差等于所有增环的上偏差之和与所有减环的下偏差之和的差；封闭环的下偏差等于所有增环的下偏差之和与所有减环的上偏差之和的差；封闭环的公差等于所有组成环的公差之和。由此可见，当所有组成环传递系数的绝对值均为1时，封闭环在尺寸链中公差最大，公差等级最低。因此，在工艺尺寸链中应选取最不重要的环作为封闭环。

二、校核计算

已知各组成环的基本尺寸及极限偏差，求封闭环的基本尺寸及极限偏差。

【例10-1】 如图10-7（a）所示，加工一阶梯套，按尺寸 $A_1 = 16^{+0.18}_{0}$ mm，$A_2 = 10^{0}_{-0.15}$ mm加工，求面1和面2的距离 A_0。

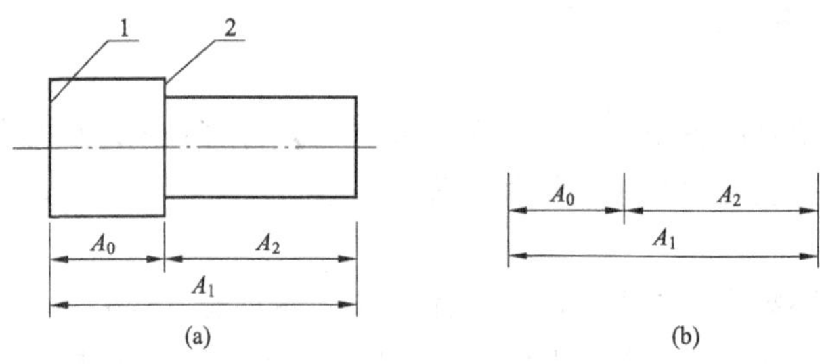

图10-7 阶梯套工艺尺寸链

解 （1）绘制尺寸链图［见图10-7（b）］，确定增环和减环。

（2）由式（10-1）确定封闭环的基本尺寸。

$$A_0 = A_1 - A_2 = 16 - 10 = 6(\text{mm})$$

组成环 A_1、A_2 的传递系数 ξ_1、ξ_2 分别为+1和-1。

（3）由式（10-4）和式（10-5）分别求得封闭环的上偏差和下偏差，即

$$ES_0 = ES_1 - EI_2 = +0.18 - (-0.15) = +0.33\ (\text{mm})$$

$$EI_0 = EI_1 - ES_2 = 0 - 0 = 0\ (\text{mm})$$

因此，$T_0 = ES_0 - EI_0 = 0.33$mm，$A_0 = 6^{+0.33}_{0}$ mm

（4）验算。由式（10-6），得

$$T_0 = T_1 + T_2 = 0.18 + 0.15 = 0.33(\text{mm})$$

【例10-2】 如图10-8（a）所示，齿轮1随轴2转动，轴承套3固定在支架4上，为使齿轮1能自由转动，而又不致有过大的轴向移动，齿轮端面与轴承套3之间应保持间隙为0.05～0.75mm。已知各零件的尺寸和极限偏差为 $A_1 = 16^{-0.290}_{-0.470}$ mm，$A_3 = 24^{0}_{-0.210}$ mm，$A_2 = A_4 = 4^{0}_{-0.120}$ mm，问该机构能否保证要求的间隙0.05～0.75mm。

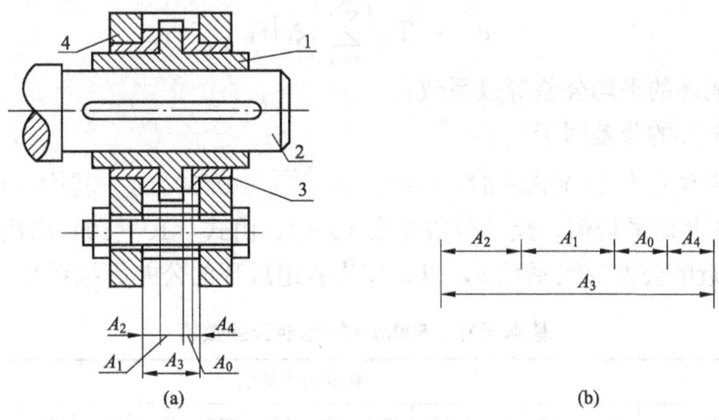

图 10-8 装配尺寸链（校核计算）

解 (1) 绘制尺寸链图［见图 10-8 (b)］，确定增环和减环。

(2) 由图 10-8 (b) 和式 (10-1) 可得各组成环传递系数为

$$\xi_1 = \xi_2 = \xi_4 = -1, \quad \xi_3 = +1$$

(3) 由式 (10-2) 和式 (10-3)，得

$$A_{0max} = A_{3max} - (A_{1min} + A_{2min} + A_{4min}) = 24 - (15.53 + 3.88 + 3.88) = 0.71\ (mm)$$

$$A_{0min} = A_{3min} - (A_{1max} + A_{2max} + A_{4max}) = 23.79 - (15.71 + 4 + 4) = 0.08\ (mm)$$

(4) 计算封闭环的极限偏差。

$$ES_0 = A_{0max} - A_0 = +0.71mm < 0.75mm$$

$$EI_0 = A_{0min} - A_0 = +0.08mm > 0.05mm$$

上述计算表明，已给定的组成环的极限偏差是正确的，即各零件的装配能够保证所要求的间隙 0.05～0.75mm。

三、设计计算

已知封闭环的基本尺寸及极限偏差，又知道各组成环的基本尺寸，求各组成环的极限偏差。设计计算常用于设计机器时合理地给定零件的极限偏差。

1. 等公差法

等公差法就是按各组成环的公差相等的原则对各组成环分配公差。假设封闭环的公差为 T_0，各组成环的公差满足 $T_1 = T_2 = \cdots = T_m = T_{av}$。由式 (10-6)，得

$$T_{av} = T_0 \Big/ \sum_{i=1}^{m} |\xi_1| \qquad (10-7)$$

当各组成环的传递系数满足 $|\xi_1| = |\xi_2| = \cdots = |\xi_m| = 1$ 时，则

$$T_{av} = T_0 / m \qquad (10-8)$$

组成环的公差以 T_{av} 为基础，再根据各环的尺寸大小、加工的难易程度、使用要求等，对各组成环的公差进行调整，并满足

$$\sum_{i=1}^{m} |\xi_i| T_i \leqslant T_0 \qquad (10-9)$$

2. 等精度法

等精度法就是按各组成环的公差等级相同的原则对各组成环分配公差。假设封闭环公差为 T_0，各组成环的公差等级系数满足 $a_1 = a_2 = \cdots = a_m = a_{av}$。由式 (10-6)，得

$$a_{av} = T_0 \Big/ \sum_{k=1}^{m} |\xi_k| i_k \tag{10-10}$$

式中 a_{av}——组成环的平均公差等级系数；

i_k——第 k 环的公差因子。

当组成环的基本尺寸≤500mm 时，$i_k=0.45\sqrt[3]{D_k}+0.001D_k$。其中，$D_k$ 为第 k 环基本尺寸所在尺寸段的几何平均值，尺寸分段见表 10-2。由式（10-10）求出 a_{av}，从表 10-3 中选取与 a_{av} 最接近的公差等级系数 a，以 a 作为各组成环的公差等级系数。

表 10-2　基本尺寸≤500mm 的标准公差数值

基本尺寸(mm)		标准公差等级																	
		IT1	IT2	IT3	IT4	IT5	IT6	IT7	IT8	IT9	IT10	IT11	IT12	IT13	IT14	IT15	IT16	IT17	IT18
大于	至	μm											mm						
—	3	0.8	1.2	2	3	4	6	10	14	25	40	60	0.1	0.14	0.25	0.4	0.6	1	1.4
3	6	1	1.5	2.5	4	5	8	12	18	30	48	75	0.12	0.18	0.3	0.48	0.75	1.2	1.8
6	10	1	1.5	2.5	4	6	9	15	22	36	58	90	0.15	0.22	0.36	0.58	0.9	1.5	2.2
10	18	1.2	2	3	5	8	11	18	27	43	70	110	0.18	0.27	0.43	0.7	1.1	1.8	2.7
18	30	1.5	2.5	4	6	9	13	21	33	52	84	130	0.21	0.33	0.52	0.84	1.3	2.1	3.3
30	50	1.5	2.5	4	7	11	16	25	39	62	100	160	0.25	0.39	0.62	1	1.6	2.5	3.9
50	80	2	3	5	8	13	19	30	46	74	120	190	0.3	0.46	0.74	1.2	1.9	3	4.6
80	120	2.5	4	6	10	15	22	35	54	87	140	220	0.35	0.54	0.87	1.4	2.2	3.5	5.4
120	180	3.5	5	8	12	18	25	40	63	100	160	250	0.4	0.63	1	1.6	2.5	4	6.3
180	250	4.5	7	10	14	20	29	46	72	115	185	290	0.46	0.72	1.15	1.85	2.9	4.6	7.2
250	315	6	8	12	16	23	32	52	81	130	210	320	0.52	0.81	1.3	2.1	3.2	5.2	8.1
315	400	7	9	13	18	25	36	57	89	140	230	360	0.57	0.89	1.4	2.3	3.6	5.7	8.9
400	500	8	10	15	20	27	40	63	97	155	250	400	0.63	0.97	1.55	2.5	4	6.3	9.7

表 10-3　标准公差计算公式　（μm）

公差等级	IT1	IT2	IT3	IT4	IT5	IT6	IT7	IT8	IT9	IT10	IT11	IT12	IT13	IT14	IT15	IT16	IT17	IT18
公差数值	—	—	—	—	$7i$	$10i$	$16i$	$25i$	$40i$	$64i$	$100i$	$160i$	$250i$	$400i$	$640i$	$1000i$	$1600i$	$2500i$
	$2I$	$2.7I$	$3.7I$	$5I$	$7I$	$10I$	$16I$	$25I$	$40I$	$64I$	$100I$	$160I$	$250I$	$400I$	$640I$	$1000I$	$1600I$	$2500I$

按这种方法计算的各组成环公差仍需按各组成环加工的难易程度进行调整，并满足式（10-9）的要求。为了保证各组成环的极限偏差能满足封闭环的要求，可预先规定一环作为协调环，而其余各组成环的极限偏差按“向体内原则”配置。对于外尺寸组成的环，取其上偏差 $es_k=0$，下偏差 $ei_k=-T_k$；对于内尺寸组成的环，取其上偏差 $ES_k=+T_k$，下偏差 $EI_k=0$。

【例 10-3】 如图 10-9（a）所示的齿轮箱部件中，要求轴向间隙 $A_0=1\sim1.75$mm，已知各组成环的基本尺寸 $A_1=101$mm，$A_2=50$mm，$A_3=A_5=5$mm，$A_4=140$mm，试分别按极值法的等公差法和等精度法确定各组成环的公差，并确定各组成环的极限偏差。

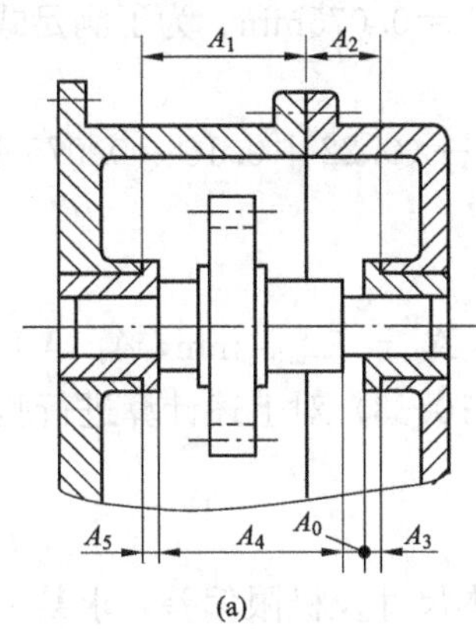

(a)

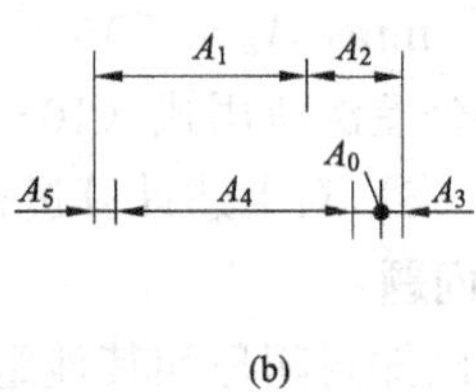

(b)

图 10－9 装配尺寸链（设计计算）

解 (1) 绘制尺寸链图［见图 10－9 (b)］，确定增环和减环。

(2) 由图 10－9 (b) 和式 (10－1) 可得

$$A_0 = A_1 + A_2 - (A_3 + A_4 + A_5) = 101 + 50 - (5 + 140 + 5) = 1\ (\text{mm})$$

$$|\xi_i| = 1 \quad (i = 1, 2\cdots, 5)$$

(3) 按等公差法求各组成环公差和极限偏差。

由式 (10－8) 求得组成环的平均公差为

$$T_{av} = T_0/m = 0.75/5 = 0.15\ (\text{mm})$$

按所求得的 T_{av}，根据各组成环基本尺寸的大小和加工难易程度，将各组成环的公差调整为

$$T_1 = 0.25\text{mm}, T_2 = 0.15\text{mm}, T_3 = T_5 = 0.05\text{mm}$$

为了满足式 (10－9)，协调环 A_4 的公差为

$$T_4 = T_0 - (T_1 + T_2 + T_3 + T_5) = 0.75 - (0.25 + 0.15 + 0.05 + 0.05) = 0.25\ (\text{mm})$$

根据“向体内原则”，各组成环的极限偏差为

$$A_1 = 101^{+0.250}_{0}\text{mm}, A_2 = 50^{+0.150}_{0}\text{mm}, A_3 = A_5 = 5^{-0.050}_{0}\text{mm}, A_4 = 140^{0}_{-0.250}\text{mm}$$

验算：根据式 (10－2) 和式 (10－3)，则

$$A_{0\max} = (A_{1\max} + A_{2\max}) - (A_{3\min} + A_{4\min} + A_{5\min})$$
$$= (101.25 + 50.15) - (4.95 + 139.75 + 4.95) = 1.75\ (\text{mm})$$
$$A_{0\min} = (A_{1\min} + A_{2\min}) - (A_{3\max} + A_{4\max} + A_{5\max})$$
$$= (101 + 50) - (5 + 140 + 5) = 1\ (\text{mm})$$

验算结果表明上述计算正确。

(4) 按等精度法求各组成环公差和极限偏差。

从表 10－2 中可查取各组成环基本尺寸所属尺寸段的首、尾值。假设第 k 环基本尺寸所属尺寸段的首尾几何尺寸为 D_k，根据 $i_k = 0.45\sqrt[3]{D_k} + 0.001D_k$，可计算第 k 环的公差因子 i_k。通过计算求得各组成环的公差因子（单位为 μm）为 $i_1 = 2.17$，$i_2 = 1.56$，$i_3 = 0.73$，$i_4 = 2.52$，$i_5 = 0.73$，由式 (10－10) 可求得组成环的平均公差等级系数为

$$a_{av} = T_0/\sum i_k = 0.75 \times 10^3/(2.17 + 1.56 + 0.73 + 2.52 + 0.73) \approx 97$$

从表 10－3 中可得，a_{av} 接近 IT11 的公差等级系数。按 IT11 从表 10－2 中查出的各组成

环的公差为 $T_1=0.22\text{mm}$，$T_2=0.16\text{mm}$，$T_3=T_5=0.075\text{mm}$。为了满足式（10－9），协调环 A_4 的公差为

$$T_4=T_0-(T_1+T_2+T_3+T_5)=0.75-(0.22+0.16+0.075+0.075)$$
$$=0.22\ (\text{mm})$$

根据“向体内原则”，各组成环的极限偏差为

$$A_1=101^{+0.220}_{0}\text{mm},\ A_2=50^{+0.160}_{0}\text{mm},\ A_3=A_5=5^{0}_{-0.075}\text{mm},\ A_4=140^{-0.220}_{0}\text{mm}$$

除可用前述等公差法所用式（10－2）和式（10－3）对上述计算进行验算外，也可用式（10－4）和式（10－5）对上述计算进行验算。

四、中间计算问题

中间计算就是已知封闭环和其他组成环的基本尺寸及极限偏差，求某一组成环的基本尺寸及极限偏差。

【例 10－4】 如图 10－10（a）所示的轴加工，首先将该轴先车削至尺寸 ϕd_1，再铣平面至尺寸 A_2，最后磨削至尺寸 ϕd_3。若已知 $\phi d_1=\phi 70.5^{0}_{-0.100}\text{mm}$，$\phi d_3=\phi 70^{0}_{-0.060}\text{mm}$，为保证 $A_0=62^{0}_{-0.300}\text{mm}$，$A_2$ 应为何值。

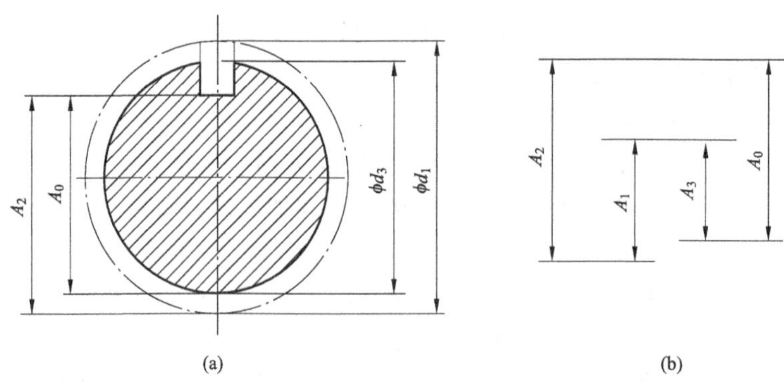

图 10－10　轴上铣槽工艺尺寸链

解　(1) 绘制尺寸链图［见图 10－10（b）］，确定增环和减环。$A_1=d_1/2=35.25^{0}_{-0.050}\text{mm}$，$A_3=d_3/2=35^{0}_{-0.030}\text{mm}$。根据图 10－10（a）所示的加工顺序看，$A_0$ 为加工过程中最后得到的尺寸，所以是封闭环。

(2) 由图 10－10（b）和式（10－1）可得

$$A_2=A_0-A_3+A_1=62-35+35.25=62.25\ (\text{mm})$$

由式（10－4）和式（10－5）可得

$$ES_2=ES_0-ES_3+EI_1=0-0+(-0.05)=-0.05\ (\text{mm})$$

$$EI_2=EI_0-EI_3+ES_1=-0.3-(-0.03)+0=-0.27\ (\text{mm})$$

验算：

$$T_2=|ES_2-EI_1|=|-0.05-(-0.27)|=0.22\ (\text{mm})$$

$$\sum_{i=1}^{3}T_i=0.05+0.22+0.03=0.3\ (\text{mm})$$

则　$A_2=62.25^{-0.050}_{-0.270}\text{mm}=62^{+0.200}_{-0.020}\text{mm}$

第三节 统 计 法 计 算

学习目标

1. 掌握统计法解尺寸链的方法。
2. 掌握统计法解尺寸链的步骤。

在机械加工过程中，由于存在各种因素及加工条件，组成环的实际尺寸为随机变量，并且表现为不同的概率分布，见表 10-4。因此，可用统计法解尺寸链。

表 10-4　实际尺寸的分布曲线与系数 k 及 e 值

分布特征	正态分布	三角分布	均匀分布	瑞利分布	偏态分布	
					外尺寸	内尺寸
分布曲线	3δ　3δ			$eT/2$	$eT/2$	$eT/2$
e	0	0	0	−0.28	0.26	−0.26
k	1	1.22	1.73	1.14	1.17	1.17

统计法也称不完全互换法，确切地说应称为大数互换法。一般情况下，一个尺寸加工在极限尺寸上的概率很小，而概率较大的是在尺寸中部。在一个尺寸链中，各组成环均处于极限尺寸上的概率就更小。统计法就是利用这一规律，将组成环的公差要求适当放宽，用统计法解尺寸链的特点是从保证大数互换着眼，根据各组成环的实际尺寸在其公差带内的分布情况，按某一置信概率求得封闭环尺寸实际分布范围，以此决定封闭环的公差。进而确保在装配时，绝大部分的封闭环能符合技术要求。这样不仅使零件加工容易，而且在绝大多数情况下又能保证封闭环的公差要求，从而可以获得更佳的技术经济效果。

一、基本公式

设尺寸链的组成环数为 m，其中增环有 n 个，减环有 $m-n$ 个，A_0、k_0、T_0分别为封闭环的尺寸、相对分布系数和公差，A_i、ξ_i、T_i、k_i分别为第 i 环的尺寸、传递系数、公差和相对分布系数。

1. 封闭环公差

$$T_0=\sqrt{\sum_{i=1}^{m}(\xi_i k_i T_i)^2}/k_0 \tag{10-11}$$

根据各组成环及封闭环的尺寸分布规律，由表 10-4 确定各组成环及封闭环的相对分布系数。

若所有组成环的尺寸都为正态分布（$k_i=1$，$i=1$，2，…，m），封闭环的尺寸也为正态分布（$k_0=1$），则

$$T_0=\sqrt{\sum_{i=1}^{m}(\xi_i T_i)^2} \tag{10-12}$$

若组成环的环数较多，$m\geqslant5$，且 $k_1=k_2=\cdots=k_m=k$，则封闭环尺寸趋向正态分布，即 $k_0=1$，则

$$T_0 = k\sqrt{\sum_{i=1}^{m}(\xi_i T_i)^2} \tag{10-13}$$

2. 封闭环的中间偏差 Δ_0、平均偏差 $\overline{X}_0$、极限偏差

$$\Delta_0 = \sum_{i=1}^{m}\xi_i\Delta_i \tag{10-14}$$

$$\overline{X}_0 = \sum_{i=1}^{m}\xi_i X_i \tag{10-15}$$

式（10-14）和式（10-15）中，Δ_i 为第 i 个组成环的中间偏差，即上、下偏差的平均值；$\overline{X}_i$ 为第 i 个组成环的平均偏差，即实际偏差的平均值。当第 i 个组成环的实际尺寸不对称分布时，则平均偏差与中间偏差不重合，其偏移量为 $e_iT_i/2$，见表 10-4，则

$$\overline{X}_i = \Delta_i + e_i \times T_i/2 \tag{10-16}$$

式中　e_i——分布不对称系数，可由表 10-4 中查出。

封闭环的统计极限偏差为

$$ES_0 = \overline{X}_0 + T_0/2 \tag{10-17}$$

$$EI_0 = \overline{X}_0 - T_0/2 \tag{10-18}$$

二、校核计算

【例 10-5】 用统计法计算例 10-1 的尺寸链，如图 10-11 所示，并假设各组成环尺寸按正态分布，即 $k_i=1$，$e_i=0$。

解 （1）由式（10-12）确定封闭环的公差 T_0。

$$T_0 = \sqrt{T_1^2+T_2^2} = \sqrt{0.18^2+0.15^2} = 0.234\ (\mathrm{mm})$$

（2）确定封闭环的平均偏差 $\overline{X}_0$。

由式（10-16）确定各组成环的平均偏差 $\overline{X}_1=+0.09\mathrm{mm}$，$\overline{X}_2=-0.075\mathrm{mm}$。

由式（10-15）确定封闭环的平均偏差为

$$\overline{X}_0 = \sum_{i=1}^{2}\xi_i\overline{X}_i = (+1)\times0.09+(-1)\times(-0.075) = +0.165\ (\mathrm{mm})$$

（3）由式（10-17）和式（10-18）确定封闭环的上偏差和下偏差，即

$$ES_0 = \overline{X}_0 + T_0/2 = +0.165+0.234/2 = +0.282\ (\mathrm{mm})$$

$$EI_0 = \overline{X}_0 - T_0/2 = +0.165-0.234/2 = +0.048\ (\mathrm{mm})$$

因此，面 1 和面 2 的距离 $A_0=6^{+0.282}_{+0.048}\mathrm{mm}$。

三、设计计算

1. 等公差法

根据极值法计算尺寸链所用的等公差法原理，即各组成环的公差满足 $T_1=T_2=\cdots=T_m=T_{av}$。由式（10-11）可得封闭环的平均公差为

$$T_{av} = k_0T_0\Big/\sqrt{\sum_{i=1}^{m}(\xi_i k_i)^2} \tag{10-19}$$

若所有组成环和封闭环的尺寸均为正态，即 $k_1=k_2=\cdots=k_m=1$ 和 $k_0=1$，则

$$T_{av} = T_0 \Big/ \sqrt{\sum_{i=1}^{m} \xi_i^2} \tag{10-20}$$

2. 等精度法

根据极值法计算尺寸链所用等精度法的原理，即各组成环的公差等级系数满足 $a_1 = a_2 = \cdots = a_m = a_{av}$。由式（10-11）可求得组成环的平均公差等级系数为

$$a_{av} = k_0 T_0 \Big/ \sqrt{\sum_{i=1}^{m} (\xi_j k_j i_j)^2} \tag{10-21}$$

其中，i_j为第j环的公差因子，其确定方法见前述极值法计算尺寸链所用的等精度法。

若所有组成环和封闭环的尺寸均服从正态分布，即 $k_1 = k_2 = \cdots = k_m = 1$ 和 $k_0 = 1$，则

$$a_{av} = T_0 \Big/ \sqrt{\sum_{j=1}^{m} (\xi_j i_j)^2} \tag{10-22}$$

组成环的平均公差等级系数 a_{av} 确定后，以与极值法计算尺寸链所用等精度法确定各组成环尺寸公差相同的方法，确定各组成环的公差。

【例 10-6】 分别用统计法中的等公差法和等精度法计算例 10-3 的尺寸链，如图 10-9 所示，并假设各组成环实际尺寸按正态分布。

解 （1）按等公差法求各组成环的公差和极限偏差。由例 10-3 可知，该尺寸链组成环数 m 为 5，组成环的传递系数 $\xi_1 = \xi_2 = +1$，$\xi_3 = \xi_4 = \xi_5 = -1$，封闭环公差 $T_0 = 0.75$mm。则由式（10-21）可求得组成环的平均公差为

$$T_{av} = T_0 / \sqrt{m} = 0.75 / \sqrt{5} = 0.335\ (\text{mm})$$

考虑到各组成环基本尺寸大小和加工难易程度，经调整后得

$$T_1 = 0.45\text{mm},\ T_2 = 0.3\text{mm},\ T_3 = T_5 = 0.2\text{mm}$$

为了满足式（10-12），协调环 A_4 的公差为

$$T_4 = \sqrt{T_0^2 - (T_1^2 + T_2^2 + T_3^2 + T_5^2)} = \sqrt{(0.75)^2 - (0.45^2 + 0.3^2 + 0.2^2 + 0.2^2)}$$
$$= 0.435\ (\text{mm})$$

按"向体内原则"布置各组成环（协调环 A_4 除外）的尺寸公差带，组成环 A_1、A_2、A_3、A_5 的极限偏差分别为

$$A_1 = 101^{+0.450}_{0}\text{mm},\ A_2 = 50^{+0.300}_{0}\text{mm},\ A_3 = A_5 = 5^{-0.200}_{0}\text{mm}$$

由例 10-3 可知，封闭环的上偏差为+0.75mm，下偏差为 0mm，则封闭环的中间偏差 $\Delta_0 = +0.375$mm，组成环 A_1、A_2、A_3、A_5 的中间偏差分别为

$$\Delta_1 = +0.225\text{mm},\ \Delta_2 = +0.15\text{mm},\ \Delta_3 = \Delta_5 = -0.1\text{mm}$$

由于封闭环与各组成环的尺寸均服从正态分布，由表 10-4 可知，其分布不对称系数均为 0。由式（10-16）可求得组成环 A_1、A_2、A_3、A_5 和封闭环 A_0 的平均偏差，即

$$\overline{X}_1 = +0.225\text{mm},\ \overline{X}_2 = +0.15\text{mm},\ \overline{X}_3 = \overline{X}_5 = -0.1\text{mm},\ \overline{X}_0 = +0.375\text{mm}$$

由式（10-15）可求得组成环 A_4 的平均偏差为

$$\overline{X}_4 = \overline{X}_1 + \overline{X}_2 - \overline{X}_3 - \overline{X}_5 - \overline{X}_0 = +0.225 + 0.15 - (-0.1) - (-0.1) - 0.375$$
$$= +0.2\ (\text{mm})$$

根据式（10－17）和式（10－18），可分别求得 A_4 的上、下偏差，即

$$es_4=\overline{X}_4+T_4/2=+0.2+0.435/2=+0.4175\ (\text{mm})$$

$$ei_4=\overline{X}_4-T_4/2=+0.2-0.435/2=-0.0175\ (\text{mm})$$

则 $A_4=140^{+0.4175}_{-0.0175}\text{mm}$

（2）按等精度法求各组成环的公差和极限偏差。由式 $i_k=0.45\sqrt[3]{D_k}+0.001D_k$ 可求得各组成环的公差因子分别为

$$i_1=2.173\mu\text{m},\ i_2=1.561\mu\text{m},\ i_3=i_5=0.733\mu\text{m},\ i_4=2.523\mu\text{m}$$

由式（10－22）可求得组成环的平均公差等级系数

$$a_{av}=T_0\Big/\sqrt{\sum_{j=1}^{5}(\xi_j i_j)^2}=T_0/\sqrt{i_1^2+i_2^2+i_3^2+i_4^2+i_5^2}$$

$$=0.75\times1000/\sqrt{2.173^2+1.561^2+0.733^3+2.523^2+0.733^2}$$

$$=750/\sqrt{14.598\,757}\approx196$$

查表 10－3 可知，$a_{av}=196$ 位于 IT12 和 IT13 的公差等级系数之间，但与 IT12 的公差等级系数接近。按“向体内原则”确定各组成环（协调环 A_4 除外）的极限偏差，A_1、A_2、A_3、A_5 各环公差按 IT12 确定，即

$$A_1=101^{+0.35}_{0}\text{mm},\ A_2=50^{+0.25}_{0}\text{mm},\ A_3=A_5=5^{0}_{-0.120}\text{mm}$$

由式（10－12）可求得 A_4 的公差为

$$T_4=\sqrt{T_0^2-(T_1^2+T_2^2+T_3^2+T_5^2)}$$

$$=\sqrt{(0.75)^2-(0.35^2+0.25^2+0.12^2+0.12^2)}=0.591\ (\text{mm})$$

由 A_1、A_2、A_3、A_5 和 A_0 的极限偏差可知，其中间偏差分别为

$$\Delta_1=+0.175\text{mm},\ \Delta_2=+0.125\text{mm}$$

$$\Delta_3=\Delta_5=-0.06\text{mm},\ \Delta_0=+0.375\text{mm}$$

由式（10－16）可知，其平均偏差分别

$$\overline{X}_1=+0.175\text{mm},\ \overline{X}_2=0.125\text{mm},\ \overline{X}_3=\overline{X}_5=-0.06\text{mm},\ \overline{X}_0=+0.375\text{mm}$$

由式（10－15）可求得组成环 A_4 的平均偏差为

$$\overline{X}_4=\overline{X}_1+\overline{X}_2-\overline{X}_3-\overline{X}_5-\overline{X}_0=+0.045\text{mm}$$

则 A_4 的上、下偏差分别为

$$es_4=\overline{X}_4+T_4/2=+0.045+0.591/2=+0.3405\ (\text{mm})$$

$$ei_4=\overline{X}_4-T_4/2=+0.045-0.591/2=-0.2505\ (\text{mm})$$

因此 $$A_4=140^{+0.3405}_{-0.2505}\text{mm}$$

四、中间计算问题

【例 10－7】 用统计法计算例 10－4 的尺寸链，如图 10－10 所示，并假设各组成环实际尺寸按正态分布。

解 由例 10－4 可知，该尺寸链组成环数 m 为 3，组成环 A_1、A_3 和封闭环 A_0 的尺寸

公差分别为 $T_1=0.05\text{mm}$，$T_3=0.05\text{mm}$，$T_0=0.3\text{mm}$；组成环的传递系数为 $\xi_1=-1$，$\xi_2=\xi_3=+1$。

由式（10-12）可求得组成环 A_2 的尺寸公差为

$$T_2=\sqrt{T_0^2-(T_1^2+T_2^2)}=\sqrt{(0.3)^2-(0.05)^2+(0.05)^2}=0.292\ (\text{mm})$$

由 A_1、A_3、A_0 的极限偏差可知，其中间偏差分别为

$$\Delta_1=-0.025\text{mm},\ \Delta_2=-0.025\text{mm},\ \Delta_0=-0.15\text{mm}$$

由式(10-16)和表(10-2)可得组成环 A_1、A_3 和封闭环 A_0 的平均偏差为

$$\overline{X_1}=-0.025\text{mm},\ \overline{X_3}=-0.025\text{mm},\ \overline{X_0}=-0.15\text{mm}$$

由式(10-15)可求得组成环 A_2 的平均偏差为

$$\overline{X_2}=\overline{X_0}+\overline{X_1}-\overline{X_3}=-0.15+(-0.025)-(-0.025)=-0.15\ (\text{mm})$$

则 A_2 的上、下偏差分别为

$$ES_2=\overline{X_2}+T_2/2=-0.15+0.292/2=-0.004\ (\text{mm})$$

$$EI_2=\overline{X_2}-T_2/2=-0.15-0.292/2=-0.296\ (\text{mm})$$

因此 $$A_2=62.25_{-0.296}^{-0.004}\text{mm}=62_{-0.046}^{+0.246}\text{mm}$$

除了用极值法和统计法计算尺寸链外，还可用分组装配法、修配法、调整法计算尺寸链。分组装配法的特点是对各组成环按其实际尺寸大小分为若干组，各对应组进行装配，同组零件才具有互换性。调整法的特点是装配时可调整事先选定的某一组成环(称协调环)的实际尺寸或位置，使封闭环达到其公差与极限偏差要求。修配法的特点是装配时可去除事先选定的某一组成环(称协调环)的部分材料，以改变其实际尺寸或位置，使封闭环达到其公差与极限偏差要求。

思 考 与 练 习

10-1 什么是尺寸链？其组成是什么？

10-2 封闭环、增环、减环如何区别？

10-3 按尺寸链的应用场合不同，分为哪几种？

10-4 尺寸链的计算有哪些？

10-5 某一配合中的轴应该镀铬，镀铬厚度为(0.012±0.002)mm，镀铬后的配合为 $\phi60\text{H7/g6}$，问镀铬前轴的直径及其允许的极限偏差多大？

10-6 在齿轮上加工内孔和键槽，如图 10-12 所示，其加工顺序如下：钻孔 $\phi D_1=\phi40.6_{0}^{+0.100}\text{mm}$，插键槽 A_2，磨孔至尺寸 $\phi D_3=\phi40_{0}^{+0.060}\text{mm}$，最后要求保证尺寸 $A_0=44_{0}^{+0.300}\text{mm}$，试求插键槽工序尺寸 A_2。

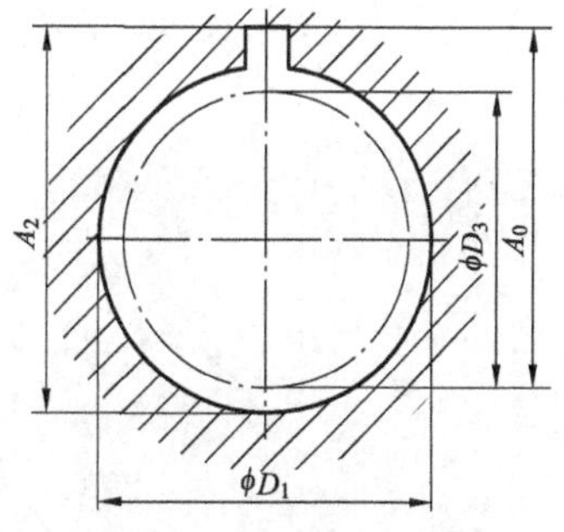

图 10-11 题 10-6 图

10-7 如图 10-12 所示的皮带轮机构，要求装配后保

证尺寸 $A_0 = 20.5 \sim 20.95$mm。已知各组成环的尺寸分别为 $A_1 = A_5 = 50$mm，$A_2 = A_4 = 45$mm，$A_3 = 60$mm，$A_6 = 270$mm，分别用极值法中的等公差法和等精度法，统计法中的等公差法和等精度法确定有关尺寸及其极限偏差。

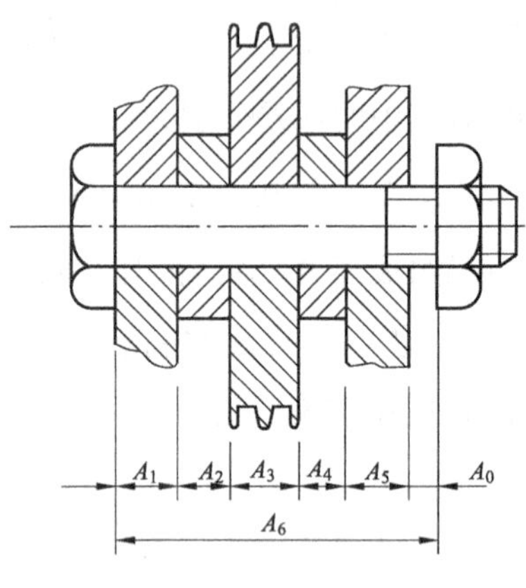

图 10-12 题 10-7 图

参 考 文 献

[1] 何兆凤. 公差配合与技术测量. 北京：中国劳动社会保障出版社，2001.

[2] 吕永智. 公差配合与技术测量. 2版. 北京：机械工业出版社，2014.

[3] 赵则祥. 公差配合与质量控制. 开封：河南大学出版社，1999.

[4] 何镜民. 公差配合实用指南. 北京：机械工业出版社，1991.

[5] 甘永立. 几何量公差与检测. 9版. 上海：上海科学技术出版社，2010.

[6] 王伯平. 互换性与测量技术基础. 3版. 北京：机械工业出版社，2009.

[7] 高晓康，陈于萍. 互换性与测量技术（修订版）. 北京：高等教育出版社，2009.